Lisa Fröhlich / Tanja Lingohr (Hrsg.)

Gibt es die optimale Einkaufsorganisation?

Lisa Fröhlich / Tanja Lingohr (Hrsg.)

Gibt es die optimale Einkaufsorganisation?

Organisatorischer Wandel und pragmatische Methoden zur Effizienzsteigerung

GABLER

Bibliografische Information der Deutschen Nationalbibliothek
Die Deutsche Nationalbibliothek verzeichnet diese Publikation in der Deutschen Nationalbibliografie; detaillierte bibliografische Daten sind im Internet über <http://dnb.d-nb.de> abrufbar.

1. Auflage 2010

Lektorat: Maria Akhavan-Hezavei | Stefanie A. Winter

Gabler ist Teil der Fachverlagsgruppe Springer Science+Business Media.
www.gabler.de

Umschlaggestaltung: KünkelLopka Medienentwicklung, Heidelberg
Druck und buchbinderische Verarbeitung: STRAUSS GMBH, Mörlenbach
Gedruckt auf säurefreiem und chlorfrei gebleichtem Papier
Printed in Germany

ISBN 978-3-8349-2135-2

Vorwort

Die beiden Herausgeber dieses Sammelbandes, Frau Professor Fröhlich und Frau Dr. Lingohr, kennen sich seit ihrer gemeinsamen Zeit am Seminar von Professor Dr. Udo Koppelmann für Beschaffung und Produktpolitik an der Universität zu Köln. Beide haben dort ihre Dissertationen zu beschaffungspolitischen Themen verfasst. Während Frau Fröhlich den Weg in die Wissenschaft gewählt hat, hat Frau Lingohr den Weg in die Praxis gefunden. Der Kontakt blieb nach der gemeinsamen Zeit an der Universität permanent erhalten und es haben sich zahlreiche Möglichkeiten geboten, Theorie und Praxis auf vielfältige Weise miteinander zu verbinden – eine Maßgabe, die beide Herausgeber auch während ihrer Tätigkeit als wissenschaftliche Mitarbeiter an der Universität zu Köln stets verfolgt haben.

Frau Lingohr arbeitet in ihrer Beratertätigkeit bei der Berode GmbH an vielen interessanten und innovativen Problemstellungen der Beschaffungspraxis. Frau Fröhlich befasst sich in ihrer Forschungs- und Lehrtätigkeit an der Cologne Business School in Zusammenarbeit mit ihren Studenten mit praxisnahen Aufgabenstellungen aus Theorie und Praxis. So wurden immer wieder aktuelle Themen diskutiert, die letztendlich die Idee zu dem Ihnen vorliegenden Sammelband geboren haben.

Im Laufe der beruflichen Tätigkeit beider Herausgeber konnten vielfältige Kontakte zu namhaften Persönlichkeiten aus der Beschaffungspraxis und -theorie geknüpft werden, die es ermöglicht haben, eine interessante Vielfalt an Beiträgen zur erfolgreichen Strukturierung der Beschaffungsorganisation zusammenzustellen.

Ganz herzlich möchten wir uns bei allen Autoren bedanken, die einen Teil ihrer knapp bemessenen Ressourcen aufgewendet haben, um an der hohen qualitativen Umsetzung unserer Idee mitzuwirken. Es war uns wichtig, für Beschaffungsverantwortliche eine Toolbox zu entwickeln, wie sich der Einkauf zukünftig aufzustellen hat, um Veränderungen im Tätigkeitsfeld begegnen zu können und zur Wertsteigerung in der Gesamtorganisation beizutragen, aber gleichzeitig auch auf die Vielfältigkeit dieses Themenfeldes aufmerksam zu machen.

Wir hoffen, dass uns dieses Anliegen mit dem vorliegenden Sammelband gelungen ist, und freuen uns über Ihr reges Interesse sowie Feedback zu dieser Veröffentlichung!

Köln, Oktober 2009 Professor Dr. Lisa Fröhlich Dr. Tanja Lingohr

Inhaltsverzeichnis

Teil II
Verantwortlichkeit in der Supply Chain

Teil III
Führungsfunktion der Beschaffung

Organisatorischer Wandel im Einkauf: Wohin führt die Reise?

Lisa Fröhlich / Tanja Lingohr

1. Einführung

Einkaufsorganisationen unterliegen einem stetigen Wandel. Aufbauorganisatorische Strukturen haben sich in den letzten Jahren deutlich verändert und werden dies auch weiterhin tun. Die Notwendigkeit der Anpassung bestehender Strukturen an sich ändernde Bedingungen aus dem Beschaffungsumfeld wurde erkannt, bislang bleibt die Frage nach dem „Wie" aber weitestgehend unbeantwortet. Interessant ist auch, dass im Einkauf organisatorischer Wandel selten durch die strategische Beschaffungstätigkeit an sich hervorgerufen wird. Zumeist ist dieser Wandel „von außen" induziert, z. B. durch die zunehmende Bedeutung von Mergers & Acquisitions (Fröhlich/Lingohr 2009), einen Führungswechsel auf höchster Hierarchieebene oder die Auslagerung sämtlicher oder zumindest einiger Teilfunktionen der Beschaffung.

Carter und Carter (2007) werfen die interessante Frage auf, wie sich die Beschaffungsfunktion in den nächsten Jahren entwickelt. Wird sie immer mehr in die Position einer „unterstützenden Funktion" abgedrängt, wie wir dies bereits aus der Wertkettenbetrachtung von Porter kennen, oder übernimmt der Einkauf zukünftig eine führende Rolle in der Supply Chain? Der Einkauf verantwortet in diesem Szenario sämtliche Kontakte zur Lieferantenbasis einschließlich der Kontraktverhandlung und -vergabe. Ruft man sich die von Lieferanten erbrachte Wertschöpfungstiefe von bis zu 85 % in einigen Branchen ins Gedächtnis, entwickelt sich der Chief Purchasing Officer in diesem Szenario zum hauptverantwortlichen Kostenmanager im Unternehmen.

Der vorliegende Sammelband soll ein sich gegenseitig befruchtender Weg zwischen Theorie und Praxis sein, der Beschaffungsverantwortliche zukünftig in die Lage versetzt, die Bedeutung der Einkaufsfunktion in der Unternehmensgesamtheit zu festigen und darüber hinaus stetig zu verbessern.

2. Der organisatorische Wandel im Einkauf

Um letztendlich den zukünftigen Herausforderungen im Einkauf gewachsen zu sein, steht die Organisation der Beschaffungsfunktion erneut auf dem Prüfstand. Die in diesem einführenden Beitrag gewählte theoretische Struktur geht auf eine Längsschnittanalyse von Johnson und Leenders (2007) zurück, die im Rahmen einer empirischen Studie die nachfolgenden zentralen Dimensionen des strategischen Wandels in der Beschaffung isolieren konnte:

- Struktur der Beschaffungsorganisation
- Verantwortlichkeit in der Supply Chain sowie
- Führungsfunktion der Beschaffung

Diese drei Bereiche werden in der Literatur immer wieder aufgegriffen, um organisatorischen Wandel in der Beschaffung aufzuzeigen. In diesem einführenden Beitrag soll versucht werden, einige interessante Aspekte herauszuarbeiten, um gleichermaßen einen Rahmen zur Einordnung der einzelnen Beiträge des Sammelbandes zu schaffen.

2.1 Zur Struktur der Beschaffungsorganisation

2.1.1 Überblick über mögliche Beschaffungsorganisationsformen

In der Literatur finden sich unterschiedliche Ansätze, um verschiedene Organisationsformen für die Funktion Beschaffung zu systematisieren. Eines haben diese Ansätze jedoch gemeinsam, die grundlegende Fragestellung lautet immer: Zentrale vs. dezentrale Einkaufsorganisation (Handfield et. al. 2009, S. 165 ff.). Eine allgemeingültige Antwort auf diese Fragestellung können weder Theoretiker noch Praktiker geben. Vielmehr ändert sich die Vorteilhaftigkeit für die eine oder andere Form in Abhängigkeit verschiedener situativer Rahmenbedingungen. Dennoch sollte versucht werden, einschlägige Merkmale herauszuarbeiten, welche die Auswahl der Organisationsform vereinfachen.

Die Organisationsstruktur des *Zentraleinkaufs* (Kerkhoff/Michalak 2007, S. 58 ff.) arbeitet mit nur einer Beschaffungsabteilung für das gesamte Unternehmen und ist in diesem Kontext zuständig für alle strategischen und operativen Schritte des Beschaffungsmarketings und -managements (Koppelmann 2004). Somit vereint sich in einer Zentralorganisation das gesamte Einkaufs-Know-how einer Unternehmung. Die Bündelung der funktionsspezifischen Bedarfe wird optimiert unter gleichzeitiger Aufdeckung möglicher Standardisierungspotenziale. Dies führt zu einer Reduzierung der Variantenvielfalt und verbessert letztendlich die Transparenz in Beschaffungsprozessen, einer der wesentlichen Vorteile der Zentralorganisation. Die Lieferantenbasis kann reduziert und Beschaffungsprozesse besser kontrolliert werden. Transparenz ist nicht nur ein wesentlicher Aspekt in dem Bestreben der Beschaffungsfunktion, deren Position im Gesamtunternehmen zu stärken, sondern auch eine notwendige Bedingung, die zukünftig immer bedeutender werdende Anforderung an Nachhaltigkeit im Einkauf zu gewährleisten. Den genannten Vorteilen stehen zwei ganz wesentliche Nachteile gegenüber: Durch die geringe Flexibilität dieser Organisationsstruktur verlängern sich Entscheidungsprozesse in der Beschaffung und es fehlt der unmittelbare Kontakt zu den Bedarfsträgern im Unternehmen. Beide Aspekte führen in letzter Konsequenz dazu, dass zwei wesentliche Zielsetzungen des strategischen Einkaufs – die Aufrechterhaltung der Versorgungssicherheit sowie die Nutzung des Lieferanten als Ressource zur Steigerung der eigenen Leistungsfähigkeit – nur mangelhaft umgesetzt werden können.

Im Rahmen einer *dezentralen* Organisationsstruktur (Kerkhoff/Michalak 2007, S. 61 ff.) sind die jeweiligen Werke oder Gesellschaften eigenverantwortlich zuständig für die Umsetzung der Einkaufstätigkeit. Meist erfolgt eine Gliederung nach Materialgruppen, so fällt dann beispielsweise der Einkauf von Marketingdienstleistungen in den Bereich des Marketings, einzelne Produktionsstandorte sind für die Beschaffung der produktionsnahen Objekte zuständig. Die wesentlichen Vorteile dieser Organisationsform lassen sich wie folgt zusammenfassen: Dezentrale Strukturen bedingen eine umfassende Entlastung der zentralen Einkaufsfunktion, die zum einen die Flexibilität der Beschaffungsfunktion erhöht und zum anderen einen direkten Kontakt der Bedarfsstelle zum Lieferanten und Beschaffungsmarkt ermöglicht. Dadurch kann auch die Qualität des Einkaufs verbessert werden, da die Umsetzung der Spezifikationen durch motivierte Einkäufer eigenverantwortlich für die eigenen Prozesse durchgeführt wird. Diesen nicht von der Hand zu weisenden Vorteilen steht ein ganz gravierender Nachteil gegenüber: Fehlende Transparenz! In vielen Unternehmen mit dezentraler Organisationsstruktur ist es nicht mehr möglich, Gesamtvolumina z. B. für in verschiedenen Werken benötigte Roh-, Hilfs- und Betriebsstoffe zu ermitteln. Jede Organisationseinheit verhandelt ihre Preise und Konditionen eigenständig. Dies führt zu einer deutlichen Erhöhung der Lieferantenzahl, aber auch zu völlig unterschiedlichen Vertragsabschlüssen mit ein und demselben Lieferanten. Einmal erkannt werden Lieferanten diese Situation in Verhandlungsprozessen immer zu ihrem Vorteil nutzen, was letztendlich aufgrund der fehlenden Transparenz und Kommunikation zu keinem optimalen Einkaufsergebnis führt.

Fasst man die Vor- und Nachteile dieser beiden Endpunkte organisatorischer Strukturen im Einkauf zusammen, wird deutlich, dass die „optimale“ Organisationsstruktur nicht exakt definiert werden kann und zwischen den beiden Extremen liegen muss. Large (2009) beschreibt zwei Hybridformen wie folgt: Im ersten Modell werden die Einkaufsaufgaben zwischen einer Beschaffungsabteilung und mehreren Abteilungen, die keine originäre Einheit der Beschaffungsorganisation darstellen, aufgeteilt. Diese involvierten Funktionseinheiten können z. B. die IT-Abteilung, das Marketing oder die Produktionssteuerung sein. Der zweite Typ ist dem ersten sehr ähnlich, es sind jedoch nur Einheiten der Beschaffungsorganisation in die Struktur eingebunden. D. h., das Unternehmen verfügt über eine zentrale Einkaufsstelle, die in Zusammenarbeit mit mehreren dezentralen Einkaufseinheiten die Umsetzung der Beschaffungsaufgaben wahrnimmt. In der Literatur finden sich Ansätze wie das Lead-Buyer-

Konzept, das Materialgruppenmanagement (Commodity Management), die Einkaufsfunktion als Shared Service oder der Versuch, unterschiedliche Organisationsformen in einer Matrix-Organisation zusammenzuführen (Rozemeijer/Wynstra 2005).

Es gibt im europäischen Raum keine empirischen Hinweise auf die Verbreitung und Bedeutung der unterschiedlichen Organisationsformen. An dieser Stelle wird die Notwendigkeit deutlich, seitens der Forschung einen Beitrag zu leisten, um dieses noch immer spärlich bearbeitete Aufgabenfeld mit empirischen Erkenntnissen zu unterstützen. Lediglich Johnson/Leenders (2006, 2009) haben für den nordamerikanischen Raum eine wiederholte Studie (1987, 1995 und 2003) durchgeführt und versucht, Entwicklungspfade abzuleiten. Die Aussagen der Studie des Center for Advanced Purchasing Studies (CAPS) bezieht sich auf Großunternehmen der Industrie und des Dienstleistungssektors und umfasst die eben dargestellten Organisationsformen – zentral, dezentral und hybrid. Die hybride Organisationsstruktur findet in beiden Bereichen die meiste Verbreitung mit Anteilen zwischen 60 % und 70 %. Johnson und Leenders vermuten vor allem für die Industrie einen leichten Bedeutungsanstieg hybrider Formen. Der Servicebereich weist einen deutlich höheren Anteil zentraler Strukturen auf (30 % bis 40 %), hier liegt der Anteil der Industrie bei rund 20 %. Im Servicebereich spielen dezentrale Strukturen kaum eine Rolle, der Anteil der Industrie liegt auch nur bei knapp 10 %. Diese Zahlen bestätigen die Aussagen, dass die Nachteile einer rein dezentralen Struktur in der Beschaffung kaum zu bewältigen sind. Der Versuch von Johnson und Leenders, Entwicklungspfade aufzuzeigen, legt die Vermutung nahe, dass viele Unternehme ausprobieren, wie viel Zentralisation oder Dezentralisierung „gut" für ihre Beschaffungsfunktion ist. Large (2009, S. 285) fasst die Ergebnisse wie folgt zusammen: „67 Befragte haben 1995 und 2003 das gleiche Organisationsmodell angegeben. Von den insgesamt 49 organisatorischen Änderungen bezogen sich 24 auf eine zunehmende und 25 auf eine zurückgehende Zentralisation. In 24 Fällen wurde eine Hybridform eingeführt, jedoch in 22 anderen Fällen zugunsten einer völligen Zentralisation (14) oder völligen Dezentralisation (8) aufgegeben."

2.1.2 Outsourcing oder unternehmensinterne Verlagerung der Beschaffungsfunktion

Die Auslagerung der Beschaffungsfunktion in eine eigenständige Organisation ist eine Extremform organisatorischer Veränderungen und führt zu einer Reihe von nicht zu vernachlässigenden Vorteilen: Durch die optimale Umsetzung des Dienstleistungsgedankens können Kosten- und Qualitätsziele besser umgesetzt werden, die die Eigenständigkeit, den Wettbewerb und damit den Druck zur Optimierung erhöhen. Bündelungseffekte können weiterhin ermöglicht werden. Der wesentliche Vorteil einer dezentralen Organisation – die Vor-Ort-Präsenz und damit der direkte Kontakt zum Beschaffungsmarkt – kann ebenfalls umgesetzt werden. Dem stehen jedoch vor allem die Nachteile des Abgangs von Know-how sowie der zunehmende Koordinationsaufwand und damit die fehlende Nähe zum Bedarfsträger gegenüber.

Eine andere Möglichkeit, die bisherige Struktur der Beschaffungsfunktion aufzulösen, besteht darin, eine Aufspaltung der bisherigen Einkaufstätigkeiten und darüber hinaus eine unternehmensinterne Verlagerung eines Teils der Aufgaben vorzunehmen.

- Der erste Punkt umfasst die Trennung von operativen und strategischen Aufgaben. Operative Aufgaben wie z. B. die Abwicklung von Bestellungen, das Einpflegen von Rechnungsdaten in ein EDV-System, die Nachverfolgung von Fehlteilen etc. verbleiben in der bisherigen Einkaufsabteilung.
- Der zweite Punkt beinhaltet eine neue organisatorische Aufhängung für die restlichen strategischen Einkaufsbelange. Zudem werden der neuen Abteilung weitere Kompetenzen zugesprochen: Die geschulten Mitarbeiter beherrschen Kostenkalkulationsmethoden und haben umfangreiche wertanalytische Erfahrungen auch im Bereich Zielpreisermittlung, um mit bestmöglicher Vorbereitung die Lieferantenverhandlung durchführen zu können. Um einen fundierten Know-how- und How-do-Transfer in das Unternehmen zu gewährleisten und eine Nachhaltigkeit der Ansätze sicherzustellen, hat es sich als erfolgreich erwiesen, eine eigenständige Abteilung zu etablieren. Die neue Einheit ist funktionsbereichsübergreifend z. B. als Stabsstelle neben der Geschäftsführung verankert. Somit ist sichergestellt, dass notwendiges Know-how bereichsunabhängig genutzt werden kann.

Der erste Aspekt ist grundsätzlich nicht neu, sondern erinnert an die Zeit, in der Einkäufer als Bestellschreiber fungierten und keine strategischen Aufgaben zu verantworten hatten. Die neue Komponente an diesem Ansatz ist jedoch der Ausbau strategischer Aufgaben, die schnittstellenübergreifend über den Funktionsbereichen Einkauf und Technik (Entwicklung) angesiedelt sind. Bisher führte der Interessenkonflikt in den einzelnen Fachbereichen dazu, dass gewisse Aufgaben nicht vollumfänglich abgebildet wurden, da sie nicht zu den originären Zielen des einzelnen Einkäufers oder des Entwicklers gehörten. Dies soll an einem Beispiel verdeutlicht werden:

> Die Entwicklungsabteilung bekommt die Aufgabe, eine innovative technische Lösung für ein Bauteil zu konstruieren. Zur gleichen Zeit wird der Einkauf damit beauftragt, entsprechende benötigte Komponenten möglichst kostengünstig einzukaufen. Die Entwicklungsabteilung konstruiert eine perfekte Lösung, missachtet jedoch, dass einige Teilkomponenten nicht standardmäßig zu beschaffen sind und erhebliche Mehraufwendungen und längere Lieferzeiten im Einkauf verursachen. Der Einkauf beschafft in der Regel erst nach Freigabe von Zeichnungsunterlagen, wodurch er gezwungen ist, entsprechende definierte Leistungen in einer von der Fertigungsplanung vorgeschriebenen Zeit zu beschaffen. Dabei kann es bei Einhaltung der Zeitvorgaben und Abweichungen von Normen nicht zur kostengünstigsten Lösung kommen. Beide Abteilungen haben ihre Aufgaben erfüllt, jedoch wäre ein kostengünstigeres Ergebnis erzielbar gewesen, wenn eine unabhängige Instanz zuvor beispielsweise mittels eines Target-Costing-Ansatzes Zielvorgaben auf Baugruppenebene definiert hätte. Für diese Aufgabe ist es notwendig, Wissen über die Möglichkeiten des Beschaffungsmarktes sowie technische Expertise über lastenheftkonforme Lösungen zusammenzuführen, was derzeit bei der klassischen Aufgabenverteilung der jeweiligen Fachbereiche nicht möglich ist.

Folgende Vorteile lassen sich hauptsächlich durch den beschriebenen Ansatz erreichen:

- Etablierung eines Weges zur Realisierung nachhaltiger Kostenoptimierung, Effizienzsteigerung, Produktivitätserhöhung und Qualitätsverbesserung
- Unvoreingenommene Sicht auf die Prozesse und Strukturen

Durch die Implementierung eines solchen innovativen und ganzheitlichen Ansatzes, der sowohl anerkannte Methoden als auch spezifische und weiterentwickelte Vorgehensweisen beinhaltet, können Einsparungen bis zu 30 % im Bereich Material, Entwicklung, Fertigung und Logistik erreicht werden (Branchenunterschiede sind hierbei nicht berücksichtigt). Neben den quantitativen Zielen können ebenso qualitative Vorteile wie u. a. Lieferzeitoptimierungen, Qualitätsverbesserungen sowie ein besseres Zusammenfinden von Kundenanforderungen und Leistungskomponenten erreicht bzw. ermöglicht werden.

2.2 Verantwortlichkeit in der Supply Chain

Neben dem strukturellen Aufbau in der Beschaffung ist auch die Frage zu beantworten, was in der Beschaffung geleistet wird und wer entsprechende Verantwortlichkeiten übernimmt (Johnson/Leenders 2006, S. 334). Beschaffungsabteilungen kranken immer noch an dem veralteten Verständnis einer lediglich unterstützenden Funktion primärer Funktionsbereiche, wie z. B. der Logistik und dem Marketing eines Unternehmens (Porter 1986). Die Entwicklung von Berufsbildern in der Beschaffung (Fröhlich-Glantschnig 2005) kann als erster Ansatz gesehen werden, die Verantwortlichkeit in der Supply Chain zu verbessern sowie zukünftig relevante, strategische Verantwortlichkeiten herauszuarbeiten.

2.2.1 Berufsbilder: Mehr Verantwortung für einen höheren Wertbeitrag

Im Rahmen eines Delphi-Designs wurden drei Berufsbilder in der Beschaffung erhoben (Fröhlich-Glantschnig 2005, S. 245 f.). Der Bedarfsmanager bündelt die im beschaffenden Unternehmen auftretenden Ansprüche an die zu beschaffenden Produkte. Im Vordergrund steht die interne Koordinationsfunktion unter Berücksichtigung der beschaffungspolitischen Rahmenbedingungen sowie der Bedürfnisse der Endkunden. Der *Bedarfsmanager* schafft die Basis für die Etablierung Erfolg versprechender Lieferanten-Beschaffer-Beziehungen. Partnerschaftliche Beziehungen zu Lieferanten werden zukünftig wesentlich die Fähigkeit des beschaffenden Unternehmens beeinflussen, strategische Wettbewerbsvorteile aufzubauen. Vor diesem Hintergrund besteht die Aufgabe des *Lieferantenmanagers* darin, alle beschaffungspolitischen Tätigkeiten abzubilden, die zur Gestaltung effizienter Beziehungen beitragen – von der Bewertung geeigneter Beschaffungsmärkte bis hin zum bedarfsadäquaten Vertragsabschluss. Er bildet die externe Koordinationsfunktion ab, um auf Märkten nach geeigneten Koalitionspartnern Ausschau zu halten und diese für die Verwirklichung der eigenen Zielsetzung zu gewinnen. Ein weiteres Berufsbild liegt im *Prozess-Management* begründet. Die Planung und das Management der Supply Chain liegen hier im Fokus der Betrachtung. Die Harmonisierung der Informationsversorgung bedarf der Ermittlung von Informations- und Kontrollinhalten (Sievers 2009), um zieladäquates Beschaffungsverhalten zu gewährleisten.

An dieser Stelle soll jedoch keine detaillierte Betrachtung der einzelnen Berufsbilder geleistet werden – der interessierte Leser möge sich der Veröffentlichung von Fröhlich-Glantschnig (2005) zuwenden. Ein wesentliches Anliegen der empirischen Entwicklung von Berufbildern in der Beschaffung lag darin, die zukünftige Bedeutung der Funktion Einkauf in der Unternehmensorganisation zu festigen (vgl. dazu auch Abschnitt 2.3). Als Konsequenz einer aufgaben- sowie kompetenzgestützten Darstellung von Berufsbildern lässt sich eine „Befreiung" der in der Beschaffung Tätigen von Routineaufgaben, die kaum einen Beitrag zur Wertschöpfung im Unternehmen leisten, erreichen (Bogaschewsky 2008, S. 177). Nicht nur die Finanzkrise, auch der ständig zunehmende Wettbewerbsdruck stellten Unternehmen vor die Herausforderung, die weltweit besten Lieferanten zu identifizieren, sich mit diesen zu vernetzen und so durch die Integration der Ressource „Leistungsfähigkeit des Lieferanten" die eigene Wettbewerbsposition zu sichern.

Das Supplier Relationship Management (Fries 2006) gewinnt an Bedeutung. Die Verantwortung für die Gestaltung dieser „Beziehungsprozesse" kann nur von kompetenten Einkäufern – Lieferantenmanagern – übernommen werden. Handlungskompetenz wird dabei verstanden als „die Fähigkeit und Bereitschaft des Menschen, in beruflichen Situationen sach- und fachgerecht, persönlich durchdacht und in gesellschaftlicher Verantwortung zu handeln, d. h. anstehende Probleme zielorientiert auf der Basis geeigneter Handlungsschemata selbständig zu lösen, die gefundenen Lösungen zu bewerten und das Repertoire seiner Handlungsschemata weiterzuentwickeln" (Bader 1989, S. 71). Um diesem Ansatz gerecht zu werden, muss sich der Beschaffungsmitarbeiter sowohl Fach-, Methoden-, Sozial- als auch Selbstkompetenz aneignen (Fröhlich-Glantschnig 2005, S. 139 ff.).

Sozialkompetentes Verhalten lässt sich als ein Schlüsselelement im Rahmen der Gestaltung von Beschaffer-Lieferanten-Beziehungen definieren. Exemplarisch seien die wesentlichsten Ergebnisse der empirischen Studie von Fröhlich-Glantschnig (2005, S. 280 ff.) dargestellt. Kommunikationsfähigkeit, verstanden als die Steuerungsfähigkeit von Kommunikationsprozessen zwischen beschaffendem Unternehmen und dem Lieferanten, wie sie im Bereich des Aufbaus und der Steuerung von Gesprächssituationen in der Lieferantenverhandlung notwendig ist, stellt eine unbedingt erforderliche Kompetenz dar. Die Zusammenarbeit in crossfunktionalen Teams ist von jeher eine interessante Herausforderung im Lieferantenmanagement (Arnold/Scheuing 1998, S. 1). Teamfähigkeit ist eine notwendige Voraussetzung! Überträgt man den Gedanken der Kundenbeziehung auf beschaffungspolitisches Marketingdenken, wendet man sich dem bisher noch recht innovativen Ansatz der Lieferantenbindung zu. Nur wenn es einem Lieferantenmanager gelingt, Konflikte in Beschaffer-Lieferanten-Beziehungen zu erkennen, diese objektiv und neutral zu bewerten, um sie einer Konfliktlösung zuzuführen, ist dieser in der Lage, langfristige Win-Win-Partnerschaften mit Lieferanten zu etablieren. Konflikt- sowie Überzeugungsfähigkeit spielen eine zentrale Rolle im Kompetenzkonstrukt der Teamfähigkeit. Dennoch sind die Bereiche der Kooperations- und Führungsfähigkeit sowie das Motivationsvermögen nicht zu unterschätzen. Normenidentisches Verhalten fordert die Einhaltung bestimmter „Regeln" im Kontext einer Beschaffer-Lieferanten-Beziehung. Vor diesem Hintergrund verwundert es nicht, dass Kompetenzfelder wie ethisches Verhalten, Sensibilität und Toleranz gerade im globalen Kontext unabdingbare Eigenschaften eines Lieferantenmanagers sind.

Letztendlich schließt sich der Kreis an dieser Stelle, denn organisatorischer Wandel wird immer mit der Bedeutung des Aufbaus und Erhalts personeller Kompetenzen in der Beschaffung in Verbindung gebracht (Axelsson et. al. 2005, S. 135). Bogaschewsky (2008, S. 177) bezeichnet kompetente und motivierte Mitarbeiter als „die schärfste Waffe im Wettbewerb".

2.2.2 Aufbau von Kompetenz: Verhandlungsworkshop

In bestimmten zeitlichen Abständen ändern sich die Kompetenzen eines jeden Einkäufers. Getrieben durch Organisationsstrukturen mit neuen Verantwortlichkeiten, neue oder alternative Beschaffungsobjekte, die durch volatiles Kundenverhalten auf dem Absatzmarkt bedingt sind, oder einfach die zunehmende Bedeutung des Einkaufs, als Wertschöpfungsmanager im Unternehmen mitzuwirken. Auch wenn es sicherlich Branchenunterschiede gibt, ist es jedoch allgemein bekannt, dass der Einkäufer in vergangenen Zeiten als Bestellschreiber kaum aufwändige Bemühungen im Rahmen der Lieferantenverhandlung tätigen musste. Heute ist dies bei bestehenden Strukturen undenkbar und dennoch finden sich zahlreiche Wissenslücken und Erfahrungen für die notwendige erfolgreiche Durchführung einer Lieferantenverhandlung. Grundlegende Anhaltspunkte für die situative Gestaltung von Lieferantenverhandlungsprozessen finden sich bei Stephany (2004). An dieser Stelle seinen die wesentlichen Punkte, die in einem Tagesworkshop erlernt werden können, genannt:

- Verhandlungsvorbereitung: Entgegen mancher Vermutung ist diese Phase sehr zeitaufwändig. Hierbei steht zum einen die sachliche Umfeldanalyse sowie zum anderen die interne Ziel- und Bedarfsanalyse im Vordergrund. Neben organisatorischen Aspekten (z. B. Ort und Zeit sowie Teilnehmer der Verhandlung) sollte auch eine strategische Vorbereitung erfolgen. Dabei ist es bedeutsam, sich sowohl über die eigene als auch die Verhandlungsmacht des Partners zu informieren und die Verhandlungsstrategie (z. B. Kooperation oder Kampf) genau auszuloten. Hilfreich sind dabei KostenanalysE-Tools, die es ermöglichen, das Preisgefüge des Lieferanten zu hinterfragen und die Analyseergebnisse geschickt in der Verhandlung zu nutzen.

- Verhandlungsdurchführung: Das in der Vorbereitungsphase geplante Vorgehen soll nun möglichst effektiv zum Einsatz kommen. Dabei ist es entscheidend, Körpersprache und rhetorische Gesprächsführung (z. B. Fragetechniken, Begegnung von Einwänden) richtig anzuwenden. Psychologische Einflussfaktoren müssen bekannt und deren Auswirkungen gezielt genutzt werden. Ebenso sollte das gesamte Repertoire an Verhandlungsinstrumenten (Koppelmann, 2004, S. 224 ff.) effizient und effektiv eingesetzt werden.

- Verhandlungsnachbereitung: Trotz scheinbar geringfügiger Bedeutung ist die Anschlussphase an eine Verhandlung nicht zu vernachlässigen. Exaktes Nachhalten des verhandelten Ergebnisses sowie die Leistungserbringung stehen dabei im Vordergrund. Ein Abgleich zwischen den Soll-Vorgaben der Verhandlung mit dem tatsächlichen Ergebnis ist wichtig, um zu erkennen, welche Verhandlungsstile und -methoden erfolgreich waren. Gegenseitiges Feedback sowie eine Festlegung für ein Beschwerdemanagement sichern eine erfolgreiche Zusammenarbeit und bilden den Abschluss der Verhandlung.

Entsprechende Fähigkeiten können sicher nicht vollumfänglich in einem Tagesworkshop erlernt werden. Jedoch können sinnvolle Hinweise, strukturierte Vorgehensweisen und u. a. Checklisten als Gedankenstütze eine Orientierungshilfe geben, um die eigenen Erfahrungen professionell aufbauen zu können. Ein ähnliches Vorgehen kann auch für andere Kompetenzfelder aufgebaut und sukzessive erweitert werden.

2.3 Die Führungsfunktion der Beschaffung

2.3.1 Zur Notwendigkeit der Führungsfunktion in der Beschaffung

In diesem Zusammenhang steht die organisatorische Bedeutung der Beschaffung in der Unternehmenshierarchie auf dem Prüfstand (Johnson/Leenders 2006, S. 334 f.). Die Verankerung der Beschaffungsführung auf Geschäftsführungsebene ist essenziell, um eine effiziente Zielerreichung nicht nur der Beschaffungsziele, sondern der gesamtunternehmerischen Ziele zu realisieren und für eine Einbettung beschaffungspolitischer Strategien in die unternehmerische Gesamtstrategie Sorge zu tragen. Johnson/Leenders (2006, S. 334) fassen das Dilemma der Beschaffungsfunktion treffend wie folgt zusammen: „Consequently, the challenge of managing the supply function in this rapidly changing environment is to pay appropriate attention to long-term strategies while dealing with the high pressure for short-term results.“ Zudem ist die steigende Bedeutung der Beschaffung durch den ständig steigenden Fremdbezugsanteil hinlänglich bekannt (Large 2009, S. 2 f.). Einfache Rechenbeispiele belegen, dass eine nur marginale Kostensenkung von 1 % im Einkauf unter relativ realistischen Bedingungen zu einem gleichwertigen Einfluss auf das Unternehmensergebnis führt wie eine mehrprozentige Umsatzsteigerung im Vertrieb (Koppelmann 2004, S. 7). Dennoch wird diesen beiden Funktionsbereichen im Unternehmen bisher nicht derselbe Stellenwert beigemessen.

2.3.2 Die Position der Beschaffungsabteilung in der Unternehmenshierarchie

Somit ist ein wesentlicher Aspekt, der sich hinter diesem Teilbereich organisatorischen Wandels verbirgt, die Frage der hierarchischen Gleichstellung des Einkaufs und des Verkaufs. Leider finden sich hierzu nur veraltete Zahlen aus einer Studie, die am Seminar für Beschaffung und Produktpolitik an der Universität zu Köln durchgeführt wurde (Koppelmann/Fröhlich/Hendriks 2003, S. 31). 13 % der Einkaufsleiter befinden sich schon auf der Geschäftsführungsebene, auf der 2. Hierarchieebene findet sich die überwiegende Mehrheit der Beschaffungsverantwortlichen mit 69 %. Auf der 3. Hierarchieebene findet sich nur noch ein geringer Prozentsatz. Wurde nach der Einschätzung gefragt, ob die Beschaffungsfunktion eine ähnliche Wertschätzung erfährt wie die Absatzabteilung im eigenen Unternehmen, wurde dies von nur 60 % der Befragten positiv beantwortet. Am Seminar für Beschaffungsmanagement an der Cologne Business School wird derzeit an einer Fortsetzung der Studie gearbeitet.

Eine aktuelle Studie von Roland Berger (2009) kommt zu interessanten Ergebnissen. Zunächst werden Kernaussagen aus der Excellence Studie zusammengefasst, im zweiten Schritt einige interessante empirische Ergebnisse präsentiert. Die in diesem Kontext wichtige Aussage ist die folgende: „Purchasing Excellence Unternehmen agieren auf Augenhöhe mit internen Kunden und Lieferanten – Wandel hin zum voll akzeptierten Business Partner." Unterstützt wird diese Aussage durch sich deutlich verbessernde Zahlen bezogen auf das Verständnis des Einkaufs im Unternehmen. 41 % der befragten Unternehmen gaben an, dass der Einkauf personell auf der Ebene der Geschäftsführung verankert ist. Der Einkauf besitzt bei 74 % der Unternehmen eine breite Unterstützung auf Führungsebene und schlussendlich steht der Einkauf im Vergleich zum Marketing und Vertrieb deutlich besser da. Dennoch sieht Roland Berger noch einigen Nachholbedarf, vor allem was die Einbindung in Projekte und damit die Wertschätzung des potenziellen Wertbeitrages des Einkaufs angeht. Nur 43 % der befragten Unternehmen verneinen die Frage, ob der Einkauf in ihrem Unternehmen als passive Servicefunktion gesehen wird. Auch sind weniger als 50 % der Einkäufer in wichtige cross-funktionale Projekte eingebunden. Auch wenn die hier erhobenen Daten die tägliche Arbeit einer Unternehmensberatung unterstützen sollen, sind sie doch als weiterer Hinweis darauf zu deuten, dass die Beschaffungsfunktion an Bedeutung gewinnt. Dieser Bedeutungszuwachs muss organisatorisch abgebildet werden, was uns wiederum zum Beginn dieses Beitrags sowie dem wesentlichen Anliegen dieses Sammelbands führt. Gerade in Zeiten wirtschaftlicher Turbulenzen wäre es wichtig, die Einkaufsfunktion im Unternehmen nachhaltig aufzuwerten, um den möglichen Erfolgsbeitrag der Beschaffung für das gesamte Unternehmen heben zu können.

3. Zielsetzung in diesem Sammelband

Die bisher entwickelte theoretische Struktur dient als Leitfaden für die Einordnung der unterschiedlichen praktischen sowie theoretischen Beiträge. Es wurde versucht, ein ausgewogenes Verhältnis zwischen Theorie und Praxis zu realisieren. Dabei wurde der Weg gewählt, die wesentlichen theoretischen Entwicklungen untermauert durch praktische Erfahrungsberichte zu skizzieren, damit der interessierte Leser und Beschaffungsverantwortliche zukünftig besser mit organisatorischem Wandel in der Beschaffung umgehen kann und die strategische Komponente im Beschaffungshandeln weiter verfestigt wird.

Zur *Struktur der Beschaffungsorganisation* finden sich vier Beiträge. Zunächst wird aus der Sicht der Praxis die Frage nach zentraler oder dezentraler Organisation beantwortet, aufbauend auf den bereits geleisteten theoretischen Vorüberlegungen. Daran anschließend widmen sich zwei Beiträge aktuellen organisatorischen Fragen der Beschaffungsfunktion – die Fragestellung der auftrags- versus projektbezogenen Organisation bzw. wie lässt sich die Matrixorganisation für den Aufbau einer strategischen Einkaufsfunktion nutzen. Als inhaltliche Klammer setzt sich der abschließende praktische Beitrag mit möglichen E-Tools auseinander, die letztendlich die Aufhebung des Zentralisierungsparadigmas beinhalten.

Die Inhalte der *Verantwortlichkeit in der Supply Chain* werden durch zwei Beiträge erörtert, die sich mit der Bedeutung des Supplier Relationship Managements generell und vor dem Hintergrund der möglichen Steuerung von Beschaffungsprozessen auseinandersetzten. Erweitert wird diese Sichtweise durch einen Praxisbeitrag, der den Fokus auf die Gestaltung des Risikomanagements in Beschaffer-Lieferanten-Beziehungen legt, speziell vor dem Hintergrund der gegenwärtigen Gefahren der Finanzkrise für die Beschaffung. Ein weiterer Schwerpunkt liegt auf der organisatorischen Abbildung von Lieferantenverhandlungsprozessen durch die Implementierung einer durchgängigen Methodik der Kostenbewertung. Liegt der bisherige Schwerpunkt auf der Organisation von Beschaffer-Lieferanten-Beziehungen, bereichert der letzte theoretische Beitrag diesen Sammelband um eine Prozessproblematik. Hierbei werden kooperative Kommunikationslösungen in der Supply Chain anhand des Bullwhip-Effekts erläutert und am Beispiel des Einzelhandels dargestellt.

Die *Führungsfunktion der Beschaffung* wird durch drei weitere Beiträge erfasst. Zu Beginn findet sich ein theoriegeleiteter Beitrag, der mögliche „Enabler" strategischen beschaffungspolitischen Handelns analysiert, systematisiert und beschreibt. Damit wird der Grundstein für die zukünftige strategische Entwicklung des Einkaufs gelegt. Ein weiterer praxisorientierter Beitrag leitet auf Basis eines Beschaffungsobjektportfolios beschaffungspolitische Normstrategien ab. Es wird aufgezeigt, wie durch eine konsequente Konzeption eines strategieorientierten Steuerungssystems Effizienzpotenziale im Einkauf gehoben werden können. Auch diese Thematik wird anhand eines Praxisfalls verdeutlicht. Der abschließende Beitrag befasst sich mit der Auflösung eines isolierten „Bereichsdenkens" und betont die aktuelle Notwendigkeit, den Einkauf als Wertschöpfungsmanager im Unternehmen zu sehen. Der Einkauf wird zunehmend vom Verwalter zum Gestalter der Wertschöpfungskette zur nachhaltigen Verbesserung der Unternehmensergebnisse. Dies wird mit einem Praxisbeispiel untermauert.

Nachfolgend findet sich ein Überblick über die diesem Sammelband zugrunde liegenden Beiträge, angelehnt an die zuvor erarbeitete strukturelle Darstellung organisatorischen Wandels in der Beschaffung.

- **Teil I** – Struktur der Beschaffungsorganisation
  - Zentral, dezentral oder wie? Ein Erfahrungsbericht zur Umsetzung in einem Unternehmen der Hausgeräteindustrie
  - Auftragsneutrale Beschaffung versus projektbezogener Einkauf – eine kritische Gegenüberstellung
  - Vor- und Nachteile der Etablierung einer Matrix-Organisation im Einkauf – wann verspricht diese Organisationsform den größten Mehrwert?
  - E-Tools zur Effizienzsteigerung der Organisationsstruktur im Einkauf
- **Teil II** – Verantwortlichkeit in der Supply Chain
  - Supplier Relationship Management und die Möglichkeit der Steuerung von Beschaffungsprozessen
  - Beschaffungsmanagement im Zeichen der Finanzkrise: Implikationen für ein effizientes Risikomanagement
  - Durchgängige Methodik zur Kostenbewertung – Die Grundlage zur Erzielung von optimalen Verhandlungsergebnissen beim Lieferanten
  - Optimierung der Beschaffung durch vertikale Kooperation: Zur Relevanz des Bullwhip-Effekts aus der Perspektive des Einzelhandels
- **Teil III** – Führungsfunktion der Beschaffung
  - Erfolgsfaktoren des Wandels in der Beschaffung
  - Nachhaltige Leistungssteigerung in Einkauf und Beschaffung durch konsequente Strategiearbeit
  - Der Einkauf auf dem Weg zum Wertbeitragsmanagement

Literatur

ARNOLD, U./SCHEUING, E. (1998), Purchasers as Change Agents: Supply Leadership in the „Borderless Organization", unveröffentlichtes Manuskript, NAPM, o. O. 1998

AXELSSON, B., BOUWMANS, P., ROZEMEIJER, F., WYNSTRA, F., Developing and managing knowledge and competencies, in: Axelsson, B., P., Rozemeijer, F., Wynstra, F. (Hrsg.), Developing Sourcing Capabilities, West Sussex 2005, S. 135-168

BADER, R. (1989), Übergreifende didaktische Aspekte zur Neuordnung der Elektro- und Metallberufe, in: Fachtagung zur Neuordnung der industriellen Elektro- und Metallberufe, hrsg. v. Landesinstitut für Schule und Weiterbildung, Soest 1989, S. 66-77

BOGASCHEWSKY, R., Die Zukunft des Einkaufs, Bergauer, M./Wierlemann, F. (Hrsg.), in: Einkauf – die unterschätzte Macht, Frankfurt am Main 2008, S. 161-182

CARTER, P./CARTER, J. (2007), The future of supply management Part III: organization + talent, in: Supply Chain Management Review, November 2007

FRIES, A. (2006), Supplier Relationship Management, Köln 2006

FRÖHLICH, E./LINGOHR, T., Effizienzsteigerung im Einkauf nach Mergers & Acquisitions – Ein Fallstudien-Design, in: Bogaschewsky, R., Eßig, M., Lasch, R., Stölzle, W. (Hrsg.), Supply Management Research – Aktuelle Forschungsergebnisse 2009, Wiesbaden 2009 (noch unveröffentlicht), S. 235-260

FRÖHLICH-GLANTSCHNIG, E., Berufsbilder in der Beschaffung, Wiesbaden 2005

HANDFIELD, R., MONCZKA, R., GIUNIPERO, L., PATTERSON, J. (2009), Sourcing and Supply Chain Management, 4. Aufl., Cengage Learning 2009-10-02

JOHNSON, F., LEENDERS, M. (2009), Changes in Supply Leadership, in: Journal of Purchasing & Supply Management, 15 (2009), S. 51-62

JOHNSON, F./LEENDERS, M. (2006), A longitudinal study of supply organizational change, in: Journal of Purchasing & Supply Management, 12 (2006), S. 332-342

KERKHOFF, G./MICHALAK, C., Erfolgsgarantie Einkaufsorganisation, Weinheim 2007

KOPPELMANN, U. (2004), Beschaffungsmarketing, 4. Aufl., Berlin 2004

KOPPELMANN, U., FRÖHLICH, E., HENDRIKS, S. (2003), Beschaffung heute – ein Zeitvergleich in Deutschland, in: 50 Jahre RMR, hrsg. v. BME Rhein-Main-Region, Frankfurt 2003, S. 31-32

LARGE, R., Strategisches Beschaffungsmanagement, Wiesbaden 2009

O. V., Studie Excellence Purchasing 2009, Roland Berger (Hrsg.), http://www.roland-berger.com/media/pdf/Roland_Berger_Purchasing_Excellence_Extract_20090625.pdf

PORTER, M. (1986), Wettbewerbsvorteile, Frankfurt a. M. 1986

ROZEMEIJER, F., WYNSTRA, F., Organizing for strategic sourcing, in: Axelsson, B., P., Rozemeijer, F., Wynstra, F. (Hrsg.), Developing Sourcing Capabilities, West Sussex 2005, S. 87-106

SIEVERS, K.F.U (2007), Beschaffungscontrolling, Köln 2009

STEPHANY, T., Zur Gestaltung von Lieferantenverhandlungsprozessen, Köln 2004

Teil I

Struktur der Beschaffungsorganisation

Zentral, dezentral oder wie? Ein Erfahrungsbericht zur Umsetzung in einem Unternehmen der Hausgeräteindustrie

Günther R. Reinelt

1. Aktuelle Situation in der Fertigungsindustrie und die Herausforderungen an den Einkauf

„Nie war er so wertvoll wie heute" – dieser Werbeslogan für ein weltbekanntes Produkt aus dem Bereich Gesundheit/Pharma aus dem Jahr 1923 (Klosterfrau Melissengeist 1925) kann auch heute noch uneingeschränkt auf die Funktion Einkauf in den unterschiedlichsten Unternehmen der Privatwirtschaft und der öffentlichen Auftraggeber übertragen werden.

Unternehmen der fertigenden Industrien wie zum Beispiel Automobil, Elektrotechnik oder Maschinenbau haben in den vergangenen Jahren stetig ihre Fertigungstiefe auf durchschnittlich 50 Prozent mit Extremwerten bis 17 Prozent (Freitag, Student 2009) reduziert und dadurch ihre Abhängigkeit vom Beschaffungsmarkt deutlich erhöht. Demzufolge geriet der Einkauf zunehmend auf die Agenda der Geschäftsleitungen, der Analysten der Banken und der Manager von Investmentfonds. Begleitet wurde diese Entwicklung durch eine zunehmende Präsenz des Themas Einkauf in den Medien (BME 2008).

In der vergangenen Phase des starken Wirtschaftswachstums mit Materialverknappung und exorbitanten Preissteigerungen in den meisten Rohstoffmärkten und Energien wurde vom Einkauf erwartet, dass er die negative Auswirkung dieser Entwicklungen auf die wirtschaftliche Situation der Unternehmen so gut wie möglich begrenzt. In der aktuellen Wirtschaftskrise liegt der Fokus des Einkaufs im Wesentlichen auf der optimalen Erschließung der Marktchancen zur kurzfristigen Verbesserung des Cash Flows wie z. B. durch die Nutzung nicht ausgelasteten Kapazitäten der Beschaffungsmärkte als auch in der Vermeidung kritischer Versorgungssituationen durch Lieferanteninsolvenzen.

Nachdem der Einfluss eines professionellen, effizienten Einkaufs auf den wirtschaftlichen Erfolg der Unternehmen der fertigenden Industrie nicht mehr übersehen werden kann, stellt sich die Frage nach weiteren Optimierungspotenzialen dieser Unternehmensfunktion. Verfolgt man die Veröffentlichungen in den Fachmedien zu diesem Thema, dann scheint neben der Frage nach der Verfügbarkeit hochqualifizierter und leistungsbereiter Einkaufsprofessionals die Entwicklung und Einführung der „optimalen" Aufbauorganisation ein wichtiger Erfolgsfaktor für einen effizienten und effektiven Einkauf im Kontext der Globalisierung zu sein (Bogaschewsky, Kohler 2007).

2. Ausprägungen der Organisation des Einkaufs

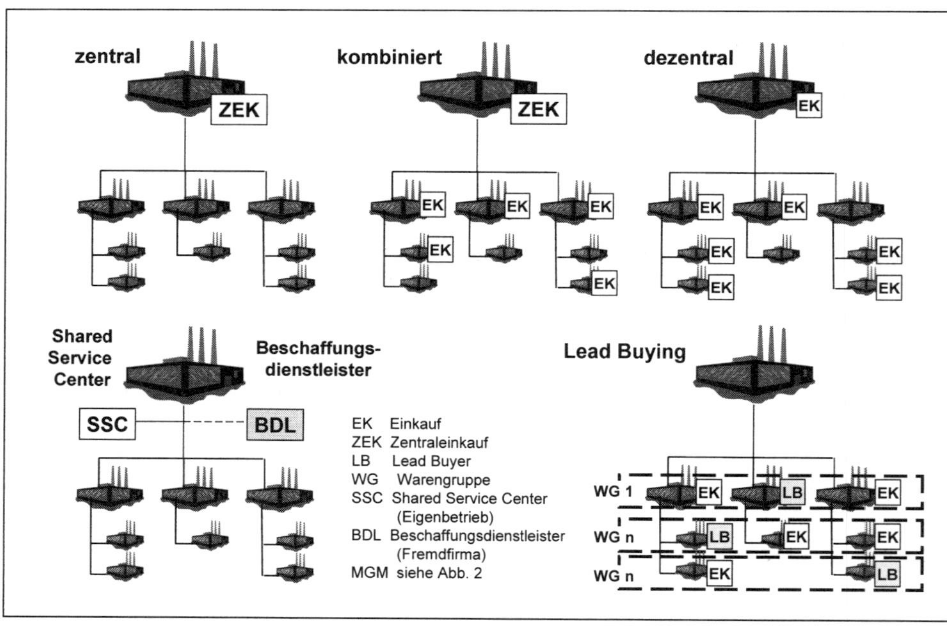

Abbildung 1: *Organisationsmodelle des Einkaufs*

Die Gestaltung der allgemeinen Aufbau- und Ablauforganisation hat sich in vielen Unternehmen historisch entwickelt und speziell die Einkaufsorganisation war in der Vergangenheit weniger das Ergebnis strategisch analytischer Überlegungen, sondern entwickelte sich eher aus den kombinierten Einflüssen unterschiedlicher Randbedingungen. Im Folgenden werden zunächst die wesentlichen Ausprägungen einer Einkaufsorganisation mit ihren Vor- und

Nachteilen vorgestellt. Anschließend werden in Kapitel 3 die Determinanten zur Gestaltung einer geeigneten Einkaufsorganisation beschrieben, um die Frage nach „zentral, dezentral oder wie“ zu einer situationsbasierten, analytisch zielorientierten und nicht zufälligen Entscheidung zu machen. Ziel der Organisationsentwicklung ist die Erschließung wesentlicher Optimierungspotenziale aus den einkaufsrelevanten Geschäftsprozessen innerhalb und zwischen Unternehmen (Bogaschewsky, Kohler 2007).

2.1 Zentraler Einkauf

Ein Zentraleinkauf ist allein zuständig für den gesamten Beschaffungsprozess von der Planung über die Durchführung bis zur Kontrolle für alle vom Unternehmen benötigten Lieferungen und Leistungen. In den dezentralen Organisationseinheiten finden somit keine Einkaufsaktivitäten statt. Dies gilt für Unternehmen mit nur einer Organisationseinheit wie auch für komplexe Organisationsstrukturen mit Geschäftsbereichen, Divisionen, Vertriebsgesellschaften und Werken. Im Allgemeinen ist der Zentraleinkauf in der Firmenzentrale angesiedelt und berichtet an den Finanz- oder Technikgeschäftsführer, falls er nicht selbst durch ein Vorstandsressort repräsentiert wird. Durch die Entwicklung der Informations- und Kommunikationstechnik konnte alternativ zur räumlichen auch eine logische Zentralisierung des Einkaufs von Beschaffungsobjektgruppen in komplexen Organisationsstrukturen eingerichtet werden.

- Vorteile:
  - Es lassen sich Beschaffungsprozesse und Spezifikationen einfacher standardisieren.
  - Einkaufserfolge können durch einheitliche Kennzahlen besser gemessen werden.
  - Personalkapazitäten und Qualifikationen lassen sich markt- und warengruppenbezogen besser entwickeln und vorhalten.
  - Es herrschen klare Verantwortlichkeiten, und die Einhaltung der Prozesse, Verträge und Richtlinien lässt sich besser kontrollieren (Governance).
  - Durch maximale Bündelung der unternehmensweiten Bedarfe ergeben sich vorteilhafte Verhandlungspositionen gegenüber Lieferanten.
- Nachteile:
  - Risiko eines hohen Verwaltungsaufwands und bürokratischer, langwieriger Abläufe.
  - Zu große Entfernung des Einkaufs zu den Bedarfsträgern.
  - Gefahr des Zielkonflikts zwischen Einkauf und ergebnisverantwortlichen Organisationseinheiten in Bezug auf Zuordnung der Einkaufserfolge und -risiken auf die GuV-Verantwortung.

In der Praxis können bei der Organisationsform des Zentraleinkaufs zwei wesentliche Strukturformen festgestellt werden (Kluger 2007):

- Organisation nach dem Objektprinzip, d. h., die verschiedenen Beschaffungsobjektgruppen wie Rohstoffe, Hilfs- und Betriebsstoffe, Investitionsgüter und Dienstleistungen werden in separaten Teilorganisationen des Zentraleinkaufs entsprechend der Arbeitsabläufe des gesamten Beschaffungsprozesses von der Bedarfsfeststellung bis zum Zahlungsausgleich bearbeitet.
- Organisation nach dem Funktionsprinzip, bei dem die Teilorganisationen nach gleichartigen Prozessschritten wie Anfragen, Angebotsvergleich und -auswahl, Bestellungen, Reklamationsabwicklung etc. für alle Beschaffungsobjektgruppen gegliedert sind. Diese Form der Organisationsform verliert im Zuge der allgemeinen Prozessorientierung der Abläufe jedoch immer weiter an Bedeutung.

Weiterhin kann bei der Organisationsform Zentraleinkauf eine selektive Auslagerung von Beschaffungsaufgaben, die nicht zum Kerngeschäft gehören, beobachtet werden (Wessmann, Fokke van den Bosch 2009). Diese „Offshore"-Organisationseinheiten sind zum Beispiel in Niedriglohnländern zur Nutzung von Lohnkostenunterschieden oder marktspezifischer Beschaffungsobjekte angesiedelt. Sie bleiben jedoch Teil des Zentraleinkaufs.

Eine weitere Variante des Zentraleinkaufs beinhaltet Servicefunktionen für externe Unternehmen wie Sublieferanten (vertikale Erweiterung) oder nicht verbundene Unternehmen (horizontale Erweiterung) (Wessmann, Fokke van den Bosch, 2009).

2.2 Dezentraler Einkauf

Die extremste Form eines dezentralen Einkaufs liegt vor, wenn in den bedarfserzeugenden Fachabteilungen die Mitarbeiter selbst zusätzlich die Beschaffungsaufgaben ausüben und keine professionellen Einkäufer eingesetzt werden. Diese Situation könnte man auch als 100 Prozent Maverick-Buying bezeichnen, ist aber wegen der geringen Effizienz nur äußerst selten zu finden. Die nächste Stufe des dezentralen Einkaufs bilden Einkaufsabteilungen, die in ergebnisverantwortlichen Organisationseinheiten angesiedelt sind und ausschließlich die dort anfallenden Bedarfe bearbeiten. Eine organisationsübergreifende Konsolidierung gleicher Bedarfe findet wegen fehlender Koordination nicht statt. Sind Unternehmen in unterschiedliche Geschäftsbereiche mit zugeordneten dezentralen Entwicklungszentren gegliedert, dann findet man oft die spezielle Ausprägung des Projekteinkaufs, bei dem die produktspezifischen Einkaufsexperten lokal in die funktionsübergreifenden Produktentwicklungsteams integriert sind. Sie betreuen diese Teams von der Konzeptdefinition bis zum Start der Produktion und sind für die Bereitstellung aller warengruppenübergreifenden Informationen vom Beschaffungsmarkt während dieser Prozessphasen zuständig.

- Vorteile:
  - Größtmögliche Nähe und Integration in die betreffende Organisationseinheit.
  - Ständige Nutzung des detaillierten Know-hows und hohe Problemfokussierung.
  - Kurze Entscheidungswege, große Flexibilität und hohe Prozessgeschwindigkeit.
- Nachteile:
  - Redundanzen in Know-how und geringere Marktmacht bei gleichartigem Bedarf, der über mehrere Organisationseinheiten verteilt ist.
  - Weniger Standardisierung und Nutzung unterschiedlicher Kennzahlen.
  - Unterschiedliche Verantwortlichkeiten und ineffiziente Abwicklung.
  - Unterschiedliche warengruppenspezifische Strategien.

2.3 Mischformen

Unter Mischformen sind Organisationsmodelle zu verstehen, die versuchen, die Vorteile des zentralen und dezentralen Einkaufs zu nutzen, ohne durch die jeweiligen Nachteile zu stark benachteiligt zu werden.

- Lead Buyer

  Als Lead Buying (auch Commodity/Category Management genannt) bezeichnet man eine Organisationsform, bei der ein Mitarbeiter einer Organisationseinheit für den gleichartigen Bedarf mehrerer dezentraler Organisationseinheiten zentral den strategischen Einkauf übernimmt. Üblicherweise übernimmt diese Aufgabe des Lead Buyers ein Einkäufer aus der Organisationseinheit mit dem größten Bedarf in dieser Warengruppe, es kann aber auch die Organisationseinheit mit der größten warengruppenspezifischen Kompetenz diese Aufgabe übernehmen. Die dezentralen Organisationseinheiten melden ihre Bedarfe an den Lead Buyer und verpflichten sich, die jeweiligen Rahmenverträge zu nutzen.

- Kombinationsstruktur

  Bei großen Unternehmen mit komplexen, heterogenen Strukturen findet man auch oft die Form des Zentraleinkaufs, in dem die strategischen Aufgaben wie Entwicklung von Systemen und Methoden, Bereitstellung von Marktwissen, Lieferantenbewertung, Einkaufscontrolling und Abschluss übergeordneter Rahmenverträge zusammengefasst sind. Gleichzeitig konzentrieren sich spezialisierte Einkaufsfunktionen in den Geschäftsbereichen, Werken und Landesgesellschaften auf die taktische und operative Betreuung der lokalen Bedarfssituationen.

- Materialgruppenmanagement

  Das Materialgruppenmanagement (MGM) (Rüderich et al. 2004) kann bei gleichem Bedarf in mehr als einer Organisationseinheit eingeführt werden. Für die jeweilige Beschaffungsobjektgruppe ist ein Materialgruppenmanager unternehmensweit zuständig. Im Unterschied zum Lead Buyer, der nur gleiche Bedarfe zusammenfasst und aus Einkaufssicht zentral verhandelt, führt der Materialgruppenmanager ein funktions- und standortübergreifendes Warengruppenteam und legt in Abstimmung mit der Unternehmensstrategie und den beteiligten Organisationseinheiten sowohl die warengruppenspezifische Beschaffungsstrategie als auch produktrelevante Ratiomaßnahmen fest. Er führt die Verhandlungen mit den Lieferanten, schließt die Rahmenverträge ab und informiert die beteiligten Organisationseinheiten über die erzielten Ergebnisse. Die Organisationseinheiten rufen ihre Bedarfe nach Menge und Termin aus diesen Rahmenverträgen ab.

2.4 Auslagerung der Einkaufsfunktion

Der Trend zum Outsourcing hat inzwischen auch die Einkaufsfunktion selbst erfasst. Zur Konzentration auf das wettbewerbsrelevante Kerngeschäft und zur Erschließung noch größerer Bündelungspotenziale im wettbewerbsunkritischen Beschaffungsspektrum haben sich Unternehmen zur teilweisen oder auch gänzlichen Auslagerung der Einkaufsfunktion entschlossen (Wessmann, Fokke van den Bosch 2009).

- Shared-Procurement-Organisation

  Bei dieser Organisationsform werden allen Einkaufsaktivitäten in eine eigene Gesellschaft eingebracht, die entweder ausschließlich für den eigenen Unternehmensverbund oder auch für fremde Unternehmen als hochspezialisierter Dienstleister Beschaffungsaufgaben wahrnimmt. Es gelten vergleichbare Vor- und Nachteile wie beim Zentraleinkauf mit dem zusätzlichen Skaleneffekt der Drittgeschäfte und in der Ausprägung als unternehmenseigenes Profitcenter besseren Kostentransparenz durch die marktregulierte Leistungsverrechnung.

- Ausgelagerte Einkaufsprozesse

  Bei dieser Organisationsform werden speziell lohnintensive Prozessschritte wie die Bestellabwicklung und Rechnungsprüfung (Request to Pay) an externe Einkaufsdienstleister in Niedriglohnländern ausgelagert. Der strategische Teil des Beschaffungsprozesse (Source to contract) bleibt im Unternehmen.

- Ausgelagerte Beschaffungskategorien

  Es existiert ein zunehmender Trend zur Auslagerung der Beschaffungsverantwortung für verschiedene Warenkategorien mit geringer Wettbewerbsrelevanz auf externe Dienstleister. Häufig genannte Kategorien sind Büromaterialien, Gemeinkostenmaterial, Facility Management, Travel Management und ähnliche Infrastrukturbedarfe. Die externen Dienstleister bieten eine hohe Beschaffungsobjekt- und Beschaffungsmarktexpertise und befinden sich durch die Nutzung von Skaleneffekten meistens in einer besseren Kostensituation.

3. Kriterien für die Gestaltung der „optimalen" Einkaufsorganisation

„Form (ever) follows function" (Sullivan 1896) – dieser aus der Architektur und dem Design bekannte Leitsatz lässt sich in abgewandelter Form als „structure follows strategy" auf die Organisationsentwicklung von Unternehmen übertragen. Zur Vereinfachung der Ableitung von Determinanten für die Gestaltung der Einkaufsorganisation werden zunächst zwei wesentliche Aufgaben eines wertgestaltenden Einkaufs betrachtet (Arnold 2003). Die erste betrifft die Mitarbeit bei der dynamischen Festlegung der strategischen Leistungstiefe des Unternehmens, d. h. die warengruppenspezifische Entscheidung, was das Unternehmen selbst herstellen will und was vom Markt bezogen werden soll. Der zweite Schwerpunkt besteht in der effektiven und effizienten Planung, Implementierung und Durchführung aller Beschaffungsprozesse, mit denen die Transaktionen externer Lieferungen und Leistungen zwischen den Lieferanten und den unternehmensinternen Bedarfsträgern abgewickelt werden. Dabei ist eine Teilaufgabe die Überwindung der internen Organisationskomplexität, die durch eine mehr oder minder ausgeprägte Arbeitsteilung bestimmt ist.

Als Determinanten für die Gestaltung der Einkaufsorganisation müssen berücksichtigt werden (Kluger 2007; Hartmann 2002; Greß 2008)

- Größe des Unternehmens und Anzahl der Organisationseinheiten (Geschäftsbereiche, Divisionen, Teilgesellschaften, Werke etc.)
- Ziele des Unternehmens
- Ausprägung der Lokalisierung, Regionalisierung und Globalisierung des Unternehmens mit seinen Organisationseinheiten als Maß für die geografischen Strukturen
- Homogenität der Geschäftsfelder
- Leistungstiefe und Bedarfsstrukturen sowie die daraus abgeleiteten Aufgaben des Einkaufs

- Verfügbarkeit von Ressourcen
- Entwicklungsstand, Standardisierung und Durchdringungsgrad der unternehmenseigenen Informations- und Kommunikationstechnologie
- Kapazität und Qualifikation der Mitarbeiter im Einkauf
- Unternehmensstrategische Vorgaben der Organisationsentwicklung, Führungsphilosophie und Standardisierungsgrad der Unternehmensprozesse
- Chancen und Risiken der Leistungsgestaltung

Zur Gestaltung der „optimalen" Einkaufsorganisation sind folgende Erfolgskriterien bestmöglich auszuschöpfen:

- Einheitliche Klassifizierungssysteme für Beschaffungsobjekte (z. B. eClass, UNSPSC), Lieferanten (z. B. DUNS) und Branchen (z. B. SIC-Code)
- Transparenz über Bedarfe und Ausgaben nach den 6 W-Kriterien: **wer** (Bedarfsträger) kauft **was** (Beschaffungsobjekt) und **wie viel** (welche Menge) **wo** (bei welchen Lieferanten) in **welcher** Währung in **welcher** Zeitperiode ein
- Hoher Standardisierungsgrad für die Beschaffungsobjekte (z. B. Gleichteile, Plattformstrategie etc.) und Beschaffungsprozesse (Sourcing, Vertragsmanagement, E-Procurement, Wertkontrakte, Lieferpläne, EDI, Gutschriftverfahren, Lieferantenauswahl, -bewertung, -steuerung und -kontrolle etc.) (Bogaschewsky, Kohler 2007)
- Ausschöpfung von Bündelungspotenzialen (Economies of Scale) zur Generierung von Kosten-, Qualitäts-, Zeit- und Servicevorteilen und Optimierung der Lieferantenbasis (so viele wie nötig und so wenige wie möglich) bei gleichzeitiger Absicherung der Versorgungssicherheit (Risikomanagement)
- Hohe Flexibilität und schnelle Anpassungsfähigkeit an sich verändernde Rahmenbedingungen
- Bestmögliche Kooperation des Einkaufs mit den internen Bedarfsträgern (Bündelung von Know-how) und intensive warengruppenspezifische Zusammenarbeit mit den Lieferanten nach der Marktmacht- oder Kooperationsstrategie (Greß 2008)
- Bei komplexeren Organisationsstrukturen soll der Einkauf vernetzt, modular, föderalistisch und teamorientiert sein (Kerkhoff 2007)

4. Praxisbeispiel: Entwicklung der Einkaufsorganisation der Firma Miele & Cie. KG, Gütersloh

Die Firma Miele wurde 1899 von Carl Miele und Reinhard Zinkann in Herzebrock/Westfalen gegründet und hat seit dem Umzug 1907 ihren Firmensitz in Gütersloh. Miele ist auch heute noch ein in 4. Generation inhabergeführtes Familienunternehmen und in konsequenter Fortführung der Firmenpolitik und Qualitätsstrategie der Unternehmensgründer die einzige weltweit verbreitete Premium-Marke für Hausgeräte und gewerbliche Geräte für Wäschepflege, Spülen und Desinfektion, die auf allen fünf Kontinenten erhältlich ist. Neue Produkte, das Ausschöpfen der vorhandenen Marktpotenziale in mehr als 150 Ländern sowie der Aufbau neuer Märkte stehen im Mittelpunkt der Miele-Strategie. Das Unternehmen hat seine weltweit unangefochtene Marktführerschaft als Premium-Marke im Kalenderjahr 2008 weiter ausgebaut und erwirtschaftete mit ca. 16.300 Mitarbeitern einen Umsatz von 2,78 Milliarden Euro (+ 0,4 %) bei einem Exportanteil von 72 Prozent. Miele produziert hauptsächlich in den acht deutschen Fertigungsstandorten. Darüber hinaus wird in je einem Werk in Österreich, Tschechien und China gefertigt. Ein Werk für elektronische Baugruppen in Rumänien ist derzeit im Bau.

Einer strategischen Entscheidung der Unternehmensgründer folgend ist die Miele-Gruppe auch heute noch in einer zentral/dezentralen Mischform organisiert, die sich für die produzierenden Werke in einer regionalen Dezentralität (zwölf produktfokussierte Fertigungsstandorte mit neun integrierten produktbezogenen Entwicklungszentren) und der Zentrale in Gütersloh mit dem Sitz der Verwaltung, Marketing und Vertrieb, Distributionslogistik und weiteren Zentralbereichen darstellt. Der internationale Vertrieb der Produkte wird über 45 eigene Vertriebsgesellschaften und Direktvertrieb mittels Handelspartnern in zahlreichen weiteren Ländern betrieben.

Diese Organisation, bei der zunächst alle Werke regional im Abstand von maximal 150 Kilometern um den Hauptsitz Gütersloh angesiedelt waren, ermöglichte trotz der Spezialisierung der Werke auf ihr Produktportfolio, bei dem jedes verkaufsfähige Fertigprodukt jeweils nur an einem Standort gefertigt wurde, den Koordinierungsaufwand in einem überschaubaren Rahmen zu halten. Gleichzeitig wurden durch eine Ausstattung aller Standorte mit den betriebsnotwendigen Funktionen wie Konstruktion, Entwicklung, Einkauf, Fertigung und Personal die Vorteile der Dezentralität wie die unmittelbare Nähe des Produktentwicklungsprozesses und des Einkaufs zur Fertigung, schnelle Reaktionszeiten und Flexibilität genutzt. Diese Vorteile der Dezentralität wurden bis Anfang der 90er Jahre stark betont, und eine werksübergreifende Zusammenarbeit speziell des Einkaufs war in den Zeiten des starken Wachstums auch nicht im Fokus der Geschäftsleitung.

Die zunehmende Globalisierung der Märkte, verbunden mit einem sich ständig verschärfenden Wettbewerb, hat jedoch zur Entscheidung geführt, die noch nicht ausgeschöpften Potenziale der Bedarfsbündelung und Standardisierung konsequent zu erschließen.

Zur Umsetzung dieser strategischen Entscheidung und Beseitigung der Schwachstelle der dezentralen Organisation wurde zwischen 1999 und 2001 ein Materialgruppenmanagement (MGM①) (Reinelt, Bühlmeyer 2004) entwickelt und eingeführt, das unter Beibehaltung der dezentralen Flexibilität durch seine Matrixstruktur die Bündelungs- und Synergiepotenziale konsequent ausschöpft. Die dezentralen Einkaufsabteilungen und die korrespondierenden technischen Funktionen der Standorte (Konstruktion und Entwicklung, Qualität, Fertigung) sowie die prozessrelevanten Funktionen der Zentrale wie Marketing, Design, Rechnungswesen werden durch diese MGM-Organisation zusammengeführt. Alle Bedarfe, die an mehr als einem Standort auftreten, wurden als MGM-relevant definiert. Diese MGM-Bedarfe wurden in acht Warengruppen mit möglichst ähnlichen Spezifikationen und Beschaffungsmärkten eingeteilt und die konzernweite Bearbeitung der strategischen Beschaffungsaktivitäten (Sourcing to contract) von acht MGM-Teams durchgeführt.

Dabei wurde bewusst nicht das Konzept des Lead Buyings verfolgt sondern die Teams wurden paritätisch aus Mitgliedern der Einkaufsfunktionen sowie den bedarfstragenden Abteilungen besetzt. Die maximale Teamgröße lag bei acht Personen, um die Reisekosten und Abwesenheitszeiten im Rahmen zu halten und die Entscheidungsfähigkeit der Gruppe nicht zu gefährden. Ein Mitglied jeden MGM-Teams (meistens der Einkäufer mit dem größten Einkaufsvolumen oder der höchsten Kompetenz in der Warengruppe) wurde zum Teamleiter gewählt. Dieser war Ansprechpartner für konkrete inhaltliche, die Warengruppe betreffende Fragen. Die MGM-Teams wurden durch die MGM-Koordination, besetzt durch Mitarbeiter des Zentralbereichs Einkauf, gesteuert.

Mit dem MGM① hat Miele einen wichtigen Schritt hin zur werk- und funktionsübergreifenden Optimierung der Beschaffung in einem dezentral organisiertem Unternehmen vollzogen und die Voraussetzungen zur Überwindung der strukturbedingten Beschaffungsnachteile gelegt. Über Jahrzehnte hinweg aufgebaute Privilegien und Selbstständigkeiten wurden zurückgebaut und die Vorteile einer gemeinsamen, gleichberechtigten Bearbeitung der Themen im Sinne des Gesamtunternehmens konnten bewiesen werden. Trotz beachtlicher ausgabewirksamer Kostensenkungserfolge und Prozessverbesserungen genügten die erzielten Ergebnisse entsprechend dem Firmenmotto „immer besser" jedoch noch nicht den anspruchsvollen eigenen Erwartungen.

Die Gründe dafür waren im Wesentlichen:

- Kapazitäten

  Die Belastung der Organisation durch das Aufsetzen von acht MGM-Teams wurde unterschätzt. Manche Teammitglieder waren neben ihrem Tagesgeschäft in bis zu drei MGM-Teams engagiert und die notwendige inhaltliche Begleitung von mehr als zwei Teams durch einen MGM-Koordinator konnte nicht in der angemessenen Qualität gewährleistet werden. Eine Schwachstelle des MGM① lag somit in einer unrealistischen Kapazitätsplanung, die zwangsläufig zu suboptimalen Bearbeitungszeiten und Ergebnissen führte.

- Einbindung aller relevanten bedarfstragenden Funktionen

  Das MGM wurde in der Anfangszeit – trotz aller Kommunikationsanstrengungen und der interdisziplinären Besetzung der Teams – als reines Einkaufsthema wahrgenommen. Es waren ausschließlich Mitarbeiter des Einkaufs, die die MGM-Themen initiiert, koordiniert und berichtet haben. Die Teammitglieder der bedarfstragenden Funktionen haben die MGM-Aufgaben mit großem Engagement bearbeitet, allerdings fehlten die wirksamen Berichtslinien mit Eskalationsstufen über die Werke und Zentralfunktionen bis zur Geschäftsleitung. Dies äußerte sich teilweise sowohl in einer nur bedingt verbindlichen Einbindung der Führungskräfte der Bedarfsträger als auch in mangelnder Konsequenz bei der Umsetzung der MGM-Maßnahmen.

Die Erfolge des MGM① haben jedoch bewirkt, dass die Idee der funktions- und standortübergreifenden Zusammenarbeit mit gemeinsamen Standardisierungs- und Bündelungsaktivitäten grundsätzlich nicht mehr in Frage gestellt wurde. Somit war die Phase der lokalzentrierten Beschaffungsaktivitäten überwunden und die hybride Organisationsform des Einkaufs, d. h. warengruppenspezifische Zentralisierung des strategischen Sourcings mit anschließender dezentraler operativer Abwicklung, als gemeinsamer Standard eingeführt.

Die vorstehend beschriebene Situation lieferte somit den Anlass, mit der evolutionären Entwicklung von MGM② im Jahr 2006 die Stärken von MGM weiter auszubauen und die alten Schwächen konsequent zu reduzieren. Der Fokus liegt weiterhin auf der standort- und funktionsübergreifenden Erarbeitung und Umsetzung von Beschaffungspotenzialen, allerdings mit dem Ziel, die bedarfstragenden Funktionen zukünftig intensiver und verantwortlich in die MGM-Aktivitäten einzubinden. Diese Aufgabe ist in einem international tätigen, dezentral organisierten, materialintensiv produzierenden Unternehmen kein Selbstläufer und verliert somit nicht an Aktualität. Im Laufe der Zeit wurden die vergleichsweise leicht umzusetzenden Maßnahmen wie Standardisierung von Zahlungsbedingungen, Aufbau eines zentralen elektronischen Bestellsystems für indirekte Bedarfe (E-Procurement) etc. realisiert und es wurde im weiteren Fortgang schwieriger, immer wieder neue Potenziale zu definieren, ohne nicht an die so genannten „Heiligen Kühe“ zu gehen.

Die Erfahrung mit MGM① hat gezeigt, dass die Implementierung eines interdisziplinär besetzten Gremiums zwischen den Teams und der Geschäftsleitung ein wichtiger Erfolgsfaktor zur Umsetzung der MGM-Maßnahmen ist. Dieser Erkenntnis wurde mit der Bildung des Beschaffungsausschusses Rechnung getragen. Darüber hinaus hatten die früheren MGM-Aktivitäten gezeigt, dass eine Leitung der Teams ohne Benennung einer erfahrenen Führungskraft als Warengruppenverantwortlichen funktionieren kann, aber nicht muss. Aus diesem Grund wurde die Rolle des Materialgruppen-Managers geschaffen und ausschließlich durch Führungskräfte besetzt. Die Kriterien der Teambesetzung blieben unverändert.

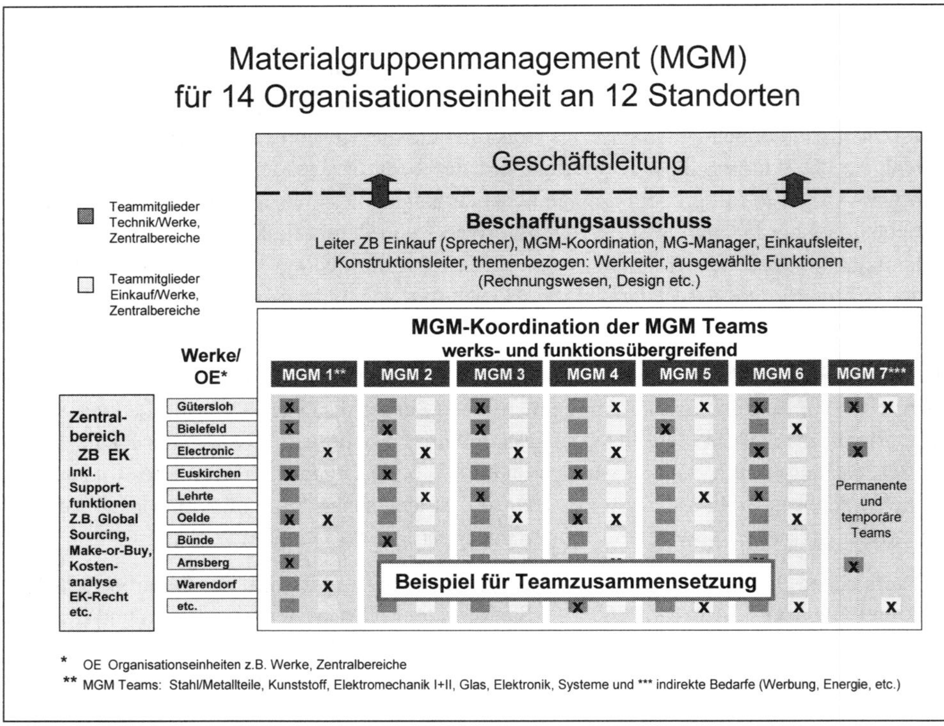

Abbildung 2: *Materialgruppenmanagement MGM②*

Mehr als 80 Prozent des gruppenweiten Bedarfs an Fertigungsmaterial wird durch sechs MGM-Teams (Metall, Kunststoff, Elektronik, Elektromechanik I + II und Systeme) bearbeitet. Ein weiteres Team mit verschiedenen permanenten oder temporären Subteams bearbeitet den gesamten relevanten indirekten Bedarf (Nicht-Fertigungsmaterial (NFM), d. h. alles, was nicht in die Produkte verbaut wird, wie z. B. Energie, IT, Dienstleistungen, Mobilität, Facility Management etc.)

Die MGM②-Teams sind wieder funktions- und standortübergreifend besetzt und werden von einem Materialgruppenmanager geführt. Dieser ist in der Regel ein Einkaufsleiter eines Standorts, d. h., er hat für seine Warengruppe sowohl die konzernweite Verantwortung als auch die strategisch/operative Verantwortung für seinen Standorteinkauf. Die MGM-Organisation wird durch eine Koordinationsfunktion und das Einkaufscontrolling unterstützt und berichtet an den Beschaffungsausschuss, der standortübergreifend mit Werk- und Funktionsleitern besetzt ist und dessen Leitung vom Leiter des Zentralbereichs Einkauf in Gütersloh wahrgenommen wird. Dieser Beschaffungsausschuss ist der Auftraggeber der MGM-Organisation und durch die regelmäßige Teilnahme der Geschäftsleitung die letzte Eskalationsinstanz für alle beschaffungsrelevanten Fragen.

Durch die konzernweite Reorganisation und Standardisierung der Kernprozesse des Qualitätsmanagements (QKP) und der Produktentwicklung (IMNU 2.0) in den Jahren 2007 und 2008 ergaben sich neue Potenziale zur Weiterentwicklung der Einkaufsorganisation.

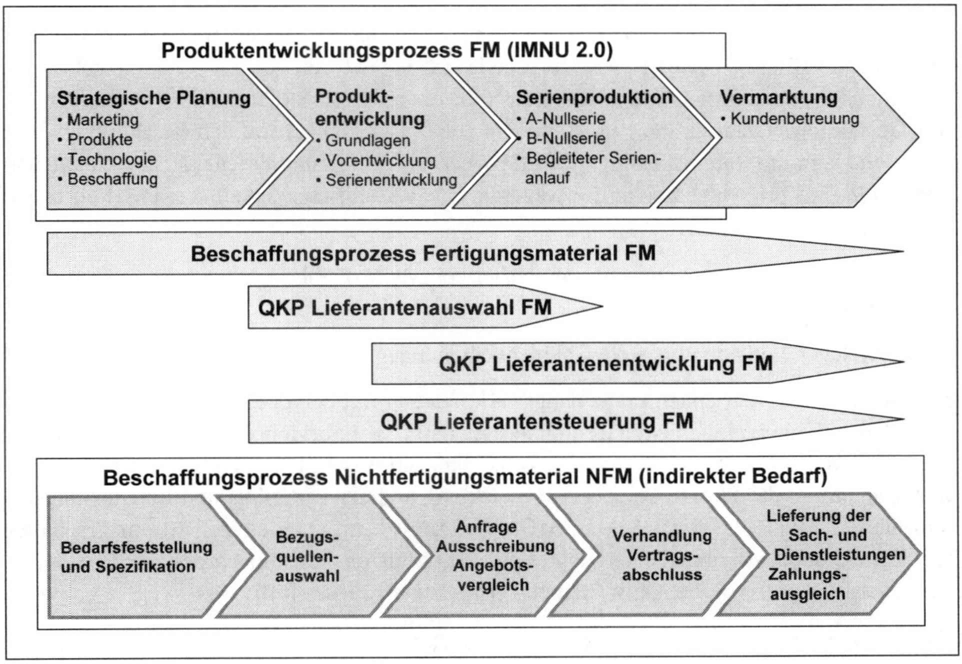

Abbildung 3: *Konzernweit standardisiertes und integriertes Prozess-Netzwerk*

Die Produktentwicklung erfolgt weiterhin dezentral in den neun Entwicklungszentren und deshalb wurde die neue Rolle des Projekteinkäufers geschaffen, der im Entwicklungsteam für alle produktbezogenen Beschaffungsthemen während des gesamten Entwicklungsprozesses von der Definition des Projekts/Produkts bis zum Produktionsstart zuständig ist und dezentral diesen Zentren zugeordnet ist.

Weiterhin wurden die Rollen des Lieferantenbetreuers und Lieferantenentwicklers definiert, die im Rahmen des Materialgruppen- und Qualitätsmanagements als Funktion zentral pro Lieferant, in der örtlichen Zuordnung dezentral organisiert sind. Durch diese Regelung wird sichergestellt, dass die Lieferanten gesamtheitlich betreut werden und zum erwarteten Leistungsniveau geführt werden.

5. Fazit und zukünftige Entwicklung

Die dezentrale Unternehmensstruktur bei Miele ist weiterhin eine gesetzte Größe und wird durch die Eröffnung weiterer Vertriebsgesellschaften und den Ausbau des internationalen Fertigungsverbunds an Komplexität weiter zunehmen. Diese Struktur bildet zusammen mit den Generationsplänen für neue Produkte und den Entwicklungen auf den Beschaffungs- und Absatzmärkten die Rahmenbedingungen für weitere Optimierungspotenziale der Einkaufsorganisation. Für die Abschätzung der weiteren Entwicklung der Einkaufsorganisation bedarf es der Beantwortung zweier Fragen:

- Welche Erkenntnisse können aus den bisherigen MGM-Erfahrungen auf die Zukunft übertragen werden?
- Mit welchen Veränderungen der Rahmenbedingungen muss gerechnet werden?

Die Beantwortung der ersten Frage hängt natürlich eng mit den oben benannten Stärken und Schwächen der derzeitigen Organisation zusammen. Die Einbeziehung aller Fachabteilungen und der Aufbau vergleichbarer Netzwerke mit konzernweiten Leadfunktionen im Qualitätsmanagement, in der Konstruktion und Entwicklung und der Fertigung sind Entwicklungspotenziale des MGM auf dem Weg zu MGM③. Damit kann auch eine Plattform geschaffen werden, die durch eine Intensivierung der interdisziplinären Zusammenarbeit die Zielkonflikte bei der Priorisierung von Aktivitäten besser als heute zu lösen hilft.

Die Frage nach zukünftigen Entwicklungen der Rahmenbedingungen und des Umfeldes ist gerade unter dem Eindruck der aktuellen Finanz- und Wirtschaftskrise nur schwer zu beantworten, aber es gibt einige klar erkennbare Tendenzen. Die Versorgungssicherheit der dezentralen Standorte lässt sich nur durch eine Kombination aus zentralem Risikomanagement in Zusammenarbeit mit den dezentralen Lieferantenbetreuern wirkungsvoll gestalten. Kostensenkungsmaßnahmen, Kostenvermeidungspotenziale und weitere Wertbeiträge des Einkaufs lassen sich in einem koordinierten Netzwerk einer hybriden Einkaufsorganisation im Fall einer dezentralen Unternehmensorganisation bestens erschließen.

Ein neuer Schwerpunkt in der verstärkten Schnittstellenarbeit wird im Bereich Fertigung liegen. Prozess- und wertstromorientierte Konzepte der Fertigungsfunktionen sind mit den internationalen Beschaffungszielen in Einklang zu bringen. Die auf den ersten Blick konträren Ziele „Bestandslose Fertigung mit Kanban-Steuerung im One-piece-flow" und „Verstärktes Sourcing aus Best Value Ländern" sind im MGM zu bewerten und im Sinne eines Gesamtoptimums in Einklang zu bringen.

Neben der Intensivierung der internen Zusammenarbeit ergibt sich ein weiteres Entwicklungspotenzial des MGM. Zukünftig müssen durch die Betrachtung der gesamten Supply Chain auch die Lieferanten noch intensiver in die MGM-Arbeit einbezogen werden. Der Aufbau von Systemlieferanten, die eine wesentlich intensivere Einbindung in Entwicklungsprojekte erfordern, Financial Supply-Chain-Finanzierung im Lieferantennetzwerk oder die

Erarbeitung von gemeinsamen Strategien bzgl. der Absicherung von Materialpreisschwankungen sind weitere noch nicht ausgeschöpfte Optimierungspotenziale. Diese Entwicklung wird sich nicht nur auf die Lieferanten mit direkter logistischer Anbindung (1st Tier) beschränken. Mit einer zunehmenden Modularisierung des Bedarfes wird auch die Einbeziehung der 2nd- und evtl. 3rd-Tier Lieferanten relevant werden.

Eine weitere Herausforderung des MGM wird somit die Erweiterung der heute primär quantitativen Ziele der Materialkostensenkung um Ziele der allgemeinen Beschaffungsoptimierung sein. Ebenso wie qualitative Entwicklungen sind prozessorientierte Ansätze zu betrachten. Zum Beispiel müssen die Potenziale sowie die Kosten von Verlagerungsaktivitäten oder Maßnahmen der Lieferantenentwicklung ganzheitlich (TCO-Ansatz) geplant und bewertet werden.

Die Erfahrung aus der bisherigen Entwicklung der Einkaufsorganisation bei Miele hat gezeigt, dass es keine fertige allgemeingültige Blaupause zur Einführung der „optimalen" Einkaufsorganisation gibt, die auf jedes Unternehmen passt. Für Miele wie auch für vergleichbare andere Unternehmen kann festgestellt werden, dass unter Berücksichtigung der unternehmensspezifischen kritischen Erfolgsfaktoren ein wesentlicher Fortschritt zur Optimierung der Einkaufsorganisation durch gemeinsame Anstrengungen aller an den Prozessen der Leistungserstellung beteiligten Funktionen erzielt werden kann.

Die Praxis zeigt, dass für den Bereich der produktentwicklungsnahen Beschaffungsaufgaben bei größeren und komplexen Unternehmensstrukturen sowohl der reine Zentraleinkauf als auch der ausgelagerte Zentraleinkauf in Form eines Shared Service Centers oder eines Beschaffungsdienstleisters derzeit eher eine abnehmende Bedeutung haben. Für die Beschaffung homogener Warengruppen zur Abdeckung der Bedarfe für die Infrastruktur des Unternehmens kommt zunehmend die Form der virtuellen Zentralisierung mit Hilfe moderner E-Sourcing- und E-Procurement-Lösungen zum Einsatz. Dadurch wird der Vorteil der maximalen strategischen Bedarfsbündelung mit größtmöglichem operativem Komfort für die Bedarfsträger verbunden. Die reine dezentrale Einkaufsorganisation ist aufgrund der aufgezeigten Nachteile stark im Rückzug. Für Unternehmen mit ausgeprägt unterschiedlichen Geschäftsfeldern bietet sich der beschriebene koordinierte Einkauf als Kombination eines zentralen Einkaufs für gemeinsame Infrastrukturbedarfe und dezentrale Einkaufsfunktionen, je nach Unternehmensgröße wiederum in zentraler oder hybrider Ausprägung, in den Geschäftsbereichen an.

Für alle vorliegenden Unternehmensstrukturen und zukünftigen Veränderungen der Randbedingungen kann durch warengruppenspezifische Beschaffungsstrategien, Verfügbarkeit der notwendigen IuK-Infrastruktur, qualifizierte Einkäufer und eine flexible, prozessorientierte Einkaufsorganisation ein exzellentes Leistungsniveau des Einkaufs erreicht werden. Als Beurteilungskriterien für diesen Status des Einkaufs können der erzielte Wertbeitrag aus der Nutzung einer effektiven und effizienten Balance zwischen Wettbewerbsdruck im Beschaffungsmarkt und kreativer Zusammenarbeit mit den leistungsfähigsten Lieferanten im Außenverhältnis (Greß 2008) und die Anerkennung als nachgefragter kompetenter Wertschöpfungspartner nach innen herangezogen werden.

Literatur

ARNOLD, U. (2003), Einkaufsorganisation, in: Boutellier, R., Wagner, S. M., Wehrli, H. P., Handbuch Beschaffung: Strategien, Methoden, Umsetzung, München, Wien 2002, S. 143-164

BOGASCHEWSKY, R., KOHLER, K. (2007), Innovative Organisationsformen des Einkaufs im Kontext der Globalisierung, in: Garcia Sanz, F., Semmler, K., Walther J. (Hrsg.), Die Automobilindustrie auf dem Weg zur globalen Netzwerkkompetenz, Berlin u. a. 2007, S. 143-160

BUNDESVERBAND MATERIALWIRTSCHAFT, EINKAUF UND LOGISTIK BME e.V., Pressespiegel 2008, ca. 1.200 Seiten mit Einkaufsthemen in deutschen Printmedien

FREITAG, M., STUDENT D. (2009), Der große Crash, in: Manager Magazin 3, S. 26-32

GREß, L. (2008), Problematik Zentraleinkauf versus dezentraler Einkauf, Studienarbeit 2008

HARTMANN, H. (2002), Organisatorische Veränderungen im Einkauf – Gründe, Voraussetzungen und Trends, in: Hartmann, H. (Hrsg.), Optimierung der Einkaufsorganisation, Gernsbach 2002 S. 17-65

KERKHOFF, G., MICHALAK, C. (2007), Erfolgsgarantie Einkaufsorganisation, Weinheim 2007, S. 28

KLOSTERFRAU MELISSENGEIST (1925), Westag Communications, entnommen von www.slogans.de

KLUGER, B. (2007), Der Zentraleinkauf, in: Weka Praxishandbuch Einkauf 04/2007, S. 1-20

REINELT, G., BÜHLMEYER, M. (2004), Materialgruppenmanagement – ein Baustein der vernetzten Beschaffung in der Miele-Gruppe, in: Rüderich, G., Kalbfuß, W., Weißer, K. (Hrsg.), Materialgruppenmanagement: Quantensprung in der Beschaffung, Wiesbaden 2004, S. 155-170

RÜDERICH, G., KALBFUß, W., WEIßER, K., Konzeption eines Materialgruppenmanagements, in: Rüderich, G., Kalbfuß, W., Weißer, K. (Hrsg.), Materialgruppenmanagement: Quantensprung in der Beschaffung, Wiesbaden 2004, S. 11-83

SULLIVAN, L. (1896), www.wikipedia.de

WESSMANN, P., FOKKE VAN DEN BOSCH, J. (2009), A.T. Kearney Studie: Indirekter Einkauf vor einschneidenden Veränderungen, in: Dow Jones Einkäufer im Markt 05, Nr. 10, S. 10-11

Auftragsneutrale Beschaffung versus projektbezogener Einkauf – eine kritische Gegenüberstellung

Eckart Barthle

1. Begriffsabgrenzungen

Um im weiteren Verlauf des Beitrages von einem einheitlichen Verständnis auszugehen, seien die beiden wesentlichen Begriffe kurz definiert. Unter Beschaffung versteht der Autor den kompletten Prozess von der Bedarfserzeugung über den Einkauf, die Lieferlogistik seitens des Lieferanten bis hin zur Zuordnung zu einem Auftrag im Unternehmen. Auftragsneutrale Beschaffung hingegen beschreibt den systemischen Ansatz, die geplante Verwendung des Materials nicht in der gesamten Beschaffungskette mitzuführen, sondern über alle Verwendungen die Bedarfe zu aggregieren.

2. Umfeldbeschreibung des Praxisbeispiels

Der vorliegende Beitrag baut auf einem Praxisbeispiel auf, welches aus einem Unternehmenshintergrund stammt, in dem komplexe technische Produkte auf Kundenbestellung in Klein- und Kleinstserien mit geringer Eigenfertigungstiefe hergestellt werden. Als zentrale ERP-Komponente (Enterprise Ressource Planning) dient SAP mit Ausnahme der Entwicklung und Zeichnungsverwaltung, die in einem separaten System bereitgestellt und über eine Schnittstelle an SAP übergeben wird. Das Unternehmen beschäftigt ca. 2.000 Mitarbeiter und verzeichnet einen Jahresumsatz von ca. 500 Mio. Euro. Derzeit werden Materialien auftragsneutral beschafft, wodurch leider systemimmanente Probleme verursacht werden.

Aufgrund der engen Zeitschiene der Produktrealisierung findet die Leistungserbringung im Bereich Entwicklung, Beschaffung und Fertigung teilweise parallel statt. In der täglichen Arbeit zeigt sich eine Vielzahl von Problemen, wobei hier nur auf die einkaufsspezifischen Belange eingegangen wird.

Die Grundaufgabe des Einkaufs, die erforderlichen Güter zur rechten Zeit in richtiger Menge und Qualität zur Verfügung zu stellen, kann häufig nicht geleistet werden. Auf die Probleme, die aufgrund verspäteter Materialdefinition durch die Konstruktion entstehen, soll hier ebenfalls nicht eingegangen werden; genauso wenig auf die Probleme, die aus Mängeln im internen Materialfluss und dem damit entstehenden Verlust mit Nachbeschaffung resultieren.

Dieser Beitrag möchte aufzeigen, welche Auswirkungen die gewählte *auftragsneutrale Beschaffungsstrategie* vor dem beschriebenen Hintergrund hat, welche Umwege gegangen werden, um die Nachteile abzufedern und welche Auswirkungen diese wiederum haben. Um als möglichen Lösungsansatz eine Alternative transparent zu machen, soll im direkten Vergleich die *auftragsbezogene Beschaffung* herangezogen werden. Dabei wird nicht auf Aspekte der Kundeneinzel-, Projekteinzel- oder Produkteinzelbeschaffung eingegangen, sondern das Konzept einer durchgängigen Zuordnungsmöglichkeit zu einem Bedarfsverursacher gewählt.

3. Grundkonzept einer auftragsneutralen Beschaffung

Die zentrale Fragestellung in diesem Abschnitt umfasst die Inhalte und Aufgaben einer auftragsneutralen Beschaffung und beschreibt den idealen Ablauf einer solchen Beschaffungsmethode.

3.1 Informations- und Materialfluss

Der Anschaulichkeit halber wird ein Beispiel vorangestellt.

> Ein Unternehmen stellt zwei verschiedene Lampen her, in beiden steckt als Leuchtmittel eine 60W Glühbirne. Die Glühbirne wird einen Monat vor Auslieferung des jeweiligen Produkts benötigt.
>
> Die angebotenen und verkauften Produkte sind in Form einer ein- oder mehrstufigen Stückliste im ERP-System hinterlegt. Durch das Einstellen eines Verkaufsauftrags eines

oder mehrerer dieser Produkte wird der Bedarf initial erzeugt. Je nach Make-or-Buy-Entscheidung werden eine komplette Baugruppe oder die zur Herstellung erforderlichen Einzelteile als Kaufteile deklariert.

Bis zu diesem Moment sind die Bedarfe eindeutig einem Auftrag zuzuordnen.

Die so erzeugten Bedarfe werden in einen Bedarfspool gespeist. In diesen Bedarfspool fließen alle Bedarfe aller Verkaufsaufträge mit Lieferterminvorgaben ein. Dieser Bedarfspool ist auftragsneutral, er enthält nur Bedarfe und nicht Bedarfe zu einem Projekt.

Die Idee dahinter ist, Bedarfe so zu bündeln, dass optimale Mengeneffekte realisiert werden können. Es wäre beispielsweise wenig zweckmäßig, das Kunststoffgranulat eines Kugelschreibers endproduktbezogen zu beschaffen, zumal mit dem Granulat auch andere Produkte herstellbar sind. Daher fließen alle Bedarfe in den neutralen Pool und vereinigen sich dort, um mit einer aggregierten Menge an den Markt treten zu können.

Von Lampe A sind zum März zehn Stück und zum April 30 Stück verkauft, von Lampe B in einem anderen Auftrag im Februar bis April je fünf Stück.

Der Bedarfspool wird für die 60W Glühbirne damit folgende Anforderungen haben, da die Glühlampen einen Monat vorab benötigt werden:

Januar: 5 Stück

Februar: 15 Stück

März: 35 Stück

Mit diesen Bedarfen im Bedarfspool tritt der Einkauf an den Markt heran, fragt an, verhandelt und bestellt. Entsprechend den Wünschen liefert der Lieferant die Glühbirnen an das zentrale, ebenfalls auftragsneutrale Lager. Weder bei der Bestellung noch bei der Anlieferung ist klar, welche Glühbirne in welchen Lampentyp verbaut wird. Die Glühbirnen werden dann neutral eingelagert. Damit ist selbst bei einer im Lager liegenden Glühbirne nicht klar, zu welchem Lampentyp und damit zu welchem Auftrag die einzelne Glühbirne gehört.

Für die Lieferung im Januar ist der Sachverhalt noch einfach: Da die Januarlieferung nur für den Februar-Verkauf bestimmt sein kann, sind das die Glühbirnen für Lampentyp B. Im Februar und März weiß man zwar, dass je fünf Glühbirnen in den Lampentyp B einfließen werden, welche dies aber konkret sind, entscheidet sich erst bei Entnahme aus dem Lager.

3.2 Erhoffte Vorteile

3.2.1 Skalen- und Bündelungseffekte

Durch die Bündelung der Bedarfe kann der Einkauf kostengünstiger einkaufen. Im Beispiel soll dies durch das folgende Kostenbeispiel transparent gemacht werden:

Eine Glühbirne in Stückzahl 1-14 kostet 1,00 Euro je Stück, ab 15 Stück kostet die Birne nur noch 0,90 Euro und ab 30 Stück sogar nur noch 0,85 Euro.

Würden die obigen Bedarfe nur **auftragsbezogen** eingekauft, würden sich folgende Kosten ergeben:

Monat	Anzahl	Preis je Stück	Positionspreis
Januar	5 Stück	1,00 €	5,00 €
Februar	5 Stück	1,00 €	5,00 €
	10 Stück	1,00 €	10,00 €
März	5 Stück	1,00 €	5,00 €
	30 Stück	0,85 €	25,50 €
		Gesamt	50,50 €

Abbildung 1: *Kostenstruktur bei auftragsbezogenem Einkauf*

Bei **auftragsneutralem** Einkauf sieht die Kostenstruktur so aus:

Monat	Anzahl	Preis je Stück	Positionspreis
Januar	5 Stück	1,00 €	5,00 €
Februar	15 Stück	0,90 €	13,50 €
März	35 Stück	0,85 €	29,75 €
		Gesamt	48,25 €

Abbildung 2: *Kostenstruktur bei auftragsneutralem Einkauf*

> Zusätzlich zu den geringeren Produktpreisen fallen auch geringere Transaktionskosten an, da nur drei Bestellungen gegenüber fünf geschrieben werden, entsprechend weniger Wareneingänge zu buchen sind, nur drei Lagerplätze[1] belegt, und entsprechend auch weniger Rechnungen gebucht und bezahlt werden.

3.2.2 Auftragsverlagerungen

Durch den anonymen Warenbestand können sich einzelne Schwankungen im zeitlichen Bedarf der Aufträge einfach ausgleichen. Würden also von Lampe A im März nur fünf anstatt zehn Stück verkauft und dafür im April fünf Stück mehr, und gleichzeitig von Lampe B im März 5 Stück mehr und dafür im April 5 Stück weniger, dann hätte das auf der Beschaffungsseite keinerlei Auswirkungen.

4. Grundkonzept einer auftragsbezogenen Beschaffung

4.1 Informations- und Materialfluss

Wie bei der auftragsneutralen Beschaffung gibt es auch bei der auftragsbezogenen Beschaffung eine Stückliste, die multipliziert mit der verkauften Stückzahl die zu beschaffenden Volumina ergibt.

Bei der auftragsbezogenen Beschaffung wird jeder Bedarf dediziert einem Auftrag zugeordnet. Es gibt zwar weiterhin einen Beschaffungspool, in den alle Bedarfe einfließen, aber jeder Beschaffungsauftrag lässt sich eineindeutig zum Bedarfsauslöser zurückverfolgen. Diese Zuordnungsfähigkeit setzt sich bei der Bestellung bis zum Wareneingang und der Ware im Lager fort.

Der Einkauf, der Wareneingang und das Lager sind dabei nicht die egalisierende Drehscheibe für Material, sondern eher ein Dienstleister für jedes Projekt.

---

1 Wenn FIFO (First in – First Out) über die Lagerplätze sichergestellt wird, sonst 1 Lagerplatz gegenüber 2

4.2 Erhoffte Vorteile

Indem jedes Material einem Auftrag zugeordnet ist, lässt sich aus Sicht des Projektes immer ein Beschaffungsstand feststellen. Zudem lassen sich auftragsspezifische Preisvorteile auch direkt dem Projekt zuordnen. Es lassen sich auftragsspezifische Beschaffungsvorgänge umsetzen, was bei allen Aufträgen, die nicht nach dem üblichen Prozess ablaufen, hilfreich ist.

Jedes Projekt handelt wie ein eigenes Unternehmen im Unternehmen und greift auf die Materialwirtschaft wie auf einen externen Dienstleister zurück. Damit lassen sich auch Kosten erheblich besser einem Auftrag und damit auch einem Produkt zuordnen.

5. Vergleich der beiden Ansätze

5.1 Materialzulaufscontrolling

Beim auftragsneutralen Ansatz wird das Material erst dann einem Auftrag zugeschrieben, wenn es von diesem abgerufen wird. Es ist zudem nicht direkt möglich, einen Status dahingehend zu ermitteln, wie viel von dem für den Auftrag benötigten Material bereits bestellt bzw. eingelagert ist. Damit muss ein Artikel bis zum Abruf überwacht werden, ob dieser auch zu Fertigungsbeginn zur Verfügung steht. Bei Massenartikeln, deren Beschaffung bestandsgeführt geschieht, ist dies unproblematisch, da genügend Mindestbestand an Material zur Verfügung steht und das limitierende Element mehr durch die Fertigungskapazität beschrieben werden kann. Bei Artikeln, die aufgrund des Beschaffungspreises oder auch der Haltbarkeit genau disponiert werden, ist in aller Regel aber kein Mindestbestand gewünscht.

Es lässt sich lediglich eine Aussage treffen, dass sich für einen Auftrag zwar ein gewisser prozentualer Anteil des benötigen Materials im Lager befindet, dies ist aber eine Momentaufnahme, da das Material für den Auftrag nicht vorgemerkt ist. Sobald ein anderer Auftrag Material abruft, welches im betrachteten Auftrag ebenfalls Verwendung findet und der Abruf das Lager räumt, kann die nur Sekunden später zu treffende Feststellung lauten, dass nun weniger Material vorhanden ist, um das Endprodukt fertigen zu können. Im Extremfall kann zwischen Vollständigkeitsprüfung und Materialabruf das Material von einem anderen Auftrag abgerufen worden sein.

Beim auftragsbezogenen Ansatz kann zu jedem Zeitpunkt festgestellt werden, wie viele der Kaufteile bereits bestellt bzw. geliefert worden sind. Ein Material im Lager ist ausschließlich für diesen Auftrag vorgemerkt und bedarf keiner weiteren Betrachtung. Die Betrachtung, ob das gesamte Material zum Bau vorhanden ist, kann somit mit zeitlichem Fortschritt festgestellt werden.

5.2 Auftragsspezifische Sonderpreise

Beim auftragsneutralen Ansatz muss zur Zuordnung der Materialpreise ein gleitender Durchschnittspreis gebildet werden. Der auftragsspezifische Preis kommt zwar dem Unternehmen zugute, nicht aber dem Auftrag, in dessen Kontext der Spezialpreis verhandelt wurde. Damit wird selbst ein Auftrag, zu dem die Zulieferanten alle Teile dem Unternehmen schenken, nachkalkulatorisch Kosten verursacht haben. Gleichzeitig werden damit Aufträge, die zu regulären Konditionen abgewickelt wurden, geringere Kosten verursacht haben. Somit profitieren alle anderen Aufträge von einem projektspezifischen Nachlass, nur der spezifische Auftrag bleibt nahezu unberührt davon.

> Ein Auftrag ist regulär verkauft und enthält ein Spezialteil für 1.000 Euro. Dieser Auftrag benötigt drei dieser Spezialteile. Ein zweiter Auftrag dient zur Marktöffnung, mit dem Zulieferer ist vereinbart, dass das Spezialteil dafür geschenkt wird. In der Nachkalkulation wird der reguläre Auftrag für die drei Spezialteile mit insgesamt 2.250 Euro ([3x1.000 + 1x0]/4 je Teil) belastet und hat damit 750 Euro weniger Kosten, als eigentlich angefallen sind, der Marktöffnungsauftrag hat hingegen 750 Euro Kosten, die eigentlich gar nicht für diesen Auftrag angefallen sind. Noch gravierender wird die Rechnung, wenn auf Basis der Nachkalkulation der Angebotspreis für weitere reguläre Aufträge ermittelt wird: In diesem Beispiel werden aufgrund des Spezialteils die Materialeinkaufskosten um 250 Euro je Spezialteil zu niedrig angesetzt.

Beim auftragsbezogenen Ansatz fallen auftragsspezifische Sonderpreise direkt im Auftrag an, damit ist eine maximale Kostentransparenz möglich.

5.3 Massenartikel mit Mindestbestellmenge

Beim auftragsneutralen Ansatz werden Massenartikel neutral beschafft. Die Kosten, mit denen der Auftrag belastet wird, sind die Einzelkosten.

> Ein Kabel wird 1m je Produkt benötigt, dieses Produkt ist in einem Auftrag 10 Mal verkauft. Gleichzeitig hat dieses Material eine Mindestabnahmemenge von einer Rolle = 1.000 m und kostet 1.000 Euro je Rolle. Damit wird der Auftrag mit 10 x 1 Euro belastet, die restli-

chen 990 Euro liegen wertmäßig im Lager. Wenn dieser Artikel für andere Projekte ebenso benötigt und das Kabel damit aufgebraucht wird, ist das Ideal der auftragsneutralen Beschaffung erreicht. Falls jedoch dieses Material nicht weiter benötigt wird, liegt dieses Material im Lager und wird zu einem bestimmten Zeitpunkt zu Lasten der Gemeinkosten verschrottet. Daraus resultieren dann erhöhte Materialzuschläge, um solche Kosten den Aufträgen zuordnen zu können. Damit kann aber auch ein absolut schlank konstruierter und gefertigter Artikel mit Kosten belastet werden, die dieser Artikel nicht verursacht hat. Im harten Wettbewerbsumfeld kann dies zu nicht marktfähigen Preisen führen, obwohl der Artikel an sich wettbewerbsfähig wäre. Das Kabel kommt daher nicht mit 1 Euro in den Auftrag, sondern mit 1 Euro x Materialzuschlag. Wenn jeder Auftrag solche Teile beinhaltet, wird der Materialzuschlag entsprechend hoch ausfallen müssen.

Beim auftragsbezogenen Ansatz muss ein Weg gefunden werden, Massenartikel auf mehrere Aufträge zu verteilen, da sonst Material eingekauft wird, dessen unverbrauchter Rest immer verschrottet wird und dementsprechend dem Projekt zur Last fällt. Im obigen Beispiel würden die zehn verkauften Artikel mit Kosten von je 99 Euro lediglich aufgrund des Kabels zusätzlich belastet. Es besteht zwar die Möglichkeit, Material in Mindermengen zu beziehen, dieses kostet dann aber signifikant mehr. Im Idealfall wird vor der Beschaffung geprüft, ob das Teil ein Querschnittmaterial ist, bei welchem ein Aufbrauchen der Restmenge wahrscheinlich ist. Dann wird die Mindestmenge beschafft, ansonsten die Mindermenge.

5.4 Lagerplätze und Lagerverwaltungssystem

Sowohl beim auftragsbezogenen als auch beim auftragsneutralen Ansatz ändert sich physisch im Lager nichts. Da der Auftragsbezug nur im EDV-System vorliegt und nicht physisch auf dem Teil ersichtlich ist, ändert sich an der physischen Lagerstruktur nichts. Das Lagerverwaltungssystem muss hingegen zu jedem Teil die Verwendung kennen und auch eine verwendungsfremde Entnahme verhindern. Um Restmaterial anderen Aufträgen zur Verfügung stellen zu können, muss es einen neutralen Bestand geben, aus dem sich neue Aufträge bedienen, bevor beschafft werden kann.

5.5 Lagerbereinigung

Bei auftragsneutraler Beschaffung muss zur Lagerbereinigung immer der Bedarf aller aktuellen und zukünftigen Aufträge betrachtet werden, um nicht Material verschrotten oder verkaufen zu müssen, welches noch benötigt wird. Dies ist zum Ende jedes einzelnen Auftrags viel zu aufwändig und wird daher periodisch vollzogen. Normalerweise wird dazu zu jedem Material im Lager ermittelt, ob dieses in einer definierten Zeit aus dem Lager abgerufen wurde. Ist dies nicht der Fall, kann mit einiger Wahrscheinlichkeit davon ausgegangen werden, dass dieses Material zukünftig nicht mehr benötigt wird.

Bei auftragsbezogener Beschaffung kann am Ende jedes Auftrages festgestellt werden, welches Material dazu noch im Lager liegt. Dann kann entschieden werden, ob dieses Material für weitere Aufträge verwendet werden kann oder verschrottet/verkauft wird. Damit ist immer ein aktueller Lagerbestand gewährleistet.

6. Lösungsmöglichkeiten und deren Auswirkungen

6.1 Spezifische Materialbezeichnungen

Im o. g. Beispiel der Beschaffung von Glühlampen konnte festgestellt werden, dass die Bedarfe für Januar eindeutig einem Auftrag zuzuordnen waren, da es in diesem Monat keinen anderen Auftrag gab, der zu diesem Material einen Bedarf erzeugte. Diese Sichtweise lässt sich systematisieren: Wenn ein Auftrag ausschließlich Materialbezeichnungen verwendet, die nur in diesem Auftrag verwendet werden, dann ist damit trotz systematisch auftragsneutraler Beschaffung ein Auftragsbezug gewährleistet.

Folgende Konsequenzen stellen sich ein: Jeglicher Vorteilsansatz der auftragsneutralen Beschaffung wird leider ausgehebelt. Da eine solche Strategie absichtlich das System hintergeht, können auch zum Projektende nicht die Spezialbezeichnungen auf die üblichen Bezeichnungen umgebucht werden, um Überbestände für das Unternehmen verwertbar zu machen. Dies führt dazu, dass identisches Material unter verschiedensten Bezeichnungen im Lager vorhanden ist. Eine solche Strategie kann sogar dazu führen, dass ein Auftrag nicht abgearbeitet werden kann, weil Material fehlt, dieses aber unter einer anderen Bezeichnung im Lager existiert.

Da bei diesem Ansatz das System bewusst umgangen wird, müssen selbst Normbezeichnungen so verändert werden, dass es keine automatische Zuordnung zu den richtigen Materialbezeichnungen geben kann. Es sind identische Materialien bekannt, die unter mehreren Dutzend verschiedenen Bezeichnungen im Lager liegen.

6.2 Frühzeitiger Materialabruf

Es kann auch im auftragsneutralen Ansatz ein stetig steigender Materialstand erzwungen werden. Hierzu werden die entsprechenden Aufträge so früh wie möglich gestartet. Immer, wenn passendes Material im Lager eingetroffen ist, wird dieses sofort abgerufen und in der Produktion so lange gelagert, bis das Material vollständig ist und auch tatsächlich produziert wird.

Folgende Konsequenzen würden sich ergeben: Der Vorteil des neutralen Lagers, flexibel die Fertigungsaufträge abzuarbeiten, für die das gesamte Material vollständig verfügbar ist, wird konterkariert. Zusätzlich wird das Lager ausgehebelt. Damit besteht einerseits die Gefahr des Materialschwundes und andererseits verlängert sich die Abarbeitungszeit der Fertigungsaufträge. Falls zur Lieferterminermittlung eines neuen Auftrages die damit erzielten Durchlaufzeiten herangezogen werden, kommen Lieferterminaussagen zustande, die das Kundenverständnis stark strapazieren.

6.3 Großzügige Pufferzeiten

Um darauf vorbereitet zu sein, dass benötigtes Material unerwartet durch einen anderen Auftrag abgerufen wird, werden Pufferzeiten mit eingeplant, die auch eine Wiederbeschaffung ermöglichen.

Folgende Konsequenzen zeigen sich: Vermutlich fehlt nur ein kleiner Anteil des Materials und der Großteil des vorhandenen Materials wird viel zu früh eingelagert. Damit leidet die Liquidität des Unternehmens, das Working Capital steigt und die Mängelhaftungsfrist läuft ggf. noch während der Lagerphase ab.

7. Funktionen und Personen zur Vermeidung von Problemen

7.1 Key Account Einkauf

Ein Key Account des Einkaufs ist ein Mitarbeiter des Einkaufs, der als Ansprechpartner für das Projekt dient. Im Normalfall dient diese Funktion dazu, die Projektsicht in den Einkauf und die Einkaufsanforderungen in das Projekt zu transportieren. In der Praxis treten diese Aufgaben zurück und der Key Account Einkauf hat schwerpunktmäßig die Aufgabe des Prozessberaters inne, der jedem Projekt, das er betreut, den Materialflussprozess erklärt. Er versucht, trotz kompletter Neutralität in der Beschaffung ein projektbezogenes Bild abzuleiten, wohl wissend, dass die daraus getroffenen Aussagen nur Momentaufnahmen sind.

7.2 Verfügbarkeitsmanagement/„Teilejäger“

Eine Person mit der Funktion eines „Teilejägers“ ist ebenfalls im Einkauf angegliedert und geht den projektspezifischen Fehlteilen nach. Sollten Teile bei mehreren Projekten gleichzeitig fehlen, versucht das Verfügbarkeitsmanagement, die Teile trotz auftragsneutralem Materialfluss so zu steuern, dass der geringstmögliche Schaden entsteht.

7.3 Auftragskoordinator

Der Auftragskoordinator ist in der Fertigungsplanung angesiedelt und verfolgt dort zuerst einmal systemseitig einen Auftragsbezug und auch eine Auftragszuordnung der Materialien. Die eigentliche Aufgabe des Auftragskoordinators umfasst die Terminierung der Aufträge und den reibungsfreien Durchlauf durch die Fertigung. Jedoch wird dies besonders von der Aufgabe überlagert, Materialzulaufcontrolling zu betreiben, wobei auch der Auftragskoordinator die echte Auftragszuordnung der Materialien erst nach Abruf des Materials feststellen kann.

7.4 Fehlteilbesprechungen

Fehlteilbesprechungen dienen in der Theorie dazu, die außerplanmäßig verspäteten Materialien dediziert zu benennen und die Zulieferung zu beschleunigen, um Verzüge zu vermeiden. Da die Fehlteillisten, die vom Auftragskoordinator erzeugt werden, einen ersten Ansatzpunkt darstellen, in dem ein Auftragsbezug zum Material hergestellt wird, werden Fehlteilbesprechungen genutzt, um alle Materialien eines Auftrags auch bereits vor Lieferung zu betrachten. Durch eine entsprechend hohe Frequenz der Fehlteilbesprechungen lässt sich auch „Teileklau" – das Abrufen benötigter Teile durch andere Aufträge – erkennen und ggf. zurückabwickeln.

Zusammenfassend lässt sich sagen, dass intensive Arbeitsleistungen darauf verwendet werden, der auftragsneutralen Beschaffung nachgelagert einen Auftragsbezug so weit wie möglich zu geben.

8. Fazit

Aufgrund der oben angesprochenen Punkte wird deutlich, dass eine komplett *auftragsneutrale Beschaffung* nur für eine Serienfertigung mit großer Stückzahl sowie für eine Fertigung von Artikeln mit wenigen und immer gleichen Rohmaterialien geeignet ist.

Die *auftragsbezogene Beschaffung* ist von Vorteil, wenn die zu beschaffenden Materialien auftragsspezifisch sind oder wenn das Material zwar querschnittlich ist, aber so selten gebraucht wird, dass keine Mengeneffekte zu erwarten sind.

Für die meisten Beschaffungsstrukturen wird idealerweise eine im Grundsatz auftragsbezogene Beschaffung gewählt, bei der geringwertige querschnittliche Massenartikel bestandsgeführt und damit auftragsneutral beschafft werden. Alle anderen Artikel sollten hingegen auftragsbezogen beschafft werden.

Im konkreten Fall wurde dies inzwischen auch erkannt und beschlossen, die auftragsneutrale Beschaffung in eine Beschaffung mit Auftragsbezug umzustellen.

Vor- und Nachteile der Etablierung einer Matrix-Organisation im Einkauf – wann verspricht diese Organisationsform den größten Mehrwert?

Andreas Hildebrandt

1. Einführende Überlegungen

Die Funktion des Einkaufs ist die Beschaffung von Materialien der richtigen Qualität von der richtigen Quelle in der richtigen Menge, geliefert zum richtigen Ort zur richtigen Zeit (Gillingham/Kenneth, 2003, S. 5). Die Beschaffung wurde allerdings lange von vielen Firmen nur als notwendiges Übel und nicht als wertsteigernde Funktion angesehen. Daher wurde dem Einkauf nur wenig Aufmerksamkeit geschenkt und folglich sind Einkaufsabteilungen oft nicht gut organisiert. Allerdings kann in der letzten Zeit ein Wandel in Bezug auf die Umsetzung der Einkaufsfunktion festgestellt werden. Mehr und mehr CEOs erkennen den großen Einfluss der Beschaffung auf den Erfolg des Unternehmens. Dieser zunehmende Einfluss kann hauptsächlich auf zwei Aspekte zurückgeführt werden. Zum einen hat der Einkauf über seine Einsparungen und eine kostenoptimale Beschaffung einen direkten Einfluss auf das ebitda der Unternehmen. Zum anderen kann er mittelbar auch starke Wettbewerbsvorteile in puncto Umsatz generieren, indem er z. B. Innovationen aus dem Lieferantenmarkt nutzbar macht und die Entwicklungs- und Beschaffungszeiten verkürzt.

Außerdem steigt der Wert der zu beschaffenden Materialien kontinuierlich. Die Qualität der Materialien hat einen starken Einfluss auf die Qualität des Endprodukts und somit auch auf den Kundenwert (Large, 2006, S. 2 ff.).

Laut einer Studie der Deutschen Bundesbank in 2007 beläuft sich die Summe der zu beschaffenden Materialen auf bis zu 50 bis 70 % des Firmenumsatzes. Ein Grund für die ständig steigenden Beschaffungskosten ist die Verringerung der Fertigungstiefe der Unternehmen. Aufgrund dieser hohen Beschaffungsvolumina sind die Einsparungs- und Verbesserungspotenziale enorm. Eine Kostensenkung von nur wenigen Prozenten führt zu deutlich höheren Einsparungen. Dieses Potenzial sollte gerade jetzt, in Zeiten der Globalisierung und eines sich ständig ändernden Wettbewerbsumfelds, genutzt werden, um einen möglichst großen Wettbewerbsvorteil gegenüber der Konkurrenz zu erwirtschaften. Betrachtet man den Einkauf unter diesen Gesichtspunkten, ist es auch nicht verwunderlich, dass die Auffassung über die Wichtigkeit dieser Abteilung in letzter Zeit einen Wandel durchlebt (Jahns, 2003).

Die Chancen aus einem modernen strategischen Einkauf heraus lassen sich jedoch nur heben, wenn eine effektive und leistungsfähige Organisation der Einkaufsabteilung existiert.

Laut Johnson und Leenders (2006) gibt es keine grundsätzlich optimale Organisation für die Einkaufsabteilung und folglich verändern viele Unternehmen ihre Struktur häufig, um eine möglichst optimale Struktur für die gerade aktuellen Markt- und Wettbewerbssituationen zu finden. Der vorliegende Beitrag widmet sich genau dieser Problemstellung, um unter Berücksichtigung verschiedener Organisationsformen eine neue Matrixorganisation zu erarbeiten.

1.1 Der Beschaffungsprozess

Koppelmann (2004) hat einen sechsstufigen Beschaffungsprozess definiert, dessen Grundlage der Absatzmarkt ist. Nur wenn man weiß, was der Kunde will, kann man gezielt und erfolgreich einkaufen und produzieren. Der Beschaffungsprozess lässt sich in sechs Schritte untergliedern, die im Folgenden erläutert werden. Begleitet werden diese Schritte wiederum durch die Gewinnung von Beschaffungsinformationen, die für ein systematisches, strategisches Beschaffungsmarketing unerlässlich sind.

Am Anfang eines jeden strategischen Beschaffungsprozesses steht die Situationsanalyse. Sie lässt sich unterteilen in Ziele, Potenziale und Konstellationen. Bei der Zielanalyse, dem Ausgangspunkt des Prozesses, werden die Beschaffungsziele (Kostensenkung, Qualitätssteigerung, Erhöhung der Sicherheit) festgelegt, um dann auf die Beschaffungsobjekte angewandt zu werden. In der Vergangenheit begnügte man sich mit dem Erreichen des betriebswirtschaftlichen Optimums, das man erreicht glaubte, wenn alle zur Durchführung des Handlungsprogramms der Unternehmung benötigten Güter und Leistungen in der erforderlichen Menge und Güte zur rechten Zeit und am rechten Ort zu möglichst geringen Kosten bereitgestellt worden waren. Die Erreichung dieser Ziele ist heute selbstverständlich. Darüber hinaus sind in der Beschaffung Ziele wie z. B. Kosten- und Risikosenkung, Qualitätsstabilität und -erhöhung sowie Beschaffungsinnovationen und nicht zuletzt die Time-to-Market-Orientierung von entscheidender Bedeutung. Die Analyse der Potenziale umfasst die augenblickliche Leistungsfähigkeit des Unternehmens in verschiedenen Bereichen, wie z. B. Personal- und Sachpotenzial (Ist das Supply Chain Management auf das Beschaffungsziel überhaupt eingerichtet?), aber auch das Finanzpotenzial (Steht genügend Kapital für das Beschaffungsziel zur Verfügung?). Die Beschaffungskonstellationen beschreiben mögliche interne und externe Störgrößen, Zustände oder Gegebenheiten, denen man sich anpassen muss.

Als zweiter Schritt erfolgt die Bedarfsanalyse. Zum einen werden die internen Anforderungen an das Beschaffungsobjekt (BO) untersucht, z. B. Mengen-, Leistungs- (Spezifikation, Design, Einsatzbereich etc.) oder Zeitbedarf. Darüber hinaus ist festzulegen, welche Anforderungen direkt an den Lieferanten gestellt werden müssen (Zuverlässigkeit, Art der Anlieferung, evtl. Exklusivität etc.) und wie viel ein BO kosten darf. Außerdem ist von Bedeutung, welche Serviceleistungen der Lieferant erfüllen soll und vor allem wie ein optimaler Informationsaustausch gewährleistet werden kann. Zusätzlich ist es wichtig, den Einkauf schon frühzeitig bei der Forschung und Produktentwicklung einzuschalten, um die unterschiedlichen Ansprüche frühzeitig koordinieren zu können. Letztlich müssen Ansprüche anderer Funktionsbereiche, beispielsweise der Finanzabteilung oder der Produktion, analysiert werden. Ebenso sollten externe Anforderungen an das BO berücksichtigt werden, z. B. rechtliche Vorgaben oder Absprachen mit Kunden.

Ist der spezielle BO-Bedarf geklärt, stellt sich die Frage, auf welchem Markt er gedeckt werden soll. Eine Beschaffungsmarktanalyse und -auswahl sind notwendig. Zu diesem Zweck werden Beschaffungsmarktinformationen über aktuelle und potenzielle Bezugsquellen erhoben. Für die Beschaffungsentscheidung wichtige Beschaffungsmarktmerkmale werden fixiert und untersucht. Untersuchungsgegenstände können Leistungs-, Kosten-, Konkurrenz- oder Risikomerkmale sein. Mit der Untersuchung der genanten Merkmale ist die Beschaffungsmarktanalyse beendet und es kann ein Beschaffungsmarkt ausgewählt werden.

Im Anschluss hieran erfolgen nun die Lieferantenanalyse und -auswahl. Hierbei erfolgt aber noch nicht die endgültige Entscheidung für einen Lieferanten, sondern lediglich die Reduzierung der Lieferanten auf einen kleinen Kreis derer, mit denen man in Verhandlung treten will. Zuerst werden alle Lieferanten identifiziert, die aufgrund der Branche, ihrer Produkte und ihrer Produktionsverfahren in Frage kommen (supplier long list). Anschließend erfolgt eine Eingrenzung dieser Lieferanten (supplier short list) anhand vorher aufgestellter Auswahlkriterien, die sich aufgliedern in Lieferantenumfeldkriterien und Lieferantenkriterien. Diesen Kriterien werden die Beschaffungsobjektmerkmale zugeordnet. Auf die Auswahlkriterien kann hier jedoch nur auszugsweise eingegangen werden. Lieferantenumfeldkriterien können sich z. B. beziehen auf Logistikwege, Risiken, generelle Arbeitskosten etc. Die wichtigsten Teile der Lieferantenkriterien sind Anforderungen bezüglich der Kapazität, Spezifikation und natürlich der Gesamtkosten. Selbst wenn der Lieferant zum betreffenden Zeitpunkt nicht alle wichtigen Kriterien erfüllen kann, kann er dennoch für den Einkauf interessant sein, und es ist zu prüfen, ob die Erfüllung der Kriterien nicht in naher Zukunft möglich ist.

Am Ende dieses Prozessschritts bleibt letztlich ein kleiner Kreis möglicher Anbieter übrig, mit denen man in die Lieferantenverhandlung eintreten kann. Nach dem Vertragsabschluss folgt im letzten Schritt die Beschaffungsabwicklung. Diese beinhaltet die Bestellungen, Beschaffungsüberwachung und die Entsorgung.

1.2 Mögliche Organisationsformen

In der Literatur findet man eine Vielzahl von unterschiedlichen Organisationsformen, jede dieser Strukturen hat ganz spezielle Vor- und Nachteile, die je nach Unternehmen unterschiedlich stark berücksichtigt werden sollten. Wenn es darum geht, die richtige Organisationsform für die eigene Einkaufsabteilung zu finden, gibt es zunächst zwei Aspekte, die in Betracht gezogen werden können: die Trennung von strategischem und operativen Einkauf und der Grad der Zentralisierung.

Der operative Einkauf ist hauptsächlich für administrative Aufgaben verantwortlich. Er wickelt Bestellungen und Retouren ab und kümmert sich um die Pflege der Stammdaten der Lieferanten. Der strategische Einkauf dagegen verantwortet alle Entscheidungen des strategischen Beschaffungsprozesses, er ist also für die Situationsanalyse, die Bedarfsanalyse, Beschaffungsmarktanalyse und -auswahl sowie für die Lieferantenanalyse und deren Auswahl und die anschließenden Lieferantenverhandlungen verantwortlich.

Allerdings ist die Trennung zwischen strategischem und operativem Einkauf in vielen Firmen nicht vorhanden. Dies ist entweder auf einen Mangel an Mitarbeitern oder deren mangelnde Qualifikationen zurückzuführen. Als Folge dessen verbringen viele Einkäufer 75 bis 80 % ihrer Arbeitszeit mit operativen Aufgaben und nur 20 bis 25 % mit strategischen obwohl es genau umgekehrt sein sollte (Kerkhoff/Michalak, 2007, S. 43 und 149 ff.).

Der Grad der Zentralisierung bezieht sich darauf, wie unabhängig einzelne Einkaufsabteilungen ihren Bedarf einkaufen. Ein streng zentralisierter Einkauf ist für die komplette Beschaffung aller Materialien eines Unternehmens zuständig, somit auch für möglicherweise mehrere Standorte und Geschäftsbereiche. Große Vorteile eines komplett zentralisierten Einkaufs sind die mögliche Bündelung der Bedarfe und somit das Erreichen von Skaleneffekten sowie die einkaufsstrategische Betrachtung der Beschaffungsobjekte über das gesamte Unternehmen hinweg. In einer dezentralen Beschaffung wird der Einkauf nicht von einer zentralen Einkaufsabteilung übernommen, sondern einzelne Geschäftsbereiche oder Standorte sind unabhängig voneinander für den eigenen Einkauf verantwortlich. Die größten Vorteile einer dezentralen Beschaffung sind die hohe Flexibilität und das Spezialwissen der Einkäufer über ihre Geschäftseinheit und die zu beschaffenden Materialien. Da allerdings sowohl ein strikt zentraler als auch dezentraler Einkauf viele Nachteile birgt, werden diese Extremformen nur von wenigen Unternehmen umgesetzt. Häufiger werden Mischformen genutzt, die sowohl Vorteile des zentralen als auch des dezentralen Einkaufs verbinden. Beispiel für solche Mischformen ist die Kombination aus Warengruppenmanagement und Projekteinkauf.

2. Zur Implementierung einer Matrix-Organisation für den Einkauf

2.1 Warengruppenmanagement

Das Warengruppenmanagement (WGM), auch Category Management genannt, ist eine Organisationsform, die sowohl zentral als auch dezentral eingesetzt werden kann. Des Weiteren werden operativer und strategischer Einkauf klar getrennt. Im Warengruppenmanagement wird der Bedarf des gesamten Unternehmens in Warengruppen eingeteilt und die verschiedenen Beschaffungsobjekte der einzelnen Warengruppen werden zentral von Warengruppenmanagern (Category Manager) übergreifend eingekauft. Die Warengruppenmanager übernehmen sämtliche strategische Aufgaben, der operative Einkauf kann dezentral von den einzelnen Geschäftseinheiten ausgeführt werden. Die Warengruppenmanager sind Experten in ihrem speziellen Beschaffungsmarkt. Sie sind für den kompletten strategischen Beschaffungsprozess verantwortlich. Außerdem entwickelt der Warengruppenmanager die jeweilige Einkaufsstrategie der Warengruppe und leitet daraus die einkaufsstrategischen Maßnahmen der jeweiligen Warengruppe ab (Lieferantenreduzierung, Spezifikationsharmonisierungen, Supply-Chain-Optimierung, Einkaufsinitiativen etc.)

Je nach Art der Beschaffungsprojekte können die Warengruppenmanager sogenannte Strategic Sourcing Teams bilden. Sie bestehen aus Einkäufern plus Experten aus anderen Geschäftsbereichen, z. B. aus den jeweiligen Fachbereichen, Controlling bis hin zur Rechtsabteilung. Diese Form des Einkaufsteams ist besonders dann notwendig, wenn zum einen das Know-how der Fachabteilungen für das Einkaufsprojekt sinnstiftend ist, zum anderen aber auch das „politische" Involvement der Fachabteilungen in Einkaufsentscheidungen hilfreich sein kann. Strategic Sourcing Teams werden häufig bei besonders großen Beschaffungsprojekten (Investitionen, Outsourcing etc.) gebildet. Außerdem findet man diese Konstellationen sehr oft in Großkonzernen, wo Vertreter verschiedener Geschäftseinheiten integriert werden müssen, um Interessenkonflikte zu minimieren.

Die Vorteile des Warengruppenmanagements sind zahlreich. Der wesentliche Vorteil ist die einheitliche strategische Führung der Warengruppe, insbesondere die vereinfachte Umsetzung der jeweiligen Warengruppenstrategien. Die Warengruppenmanager können auf alle Beschaffungsprojekte ihrer Warengruppe direkten Einfluss nehmen und die strategischen Maßnahmen schnell und fokussiert umsetzen. Neben der Nutzung von Größenvorteilen durch die Bündelung lassen sich Beschaffungsobjekt-Harmonisierungen und Standardisierungen viel leichter durchführen. Außerdem kann das Unternehmen von dem Expertenwissen der einzelnen Warengruppenmanager profitieren. Durch die Warengruppenstruktur kann flexibel und schnell auf Veränderungen im Beschaffungsmarkt oder im Unternehmensumfeld reagiert werden. Das große Wissen über Beschaffungsmärkte und die jeweiligen Lieferanten kann insbesondere in Krisenzeiten oder bei knappen Kapazitäten erhebliche Vorteile gegenüber dem Wettbewerber einbringen. Da die Warengruppenmanager für die gesamte Warengruppe verantwortlich sind, sind ein intensives Lieferantenmanagement und eine einheitliche Lieferantenstrategie erst möglich („one face to the supplier“). Die Zahl der Lieferanten kann optimiert und langfristige Beziehungen mit wichtigen Lieferanten aufgebaut werden. Von solchen Beziehungen kann sowohl das Unternehmen als auch der Lieferant profitieren. Wesentlich erleichtert werden auch alle Themen der Beschaffungsprozess-Harmonisierung. Beispielsweise lässt sich eine tiefere Lieferantenintegration leicht initiieren oder auch die Nutzung von elektronischen Katalogen für eine ganze Warengruppe leichter installieren.

Durch die Warengruppen-Struktur ist prinzipiell der Einkauf des Unternehmens transparenter und leichter nachvollziehbar für das gesamte Unternehmen. Hierdurch wird das Fraud-Management unterstützt und insbesondere die Datentransparenz signifikant verbessert.

Die Nachteile des Warengruppenmanagements liegen in der strengen Fokussierung auf die reine Warengruppensicht. Es kann zu Interessenkonflikten zwischen Einkauf und den verschiedenen Fachabteilungen kommen. Die Warengruppenmanager müssen in solchen Fällen als Moderator und Mediator fungieren, um den Konflikt zu lösen. Hier müssen die Warengruppenmanager klar zwischen den Interessen der einzelnen Bedarfsträger und denen des Gesamtunternehmens trennen und abwägen. Denn Strategien, die dem Wohl der Gesamtunternehmung zuträglich sind, müssen nicht automatisch die beste Lösung für einzelne Fachbereiche oder Geschäftseinheiten abbilden. Hier ist es wichtig, das Wohl der gesamten Firma über das der eigenen Fachabteilung zu stellen (Kerkhoff/Michalak, 2007, S. 72).

2.2 Projekteinkauf

Eine weitere Organisationsform ist der Projekteinkauf. Im Projekteinkauf werden alle Materialien, die für ein spezielles Projekt benötigt werden, von dem für das Projekt verantwortlichen Einkäufer oder Team beschafft. Der Projekteinkauf ist ein wesentlicher Bestandteil des Projektmanagements, folglich ist eine enge Zusammenarbeit mit anderen Abteilungen unabdingbar. Wie viele Abteilungen in ein Projekt miteinbezogen werden, hängt von der Größe des Projekts ab. Da die enge Zusammenarbeit im Team essenziell für den Erfolg des Projekts ist, ist es notwendig, alle Aufgaben und Verantwortlichkeiten von Anfang an genau festzulegen. Neben den Aufgaben der Mitarbeiter müssen allerdings auch die Abläufe und Richtlinien definiert und von jedem Beteiligten verstanden werden. Sollten diese Sachverhalte nicht von Anfang geklärt sein, kann es bei unvorhergesehenen Komplikationen während des Projekts schnell zu Problemen kommen, was den Ablauf oder im schlimmsten Fall den Erfolg des ganzen Projekts gefährden kann (Hildebrandt, 1994, S. 13 f.; Huston, 1996, S. 3 ff.).

Der Projekteinkauf kann als ein fünfstufiger Prozess gesehen werden. Der erste Schritt beinhaltet die Definition des Projekts und die Planung aller benötigten Materialien und Dienstleistungen während des Projekts. Der zweite Schritt ist die Ausschreibung. In diesem Schritt werden alle nötigen Dokumente vorbereitet und Auswahlkriterien für Lieferanten festgelegt. Der dritte Schritt beinhaltet die Auswahl der Lieferanten und den anschließenden Vertragsabschluss. Im vierten Schritt werden die Verträge verwaltet und die Einhaltung der Verträge überwacht. Der letzte Schritt beinhaltet den Abschluss des Projekts (Ayers, 2004, S. 107 f.; Hildebrandt, 1994, S. 11 f.; Huston, 1996, S. 5 ff.; Kovács, 2004, S. 131).

Um den Erfolg des Projekts zu gewährleisten, sollte der Lieferant in den kompletten Ablauf miteinbezogen werden. Während der Entwicklungsphase kann das Spezialwissen des Lieferanten helfen, das Produkt zu optimieren, und während des Prozesses kann das Mitwirken des Lieferanten die Abläufe effizienter machen und somit Zeit und Kosten sparen.

Schritt 1 – Definition und Planung

Der erste Schritt des Prozesses ist wahrscheinlich auch der wichtigste. Ohne eine präzise Planung am Anfang ist ein Misserfolg des Projekts vorbestimmt. Dieser Schritt beinhaltet die genaue Planung darüber, welche Materialen zu welcher Zeit während des Projekts gebraucht werden. Des Weiteren werden der genaue Projektablauf festgelegt, der Bedarf definiert und z. B. in einem Pflichtenheft dokumentiert. Ist die Bedarfsplanung abgeschlossen, muss der Personalbedarf bestimmt werden. Neben der allgemeinen Bedarfsplanung und der Personalplanung müssen auch Kooperationen mit anderen Abteilungen festgelegt und ein genauer Zeitplan aufgestellt werden. Der letzte Teil des ersten Schrittes beinhaltet eine genaue Budgetplanung. Um das Budget möglichst präzise zu berechnen, sollten die anderen Planungen bereits abgeschlossen sein.

Schritt 2 – Ausschreibung

In diesem Schritt werden alle benötigten Dokumente vorbereitet und genaue Auswahlkriterien für Lieferanten festgelegt. Anschließend wird eine Anzahl möglicher Lieferanten bestimmt und Angebote angefordert. Welche Lieferanten ausgewählt werden, hängt stark von der Art des Projekts ab. Der Auswahlprozess sollte allerdings dem oben vorgestellten strategischen Beschaffungsprozess folgen. Außerdem müssen Verhandlungsziele festgesetzt werden und Geheimhaltungsvereinbarungen getroffen werden, um den Datenschutz zu gewährleisten (Ayers, 2004, S. 108; Hildebrandt, 1994, S. 14 ff.; Huston, 1996, S. 225 ff.).

Schritt 3 – Lieferantenauswahl

In diesem Schritt werden die in Schritt 2 angeforderten Angebote der möglichen Lieferanten verglichen und bewertet. Ein wichtiger Einflussfaktor, wenn es um die Wahl des Lieferanten geht, ist die Art des Projekts – handelt es sich um ein einmaliges Projekt oder um ein Projekt, das in ähnlicher Weise wiederholt wird. Der Fokus liegt bei einmaligen Projekten eher auf den Kosten als auf möglichen Langzeitbeziehungen mit dem Lieferanten. Trotzdem sollten eine Zusammenarbeit im Bezug auf Maintenance und die Wartung von Maschinen nach dem abgeschlossenen Projekt berücksichtigt werden. Neben der Art des Projekts sollte die Innovationsfähigkeit des Lieferanten intensiv genutzt werden, denn ein innovativer Lieferant kann frühzeitig in neue Projekte miteinbezogen werden und somit helfen, das Produkt zu optimieren. Des Weiteren sollte beachtet werden, ob der Lieferant vorher schon an ähnlichen Projekten beteiligt war oder relevante Referenzen vorzuweisen hat. Ist dies der Fall, kann häufiger von einem reibungsloseren Ablauf ausgegangen werden. Außerdem kann man von den Erfahrungen des Lieferanten möglicherweise während des Projekts profitieren. Ein weiterer wichtiger Aspekt ist die finanzielle Situation des Lieferanten. Der letzte Teil dieser Phase ist der Vertragsabschluss mit den am besten geeigneten Lieferanten (Ayers, 2004, S. 107; Huston, 1996, S. 6 und 323; Lock, 2003, S. 333 ff.).

Schritt 4 – Projektkontrolle

Die Mitarbeiter, die in diesen Schritt einbezogen sind, müssen die Einhaltung der Vertragsinhalte beider Vertragspartner überwachen und gegebenenfalls auf Veränderungen und aufkommende Probleme reagieren. Dieser Schritt beinhaltet sowohl eine stetige Qualitätskontrolle und Qualitätssicherung als auch die wiederholte Überprüfung des Zeitplans des Projekts. Diese permanenten Kontrollen sind enorm wichtig, denn eine Nichteinhaltung der Qualitätsvorgaben kann die Projektkosten nicht unerheblich in die Höhe treiben. Des Weiteren sollte die Einhaltung vorher definierter Meilensteine überwacht werden, der Inhalt und die Pflichtenhefte kontrolliert werden. (Ayers, 2004, S. 108; Huston, 1996, S. 403, 423 und 443).

Schritt 5 – Projektabschluss

Dieser Schritt bezieht sich auf den offiziellen Abschluss des Projekts. In diesem Schritt müssen alle verbleibenden Vertragsansprüche bearbeitet und die Übergabe des Projekts in die Linienorganisation vorbereitet und durchgeführt werden. Des Weiteren werden der Ablauf des gesamten Projektes rezensiert und ein Projekt- und Lieferantenreport erstellt. Der Projektreport beinhaltet eine detaillierte Beschreibung des Projekts und aller aufge-tretenen Probleme samt deren Lösungen. Der Lieferantenreport umfasst eine genaue Lieferantenbewertung mit allen Daten und Details, die für kommende Projekte von Interesse sein können. Somit werden alle erreichten Lerneffekte dokumentiert (Ayers, 2004, S. 108; Huston, 1996, S. 483, 493 f.).

Der Projekteinkauf ist ein in sich abgeschlossener Prozess und birgt als solcher eine Vielzahl von Vor- und Nachteilen. Die Vorteile des Projekteinkaufs sind das spezielle Fachwissen der beteiligten Einkäufer auf die spezifischen Besonderheiten des Gesamtprojekts und damit aller hierfür erforderlichen Voraussetzungen. Die beteiligten Einkäufer im Projekteinkauf sind von Anfang bis Ende in das Projekt einbezogen und haben deshalb sehr detailliertes Wissen über das Projekt, die benötigten Materialien und deren Einfluss auf den Erfolg des Projekts. Außerdem sind die gleichen Einkäufer für alle Materialien des Projekts verantwortlich und haben somit nicht nur einen Teil des Endprodukts im Fokus, sondern kennen die vollständige Dimension des Projektes. Sie sind für die Planung und Koordination sämtlicher Einkäufe verantwortlich. Daraus entsteht eine einheitliche Vertretung des Einkaufs im Projekt. Ein weiterer Vorteil des Projekteinkaufs ist der enorme Lernprozess, den die Einkäufer kontinuierlich durchlaufen. Da viele Unternehmen immer wieder mit ähnlichen Projekten umgehen müssen, können die Erfahrungen aus vorangegangenen Projekten bei der Planung und Vorbereitungen von neuen Projekten von großem Nutzen sein.

Neben den soeben beschriebenen Vorteilen ergibt sich aber auch eine Reihe von Nachteilen. Der wichtigste Nachteil ist das geringere Beschaffungsvolumen. Da im Projekteinkauf ein Team von Einkäufern für alle Materialien ihres Projekts verantwortlich ist, unabhängig von anderen Projekten, wird der Bedarf des ganzen Unternehmens nicht gebündelt und das wiederum führt zum Verlust der Vorteile des Warengruppen-managements. Außerdem können die Unabhängigkeit der Projekte untereinander und das daraus resultierende atomisierte Beschaffungsvolumen dazu führen, dass kein einheitlicher Marktauftritt mehr möglich ist. Das somit fehlende „one face to supplier“ wird von Lieferanten häufig ausgenutzt, um verschiedene Projekte innerhalb eines Unternehmens gegeneinander auszuspielen. Des Weiteren ist es im Projekteinkauf nicht möglich, einheitliche Warengruppenstrategien umzusetzen. Ein weiterer Nachteil der Projektorganisation ist die weniger intensive Marktbetrachtung. Da es kein projektübergreifendes Team dafür gibt, werden die einzelnen Mitarbeiter nur den Bereich des Beschaffungsmarkts, der für ihr spezielles Projekt relevant ist, beobachten. Das Gesamtbild des Beschaffungsmarkts ist nicht vorhanden. Außerdem spielt die umfassende Betreuung der Supply Chain eine untergeordnete Rolle, da die Mitarbeiter nur für ihr spezielles Projekt verantwortlich sind.

2.3 Matrix Organisation

Wie an den beschriebenen Organisationsformen deutlich wird, birgt jede Struktur sowohl Vor- als auch Nachteile. Eine optimale Organisation für eine Einkaufsabteilung zu finden ist somit äußerst schwierig, wenn nicht sogar unmöglich. Da sowohl das Warengruppenmanagement als auch der Projekteinkauf eine Anzahl von wichtigen Vorteilen bietet, werden diese Strukturen nachfolgend in einer Matrixorganisation kombiniert. Diese Kombination führt zu Nutzung aller Vorteile und einer Abschwächung der Nachteile.

Eine Matrixorganisation ist eine zweidimensionale Anordnung von verschiedenen Funktionen und Objekten, wie zum Beispiel Projekten, Produkten, Brands oder Kunden. Die Funktionen werden in der Matrix horizontal angeordnet, die Objekte vertikal (vgl. Abbildung 1). Als Folge dieser Anordnung entsteht eine Reihe von Schnittpunkten. An diesen Schnittpunkten ist eine Entscheidung nur möglich, wenn sich die Mitarbeiter der beiden übergeordneten Funktionen einigen. Dies führt zu höherem Abstimmungs- und Kommunikationsbedarf. Um die konstruktive Zusammenarbeit zu garantieren, kann den vertikalen und horizontalen Funktionen der gleiche Stellenwert zugeordnet werden. Sollte eine Funktion einen höheren Stellenwert haben als die andere, so ist die Matrix nicht mehr ausgeglichen und die Zusammenarbeit kann darunter leiden. Trotzdem ist es in manchen Fällen ratsam, eine solch unausgeglichene Matrix einzuführen. In einer unausgeglichenen Matrix wird die dominante Funktion bei Uneinigkeiten entscheiden. Eine Entscheidung ist dabei auch bei Interessenkonflikten garantiert.

In einer ausgeglichenen Matrix müssten die strittigen Themen eskaliert werden, was wiederum zu einem größeren Zeitaufwand führen würde (Lock, 2003, S. 27 ff.; Vahs, 1999, S. 152 ff.).

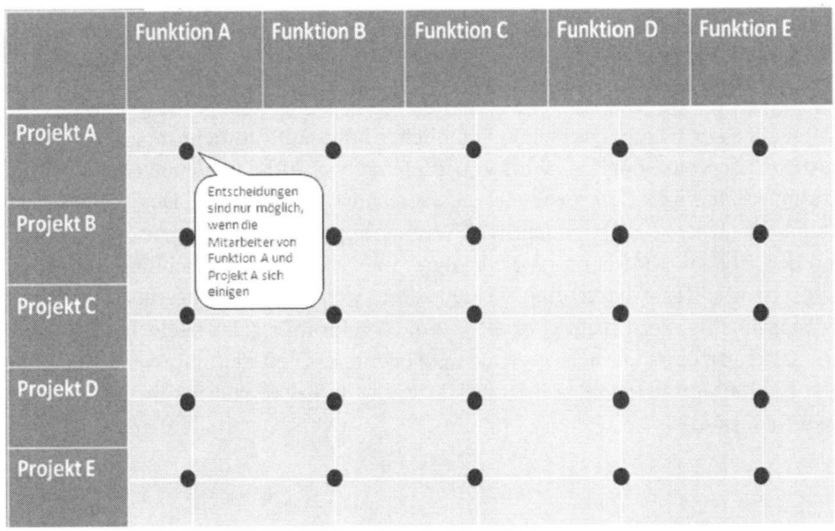

Quelle: Vahs, 1999, S. 152 ff.
Abbildung 1: *Genereller Aufbau einer Matrixorganisation*

3. Die Warengruppen-Projekt-Matrix (WPM)

3.1 Zur theoretischen Darstellung des WPM-Ansatzes

Der allgemeine Ansatz einer Matrixstruktur kann in vielen verschiedenen Variationen abgeändert werden. Dieser Beitrag bezieht sich lediglich auf die Organisation einer Einkaufsabteilung und nicht auf die Organisation eines gesamten Unternehmens. Da sowohl der Projekteinkauf als auch das Warengruppenmanagement mit in die Matrix einbezogen werden sollen, sind die beiden Funktionen der Matrix somit die „Warengruppe" sowie die „Projekte". Horizontal werden verschiedene Warengruppen angeordnet, vertikal verschiedene Projekte. Alle

Mitarbeiter, die nun entweder die Position eines Projekteinkäufers oder Warengruppenmanagers innehaben, sind dem Einkaufsleiter unterstellt (vgl. Abbildung 2) (Wildemann, 2002).

Eines der wichtigsten Probleme, das in einem ersten Schritt geklärt werden muss, ist die Zuständigkeit der jeweiligen Mitarbeiter. Zunächst ist nochmals deutlich zu machen, dass sich die Matrixstruktur lediglich auf den strategischen, firmenübergreifenden Einkauf bezieht. Der operative Einkauf wird dezentral in den eigenständigen Geschäftsbereichen abgebildet. Vor allem in großen Unternehmen mit vielen Beschaffungsmitarbeitern sollte diese Trennung streng eingehalten werden, um dem strategischen Einkäufer genügend Zeit für seine Aufgaben zu schaffen oder um operative Einkaufsaufgaben an andere Funktionsbereiche (z. B. Supply Chain Management) oder auch an externe Dritte auszulagern.

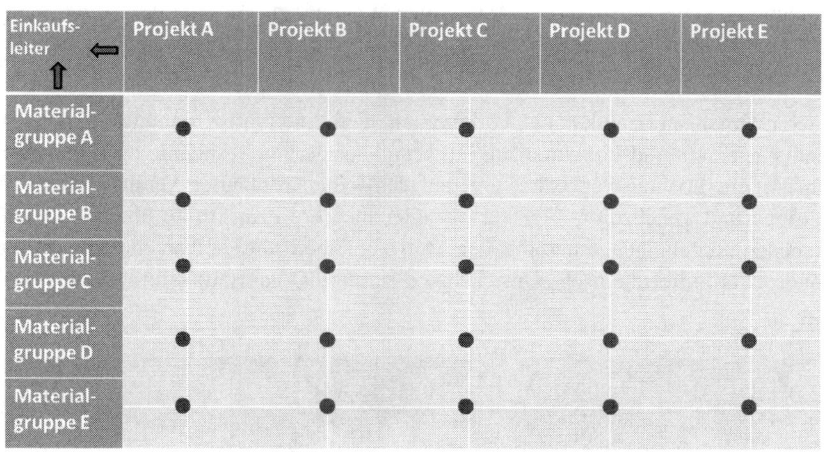

Quelle: Wildemann, 2002
Abbildung 2: *Die Warengruppen-Projekt-Matrix*

Die Aufgaben der Mitarbeiter können in drei Gruppen aufgeteilt werden: Die erste Aufgabengruppe fällt unter alleinige Zuständigkeit der Projekteinkäufer, die zweite Gruppe ist im alleinigen Zuständigkeitsbereich der Warengruppenmanager und die dritte Gruppe beinhaltet Aufgaben, die in Zusammenarbeit erfüllt werden. Die Projekteinkäufer sind von Anfang an in die Entwicklung neuer Produkte miteinbezogen und sind somit für die Vertretung der Interessen des Einkaufs während der Entwicklung verantwortlich. Die Projekteinkäufer arbeiten eng mit Lieferanten zusammen und beziehen diese auch in die Entwicklung mit ein. Auch die Beschaffung von Musterteilen und die Beurteilung der Kapazitäts- und Qualitätssicherung beim Lieferanten sind Aufgaben des Projekteinkaufs. Der Projekteinkäufer ist somit Bindeglied zwischen Entwicklung und Einkauf. Ist die Entwicklung des Produktes abgeschlossen und die Serienreife erlangt, geht die Projektbetreuung in das Aufgabenfeld des Warengruppenmanagers über. Dieser ist Experte auf dem Beschaffungsmarkt und als solcher für sämtliche Einkäufe seiner Warengruppe verantwortlich. Die Verantwortlichkeit für die Materialgruppe ist projektübergreifend und somit sind die wichtigsten Aufgaben, die Bündelung des Bedarfs und die Durchsetzung eines einheitlichen Managements, innerhalb der Warengruppe gewährleistet. Dadurch können „economies of scale“ gehoben werden. Eine weitere Aufgabe der Warengruppenmanager ist die Durchführung einheitlicher Strategien im Rahmen des Beschaffungsprozesses. Dies beinhaltet auch die Erstellung der „Long-list“ bzw. des sogenannten „preferred supplier pools“. Allerdings wird, um sowohl das Expertenwissen über die Beschaffungsmärkte als auch das Wissen über die Entwicklung des Projekts miteinzubeziehen, die endgültige Lieferantenauswahl von Warengruppenmanager und Projekteinkäufer idealerweise gemeinsam durchgeführt. Die jährliche Preisverhandlung mit den Lieferanten und der Abschluss von Rahmenverträgen sind wieder Aufgabe des Warengruppenmanagers. Warengruppenmanager und Projekteinkäufer stimmen sich während des Projektes ab, um die Entscheidungen gemäß den Einkaufsstrategien abzubilden. Im Zweifel sollte jedoch der Warengruppenmanager entscheiden, da er für die Durchsetzung der Einkaufsstrategie innerhalb der Warengruppe verantwortlich ist.

In kleineren Organisationen kann es vorkommen, dass eine klare Trennung zwischen Warengruppenmanagement und Projekteinkauf aufgrund der geringen Anzahl von Einkäufern nicht möglich ist. Ein Lösungsweg wäre, ein und demselben Einkäufer Verantwortung für eine Warengruppe und gleichzeitig auch für ein oder mehrere Projekte zu übergeben. Die oben beschriebenen Regelungen innerhalb der Matrix bleiben aber selbstverständlich bestehen. Insbesondere für mittelständische Unternehmen ist diese Organisationsform interessant.

Aufgabenstellungen für category manager und project buyer

Category Manager

Aufgaben:

➢ ***führt*** die Warengruppe weltweit und hebt Skaleneffekte und Synergiepotentiale
➢ erstellt die Sourcing-Strategy für seine Warengruppe und stimmt diese mit VPE und Fachseite ab
➢ betreibt aktives Lieferantenmgt.
➢ besitzt detaillierte Kenntnisse über Märkte und Lieferanten
➢ installiert und betreibt den strategischen Einkaufsprozess
➢ ist verantwortlich für den operativen Bestellprozess in seiner Warengruppe *nach* Übernahme vom Projekteinkäufer

Project Buyer

Aufgaben:

➢ vertritt die Interessen des Einkaufs in den jeweiligen Projekten
➢ stimmt die Entwicklung mit der VPE und dem Category Manager ab
➢ sorgt für Einhaltung der Sourcing Strategy im Projekt
➢ sorgt für termingerechte Einführung zu Zielkosten
➢ ist verantwortlich für die Stammdatenpflege und Erstbestellung bei neuen Beschaffungsobjekten (BO)
➢ übergibt nach Nachverfolgung die BO an den Category Manager

Quelle: eigene Erhebung
Abbildung 3: *Aufgabenverteilung*

Selbstverständlich kann die Matrixorganisation auf den Achsen auch anders untergliedert sein. So können statt Projekten die jeweiligen Geschäftseinheiten als zweite Matrixachse dienen. Der Warengruppenmanager würde sich dann mit den jeweiligen Einkaufsleitern der Geschäftseinheiten abstimmen. Insbesondere in internationalen Großkonzernen wird sehr häufig mit dieser Form der Matrixorganisation gearbeitet.

3.2 Vor- und Nachteile der WPM

Durch die Verbindung von Projekteinkauf und Warengruppenmanagement sind die Vorteile beider Strukturen bis zu einem gewissen Grad erhalten geblieben. Allerdings ist auch ein Teil der Nachteile nach wie vor vorhanden.

Die Vorteile der WPM beinhalten die mögliche Standardisierung und Bündelung des Bedarfs und somit das Erreichen von „economies of scale", enormes Wissen über die Entwicklung und die Beschaffungsmärkte, die Möglichkeit von neuen Lösungsansätzen durch die Zusammenarbeit und die starke Einbeziehung der Lieferanten. Durch das zentrale Management des Bedarfs aller Projekte in den Warengruppen können sowohl der Bedarf als auch vorhandene Prozesse standardisiert und/oder harmonisiert werden. Dies führt zu einer kleineren Anzahl von Beschaffungsobjekten einer Warengruppe und zu einem größeren Beschaffungsvolumen und folglich zu einer größeren Verhandlungsmacht und niedrigeren Beschaffungskosten. Durch die Struktur der Matrix müssen viele Entscheidungen gemeinsam getroffen werden, dies macht sie objektiver. Die subjektive Einstellung und Meinung eines einzelnen Mitarbeiters kann somit den Ausgang – beispielsweise der Lieferantenauswahl – nur noch bedingt beeinflussen. Ein weiterer Vorteil ist das enorme vorhandene Expertenwissen. Die Projekteinkäufer auf der einen Seite sind von Anfang an in die Entwicklung neuer Produkte und Projekte einbezogen und kennen somit die Anforderungen an die Produkte und Materialien aus den Projekten heraus. Die Warengruppenmanager auf der anderen Seite sind Experten auf ihrem Beschaffungsmarkt und kennen somit die Besonderheiten der Beschaffungsmärkte und ihrer Lieferanten. Der Projekteinkäufer vertritt des Weiteren die Interessen des Einkaufs im Projekt. Auch die Lieferantenauswahl profitiert von der Zusammenarbeit beider Einkäufer. Da der Warengruppenmanager mit für die Auswahl verantwortlich ist, kann dieser Lieferanten in den Auswahlprozess einbringen, zu welchen bereits durch intensives Lieferantenmanagement eine Vertrauensbasis geschaffen ist. Dadurch ist eine tiefere Einbeziehung der Lieferanten in den Entwicklungsprozess möglich. Wenn die wichtigsten Lieferanten in die Entwicklung integriert sind, kann dadurch ihr Know-how genutzt werden, um das Produkt zu optimieren. Somit kann eine langfristige Beziehung zu den Lieferanten aufgebaut werden, die für beide Seiten von Vorteil ist. Der Beschaffer profitiert von Verbesserungsvorschlägen des Lieferanten durch die Analyse neuer Trends und Innovationen auf dessen Beschaffungsmärkten. Außerdem sind in einer langfristigen Beziehung die Reservierung von Lieferantenkapazitäten und eine bevorzugte Behandlung im Belieferungsprozess einfacher möglich.

Neben den vielen Vorteilen birgt die WPM durch ihre Struktur allerdings auch eine Reihe von Nachteilen. Diese Nachteile beinhalten mögliche Reibungspunkte an Schnittstellen und Interessenkonflikte. Aufgrund der Schnittstellen, an denen eine Entscheidung nur möglich ist, wenn beide beteiligten Funktionen übereinstimmen, birgt die WPM ein höheres Potenzial für Interessenkonflikte. Um Probleme und Unstimmigkeiten zu verhindern, muss ein klarer Ablauf zur Problemlösung eingeführt werden. Eine weitere Möglichkeit, um dieses Konfliktpotenzial zu minimieren und einen reibungslosen Ablauf zu garantieren, ist die klare Verteilung von Zuständigkeiten und somit die Umsetzung der WPM als unausgeglichene Matrix. Dadurch ist eine Funktion der anderen übergeordnet und strittige Entscheidungen können schneller gelöst werden.

Ein weiterer Nachteil ist die Bedeutung der Teamarbeit für diese Organisationsform. Die Projekteinkäufer müssen nicht nur mit den Warengruppenmanagern zusammenarbeiten, sondern auch mit der Entwicklung und anderen involvierten Abteilungen. Persönliche Konflikte oder Sympathien können diese Zusammenarbeit und somit den Erfolg der ganzen Struktur gefährden. Aufgrund dieser notwendigen Zusammenarbeit steigen die Anforderungen an die Mitarbeiter, die eine deutlich höhere soziale Kompetenz vorweisen müssen, um die Zusammenarbeit zu vereinfachen und Konfliktpotenziale möglichst bereits am Anfang zu minimieren.

4. Change Management zur Implementierung der Organisationsform

Auch wenn jede Organisationsform sowohl Vor- als auch Nachteile mit sich bringt, ist es essenziell, sich für eine praktikable Struktur der Einkaufsabteilung zu entscheiden, denn ohne eine genaue Aufgabenverteilung ist effektives Arbeiten nicht möglich. Doch die Wahl einer geeigneten Struktur ist nur der erste Schritt zum Erfolg. Die richtige Implementierung und Ausbildung der betroffenen Mitarbeiter sind mindestens genauso wichtig, um die erhofften Veränderungen auch umsetzen zu können.

Change Management befasst sich mit der Planung, Organisation und Einführung von Veränderungen in einem Unternehmen. In der Literatur kann eine Vielzahl unterschiedlicher Prozesse und Abläufe in Bezug auf Change Management gefunden werden. And dieser Stelle wird auf eine Prozessstruktur zurückgegriffen, um alle wichtigen Aspekte des Change Managements zu beleuchten. Schritt 1 ist die Diagnose des Problems, Schritt 2 bezieht sich auf die Planung der Veränderung, Schritt 3 behandelt die Durchführung und Schritt 4 entspricht der Erhaltung der eingeführten Veränderung. Jeder Schritt dieses Prozesses hängt von dem Erfolg der vorhergehenden Schritte ab.

Schritt 1 – Diagnose

Am Anfang des Prozesses steht die Analyse und Bewertung der aktuellen Situation. Diese Analyse ist wichtig, um die Schwachstellen, aber auch die Stärken einer Organisation herauszufinden und folglich eine Soll-Situation zu definieren. Diese Soll-Situation beschreibt, welche Veränderungen vorgenommen werden müssen, um welche Verbesserungen zu erreichen. Der erste Schritt beinhaltet außerdem eine Durchführbarkeitsstudie, um zu bestimmen, ob die erwünschten Verbesserungen realistisch sind. Bevor dann die genaue Planung des Vorgangs beginnen kann, muss die Zustimmung des Managements erteilt werden (Blake/Bush, 2009, S. 45 ff., 59 ff.; Keeling, 2000, S. 13).

Schritt 2 – Planung

In der Planungsphase wird der Weg zur Soll-Situation erarbeitet. Dieser Schritt ist der wichtigste Schritt, denn ohne eine genaue Vorgehensweise und einen detaillierten Plan ist die Veränderung schwierig umzusetzen. In dieser Phase werden die Struktur, der Ablauf und die Leitung des Projekts klar definiert und die Aufgaben und Zuständigkeiten werden verteilt. Des Weiteren müssen alle Aspekte des Projekts einbezogen werden und die einzelnen Schritte so wie Beginn und Ende terminiert werden. Um während des Prozesses den Fortschritt messen zu können, sollten in der Planungsphase Benchmarks gesetzt werden. Außerdem sollte eine Risikoanalyse durchgeführt werden, um vorhersehbare Probleme möglichst früh zu lösen (Blake/Bush, 2009, S. 46 ff.; Keeling, 2000, S. 13).

Dieser Schritt beinhaltet außerdem die Beantwortung der Frage, was getan werden muss, um alle Stakeholder des Unternehmens von der Notwendigkeit der Veränderung zu überzeugen. Die häufigste Ursache von Misserfolg ist der Widerstand der einzelnen Stakeholder, also Anspruchsberechtigten der Organisation, vor allem der Mitarbeiter. Deswegen ist es für den Erfolg des Projekts ausschlaggebend, die Zustimmung und Unterstützung zu haben, denn deren Widerstand kann eine Veränderung nicht nur gefährden, sondern unmöglich machen. Um die Unterstützung der Mitarbeiter zu sichern, ist es wichtig, sie von Anfang an von dem Prozess in Kenntnis zu setzen, miteinzubeziehen und zu motivieren. Laut Kotter und Schlesinger (2008, S. 132) reagieren verschiedene Gruppen unterschiedlich auf bevorstehende Veränderungen. Die Reaktionen reichen von kompletter Zustimmung über passive Zurückhaltung bis hin zu aktivem Widerstand.

Als Grund für Widerstand sehen Kotter und Schlesinger (2008, S.132) hauptsächlich vier Ursachen: die Angst, etwas Wichtiges zu verlieren, Missverständnisse über Veränderungen im Prozess, eine niedrige Toleranz und die Überzeugung, dass Veränderungen keinen Sinn machen. Menschen generell und somit auch Mitarbeiter sind meistens daran interessiert, was am besten für sie ist. Darum ist der Verlust von etwas Wichtigem oder auch nur von der altbekannten Routine für viele ein Grund zum Widerstand. Veränderungen hin zu einer Verbesserung der Unternehmenssituation sind nicht immer auch das Beste für jeden betroffenen Mitarbeiter. Eine weitere Ursache von Widerstand ist falsche Kommunikation. Häufig verstehen die Mitarbeiter den Grund für die Veränderung schlichtweg nicht oder interpretierten die Konsequenzen der Veränderung falsch. Das ist häufig der Fall, wenn die Mitarbeiter dem Urheber der Veränderung nicht trauen oder befürchten, dass sie mehr verlieren als gewinnen könnten. Um diese Art von Widerstand zu minimieren, ist es wichtig, dass die Mitarbeiter von Anfang an über die Notwendigkeit der Veränderung informiert werden und jeder Aspekt mit seinen Folgen genau erklärt wird. Ein dritter Grund für Widerstand ist eine andere Auffassung der Situation unter den Angestellten. Bewerten die Mitarbeiter die aktuelle Situation anders als die Geschäftsleitung, so ist es schwer, diese von der Notwendigkeit der Veränderung zu überzeugen. Dabei ist es wichtig, dass man berücksichtigt, dass kein Management oder Kernteam einer Change-Maßnahme, genauso wenig wie ein Mitarbeiter, jemals alle Informationen über eine Situation haben kann. Ein gewisser Anteil an Unwissenheit ist immer vorhanden und es ist die Aufgabe der Projektleitung, diese Unwissenheit so gering zu halten, dass sie den Erfolg des Projekts nicht behindert. Die letzte Ursache von Widerstand ist eine generell niedrige Toleranz für Veränderungen. Es kann vorkommen, dass Mitarbeiter befürchten, die neuen Erwartungen nicht erfüllen zu können oder gezwungen werden, sich zu schnell zu verändern. Ist das der Fall, wird Widerstand entstehen, selbst wenn die Veränderung für alle Beteiligten von Vorteil wäre (Kotter/Schlesinger, 2008, S. 132 ff.).

Um den Widerstand möglichst gering zu halten, ist es notwendig, gezielt und effektiv damit umzugehen. Der wahrscheinlich einfachste Weg, Widerstand zu verringern, ist, den Mitarbeitern die Vor- und vor allem aber auch die Nachteile der Veränderung sowie die Notwendigkeit dafür so früh wie möglich logisch und verständlich zu erklären. Um die Mitarbeiter von der Veränderung zu überzeugen, ist es unabdingbar, den Veränderungsprozess so transparent wie möglich zu gestalten. Ein ehrliches und vertrauensvolles Klima ist der wichtigste Aspekt, um Misstrauen und daraus resultierenden Widerstand zu verhindern. Des Weiteren kann das Unternehmen von der langen Berufserfahrung einiger Mitarbeiter profitieren und deren Ideen und Kritik dazu nutzen, die angestrebte Veränderung möglichst schnell zu erreichen und zu optimieren. Solch eine Einbeziehung der Mitarbeiter ist nicht nur für die Mitarbeiter, sondern auch für das Unternehmen wichtig. Dadurch können Probleme gezielt gelöst und somit Zeit und Kosten gespart werden. Zusätzlich wird durch die Einbeziehung der Mitarbeiter deren Wertschätzung visualisiert. Dies wiederum hat in der Regel einen hohen Motivationseffekt und führt in den meisten Fällen zu höherer Akzeptanz und höherem Engagement im Change-Projekt. Ein weiterer wichtiger Schritt auf dem Weg zur Soll-Situation ist die Einplanung von Weiterbildungen, Diskussionen und Informationsveranstaltungen. Auf diesem Weg können Mitarbeiter in den Planungsprozess miteinbezogen werden und sind somit oft einfacher von der Veränderung zu überzeugen. Dies kann beispielsweise durch Workshops mit externen Moderatoren, in denen der Ablauf des Veränderungsprozesses und ein Migrationsplan gemeinsam erarbeitet werden, erreicht werden. Allerdings ist es hierbei nicht nur wichtig, den Mitarbeitern die Chance zu geben, sich einzubringen, sondern deren Kritik und Verbesserungsvorschläge auch ernst zu nehmen und miteinzubeziehen. Sollten die Mitarbeiter das Gefühl bekommen, dass ihre Meinung nicht ernst genommen wird, wird der Widerstand unter ihnen wachsen.

Ein weiterer Ansatz, um Widerstand zu verhindern, ist, die Mitarbeiter im Change-Zeitraum gezielt zu unterstützen. Diese Unterstützung kann in Form von Weiterbildungen und Beratung erfolgen oder einfach nur durch einen Zeitplan, der einen längere Übergangs- und Eingewöhnungsphase vorsieht. Diese Methode kann vor allem dann sehr erfolgsversprechend sein, wenn der Widerstand auf Angst und Anspannung der Mitarbeiter beruht.

Auch finanzielle Anreize wie Bonuszahlungen oder Gehaltserhöhungen können dazu beitragen, den Widerstand unter den Mitarbeitern gering zu halten. Allerdings kann diese Methode nicht nur teuer werden, sondern birgt auch das Risiko einer möglichen Erpressung vonseiten des Mitarbeiters. Trotzdem kann es sinnvoll sein, diese finanziellen Anreize in Form von Sonderzahlungen zu nutzen, um beispielsweise eine Gruppe oder einzelne Individuen, die nicht oder nur bedingt von der Veränderung profitieren, zu entschädigen.

Die letzte Möglichkeit, mit Widerstand umzugehen, ist die Ausübung eines erhöhten Veränderungsdrucks durch das Management oder Manipulation der Mitarbeiter. Die Mitarbeiter können gezielt manipuliert werden, indem nur bestimmte Informationen zu ihnen durchdringen und somit zum Beispiel Nachteile verheimlicht werden. Dieser Ansatz birgt allerdings meist mehr Gefahren als Nutzen, da die Mitarbeiter betrogen und ihr Vertrauen missbraucht wird. Die Akzeptanz und das Engagement erleiden oft nicht wiedergutzumachenden Schaden. Erhöhter Veränderungsdruck dagegen beinhaltet direkte oder indirekte Androhung von Maßnahmen wie beispielsweise Abwertungen von Personalstellen, bis hin zu Lohnkürzungen oder gar Entlassungen. Druck oder Manipulation sollten allerdings als letzte Möglichkeit gesehen werden, um Widerstand zu beseitigen. Denn selbst wenn sie im ersten Augenblick erfolgreich sind, werden das Arbeitsklima und die Motivation der Mitarbeiter darunter dauerhaft leiden, was langfristig zu deutlich negativeren Folgen führt. Im Normalfall wird eine Mischung aus mehreren Ansätzen genutzt werden, um die Unterstützung der Mitarbeiter zu erlangen (Kehoe, 2007, S. 6 ff.; Kotter/Schlesinger, 2008, S. 134 ff.).

Schritt 3 – Durchführung

In dieser Phase werden die geplanten Veränderungen anhand des Migrationsplans umgesetzt. Hierbei ist es wichtig, die Entwicklung genau zu beobachten und anhand der gesetzten Benchmarks zu messen. Außerdem kann es während dieser Phase notwendig sein, den ursprünglichen Prozess etwas abzuändern und neuen Umständen anzupassen. Die Aufgabe der Geschäftsleitung während dieser Phase ist es, die Mitarbeiter über den Fortschritt des Prozesses zu informieren und diesen zu leiten (Blake/Bush, 2009, S. 50 ff. und 337 ff.; Keeling, 2000, S. 14).

Die Durchführung kann vereinfacht und optimiert werden, indem beispielsweise auch während des Prozesses noch Workshops auf verschiedenen Hierarchieebenen stattfinden, um das Know-how und die Erfahrung der Mitarbeiter weiterhin zu nutzen. Des Weiteren ist die Informationspolitik während des Prozesses wichtig, dies erzeugt ein Gefühl von Transparenz und vermeidet gefühlte Hilflosigkeiten und Kontrollverluste der Mitarbeiter. Durch Pulsbefragungen können die Stimmung unter den Mitarbeitern festgestellt und Probleme früh aufgedeckt werden. Auch die Einbeziehung eines externen Change Agents kann die Durchführung deutlich erleichtern. Dieser Agent kann als Filter zwischen verschiedenen Hierarchiestufen und zwischen Management und Mitarbeitern dienen und hat eine „quasi-neutrale“ Funktion innerhalb des Change-Projektes. Beschwerden und Probleme können frei und wenn nötig anonym geäußert werden. Eine letzte Möglichkeit, um einen reibungslosen Ablauf zu unterstützen sind Teambildungsworkshops. Diese Workshops können sowohl im Unternehmen stattfinden als auch außerhalb. Ein Workshop an unternehmensunabhängigen Orten kann dazu beitragen, bewusst einen Schritt aus der Organisation heraus zu machen und in der Atmosphäre der externen Betrachtung offene Punkte zu beleuchten und die zwingende notwendige Teambildung zu fördern.

Schritt 4 – Erhaltung

In dieser Phase ist es wichtig die erarbeitete Veränderung in das Tagesgeschäft einzugliedern. Außerdem wird der gesamte Prozess noch einmal beleuchtet und bewertet und in einem Report genauestens festgehalten. Am Ende dieses Schrittes steht fest, welche Aspekte der geplanten Veränderung komplett eingetroffen sind und wo noch Verbesserungspotenzial vorhanden ist. Es ist auch in der Zeit nach der Durchführung wichtig, die Mitarbeiter zur Veränderung zu befragen und deren Meinung darüber festzuhalten. Zusätzlich sollten vor allem in der ersten Zeit nach der Veränderung regelmäßige Reviewmeetings und Follow-up Workshops veranstaltet werden, um kleinere Schwachstellen oder Probleme direkt aufzuzeigen und zu lösen. Ein formaler Abschluss des Projekts, wie beispielsweise eine Abschlussfeier mit allen beteiligten Mitarbeitern, kann ein gutes Mittel sein, um sich bei den Beteiligten für ihre Mitarbeit und Unterstützung zu bedanken und gleichzeitig auch einen emotionalen Startpunkt für eine neue Struktur zu setzen. (Blake/Bush, 2009, S. 341 ff.; Keeling, 2000, S. 14).

5. Zusammenfassung

Wie im ersten Teil dieses Artikels deutlich wird, gibt es eine Vielzahl von Organisationsformen, die alle eine Reihe von Vor- und Nachteilen mit sich bringen. Die Warengruppen-Projekt-Matrix verbindet Eigenschaften des Projekteinkaufs mit denen des Warengruppenmanagements und kann somit dazu beitragen, eine Einkaufsabteilung möglichst effizient zu organisieren. Doch auch wenn die WPM anhand ihrer komplexen Struktur auf eine Vielzahl von Unternehmen angewandt werden kann, ist sie doch nicht die einzig richtige Organisationsform. Die richtige Organisation für ein Unternehmen zu finden ist schwer und hängt stark von der Größe und der Art des Unternehmens sowie der Unternehmensphilosophie und den Mitarbeitern ab. Hat man sich auf eine Struktur festgelegt, ist dies aber nur der erste Teil der Umstrukturierung.

Genauso wichtig wie die richtige Organisationsform ist die richtige Implementierung. Und auch hier gilt, ein immer zutreffendes Rezept gibt es nicht. Auch die Durchführung der Umstrukturierung hängt stark von der Unternehmensart und dessen Mitarbeitern ab. Oft ist es deswegen sinnvoll, nicht nur eine Methode zu wählen, um die Unterstützung der Mitarbeiter zu gewinnen, sondern je nach Mitarbeiter oder Einfluss der Veränderung auf sein Arbeitsumfeld verschiedene Ansätze gemeinsam anzuwenden. Das Wichtigste bei allen besprochenen Ansätzen ist allerdings, dass die Mitarbeiter von Anfang an miteinbezogen und nicht vor vollendete Tatsachen gestellt werden. Denn nur wenn betroffene Mitarbeiter den Sinn und den resultierenden Nutzen einer Veränderung realisieren, kann diese Veränderung auch erfolgreich eingeführt und vor allem beibehalten werden.

Literatur

AYERS, J. B. (2004), Supply Chain Project Management, Boca Raton 2004

BLAKE, I., BUSH, C. (2009), Project Managing Change, Harlow 2009

DEUTSCHE BUNDESBANK (2007), Verhältniszahlen aus Jahresabschlüssen. Entnommen am 11. Juli, 2009, von Deutsche Bundesbank: http://bundesbank-suche.suchexpress. de/search/ bundesbank.results.jsp?currentPageIndex=0&st%3A0%3Afield=&st%3A0 %3Amode=all&st%3A0%3Acorrect=true&st%3Asortby%3Avalue=DESC&st%3Asortby %3Amode=sortby&st%3Asortby%3Acorrect=false&st%3Asortby%3Afield=Relevanz&st %

GILLINGHAM, M., KENNETH, L. (2003), Purchasing and Supply Chain Management, 6. Aufl., Essex 2003

HILDEBRANDT, H. (1994), Prozessorientierte Projektbeschaffung in einem Energieversorgungsunternehmen, in: Koppelmann, U., Lumbe, H. J., Prozessorientierte Beschaffung Stuttgart 1994, S. 9-23

HUSTON, C. L. (1996), Management of Project Procurement, New York 1996

JAHNS, C. (2003), Paradigmenwechsel vom Einkauf zum Supply Management, in: Beschaffung Aktuell , 2003, S. 32-39

JOHNSON, F., LEENDERS, M. (2006), A longitudinal study of supply organizational change, in: Journal of Purchasing & Supply Chain Management, 12 (2006), S. 332-342

KEELING, R. (2000), Project Management, New York 2000

KEHOE, D. (2007), Leading and Managing Change, North Ryde 2007

KERKHOFF, G., MICHALAK, C. (2007), Erfolgsgarantie Einkaufsorganisation, Weinheim 2007

KOPPELMANN, U. (2004), Beschaffungsmarketing, 3. Aufl., Berlin u. a. 2000

KOTTER, J. P., SCHLESINGER, L. A. (2008), Choosing Strategies for Change, in: Harvard Business Review, S. 130-139

KOVÁCS, A. (2004), Enhancing Procurement Practices, Boston u. a. 2004

LARGE, R. (2006), Strategisches Beschaffungsmanagement, 3. Aufl., Wiesbaden 2006

LOCK, D. (2003), Project Management, Burlington 2003

VAHS, D. (1999), Organisation, Stuttgart 1999

WILDEMANN, H. (2002), Projekteinkauf als Hebel im strategischen Einkauf, entnommen am 9. Juni 2009, von http://www.tcw.de/news/view/91

E-Tools zur Effizienzsteigerung der Organisationsstruktur im Einkauf

Johannes Ohl

1. Einleitung

Der Titel dieses Beitrages lässt bereits einige Schlüsse auf das nun Folgende zu. Es wird um unterstützende, elektronische, zumeist internet-basierte Instrumente gehen, die zur Effizienzsteigerung des Einkaufs nachweislich beitragen, und zwar möglichst unabhängig von der Organisationsstruktur des Unternehmens. Die Tools sind Mittel zum Zweck, nicht Selbstzweck. Maßgeblich für die tatsächlich erreichbaren Verbesserungen sind immer noch die Strategie des Unternehmens, die gelebte Organisation des Einkaufs und nicht zuletzt die Akteure, sprich die Nutzer und Nutzerinnen der E-Tools. Sie sind es schlussendlich, die die Einsparungen für das Unternehmen elektronisch unterstützt generieren.

Es werden viele Anglizismen verwendet, da dieser Teil der Unterstützung der Beschaffung nicht nur in Studien, sondern auch in der EDV- bzw. IT-Welt angelsächsisch dominiert ist. Die Aberdeen Group und andere Analysten (Müller/von Thienen 2001, S. 36 ff.) beschreiben die einfach und schnell zu implementierenden E-Tools wie beispielsweise für die operative Beschaffung (E-Procurement) zur Effizienzsteigerung geradezu als unerlässlich.

Performance Area	Before	After
Requisition-to-order costs	51 US-Dollar	26 US-Dollar
Requisition-to-order cycle time	9.6 days	3.4 days
Spend under management	42 %	60 %
Percentage of maverick spend	33 %	20 %

Quelle: Dwyer, C./Gupta, A. (2008)
Abbildung 1: *Erreichte Verbesserungen durch E-Procurement-Initiativen*

So werden im Verlauf des Beitrages zu allen betrachteten E-Tools immer wieder praxisbasierte Untersuchungen und Befragungen herangezogen, die den Nutzen empirisch darstellen. Dann folgen eine kurze Beschreibung und die Erläuterung von Leistungsmerkmalen, die den Auswahlprozess des Lesers unterstützen. Es soll ein Beitrag aus der Praxis für die Praxis sein.

Natürlich muss es innerhalb des begrenzten Raumes für einen Beitrag wie diesen auch Grenzen geben. So werden sicher nicht alle am Markt verfügbaren E-Tools betrachtet und es wird auch gänzlich darauf verzichtet, einzelne Anbieter zu nennen oder gar zu bewerten. Hierzu empfiehlt sich die Lektüre der Praxisbroschüren des BME zu den Themen „Beschaffungsdienstleister" und „eBusiness" 2009.

2. Übersicht und Einordnung der betrachteten Tools

Um eine begründbare Auswahl der im Folgenden zu beschreibenden E-Tools zu leisten, ist es hilfreich, sich an einer Prozessstruktur des professionellen Einkaufs zu orientieren. Sie beginnt zunächst strategisch mit der Analyse der aktuellen Ausgaben, setzt sich fort über die Lieferantenqualifikation, die zielgerichtete Auswahl (Sourcing) des Beschaffungspartners und der Einkaufsobjekte, die Verhandlungs- und Vertragsmaßnahmen, um dann in die operative Beschaffung mit Anforderung, Bestellung, Warenempfang und dem Rechnungs- und Zahlungsprozess zu münden.

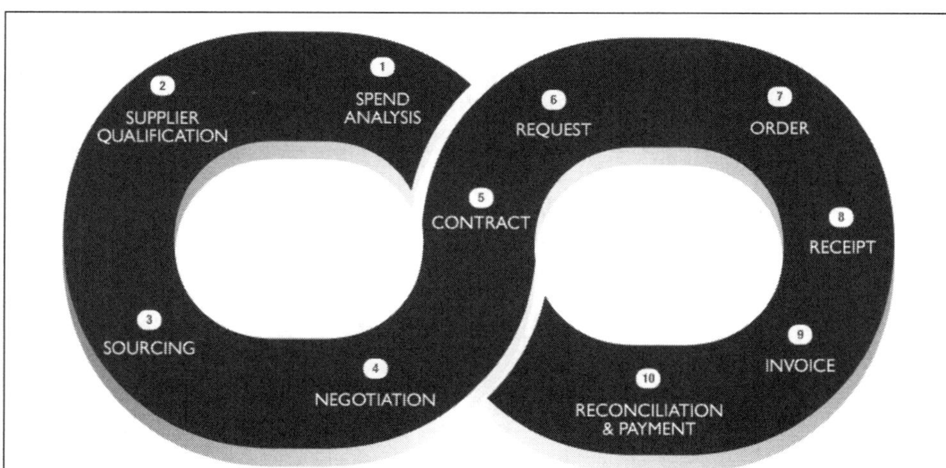

Abbildung 2: *Der Beschaffungsprozess*

Zunächst wird den ausgewählten E-Tools immer eine Markterhebung vorangestellt, die die Frage nach dem tatsächlichen oder zu erwartenden Nutzen aus Unternehmenssicht beantwortet. Darauf folgt eine Zusammenstellung der erfolgskritischen Faktoren, was das oder die jeweiligen E-Tools leisten müssen, um den Erfolg zu sichern. Erfolg soll hier immer als das Ergebnis von Einsparungen definiert werden. Dies können Einsparungen auf der Prozessseite durch zum Beispiel Automatisierungen ebenso sein wie direkte Einsparungen des Produktpreises, die sogenannten „Savings“. Dem Leser dieses Beitrags soll somit ermöglicht werden, nicht nur über die Existenz und den allgemeinen Nutzen der jeweiligen E-Tools informiert zu werden, sondern auch konkrete Parameter für die Auswahl von Partner am Markt zu erfahren.

3. Tools für die Effizienzsteigerung der Einkaufsorganisation

3.1 Die Ausgabenanalyse: Einsparungen maximieren – Lieferantenrisiko minimieren

Andy Kyte (Gartner-Institut) stellt fest, dass „die Ausgabenanalyse der erste wichtige Schritt ist, überhaupt in der Lage zu sein, seine Ausgaben insgesamt effizient zu managen“.

Der Hauptnutzen der E-Tools im Bereich der Ausgabenanalyse oder auch des „Spend Performance Managements“ wurden von Aberdeen wie folgt ermittelt.

Enterprises credit, on avarage, the following incremental benefits to key procurement metrics:

- 93 % increase in sourcing savings
- 40 % increase in spend under management
- 31 % increase in contract compliance
- 16 % reduction of maverick spend

Quelle: Bartolini, A./Dwyer, C. (2008)
Abbildung 3: *Der Einfluss der Ausgabenanalyse*

Welche Anforderungen an ein E-Tool für die Ausgabenanalyse sollte der strategische Einkäufer haben und welche Leistungen muss es folglich erfüllen?

- Vollständige Transparenz der Ausgaben

  Vollständige Transparenz ergibt sich aus einer automatisierten und aufbereiteten Datenerfassung heterogener Systeme, zum Beispiel den ERP-back ends, SRM-Systemen, Business-Warehouse-Systemen, Travel-Management-Modulen oder sonstigen Datenbanken bis hin zu Excel-Listen der Einkäufer. Es müssen korrekte und zuverlässige Daten der Einkaufsausgaben und Lieferanten inklusive Stammdaten ermittelt und gebündelt werden.

- Reduzierung des Lieferrisikos

  In dieser Kategorie des Leistungsspektrums, welches das Ausgabenanalyse E-Tool abdecken sollte, sind das Aufzeigen von Abhängigkeiten von einzelnen Lieferanten, die Identifizierung unzuverlässiger Lieferanten sowie immer auch Maßnahmen zur Abschwächung des Lieferrisikos von Bedeutung, die dann zu etablieren sind.

- Schnelle Identifizierung von Einsparmöglichkeiten

  Hier sollte der kurze Weg zu den Einsparmöglichkeiten im Vordergrund stehen, nämlich die Einsparpotenziale zu finden und auch gleich Handlungsalternativen vorzugeben, wie beispielsweise „Zahlungsbedingungen anpassen". Parallel als wiederkehrende Leistung muss es die proaktive Überwachung der Einhaltung von Rahmenverträgen sicherstellen.

- Erhöhung der kontrollierten Ausgaben

  Zum Schluss noch der Bereich für den Einkaufsleiter oder auch CPO, „Chief Procurement Officer", selbst, der für die Einkaufsorganisation durch dieses E-Tool verbesserte Möglichkeiten haben sollte, die unternehmensspezifischen Effizienzziele zu definieren, dabei Marktgegebenheiten einzubeziehen, um effektiv mit den anderen Funktionsbereichen des Unternehmens zusammenzuarbeiten und gezielt reagieren zu können, im Idealfall antizipativ.

3.2 Die zielgerichtete strategische Beschaffung – Sourcing von Einkaufserfolgen

Die zielgerichtete strategische Beschaffung, im deutschen Sprachraum durchgängig als „Sourcing" bekannt, ist sicher ein Kernbereich, in welchem E-Tools die strategische Einkaufsorganisation effizienter machen. Eigene Erfahrungen zeigen, dass sich bei konsequenter Umsetzung von E-Sourcing Tools dreimal so hohe Einsparungen realisieren lassen im Vergleich zur Fortführung traditioneller Beschaffungskonzepte, auch wenn die Erwartungen der Unternehmen, die sich des Tools E-Sourcing bedienen wollen, zum Teil deutlich höher liegen.

Wichtig dabei ist, dass man durch entsprechend saubere, elektronisch gestützte Werkzeuge seine Ausgaben unter Kontrolle hat (siehe Kapitel 3.1). Daraus ergeben sich dann Möglichkeiten – wiederum sehr viel schneller –, die Einsparpotenziale elektronisch gestützt zu heben, sprich die „Savings" zu realisieren. Ohne E-Tools spricht man somit von der traditionellen Beschaffung, die längere Prozesse und geringere Einsparerfolge generiert.

Die folgende Erhebung der Aberdeen Group aus dem Jahr 2008 in Abbildung 4 macht deutlich, in welchen Bereichen die Praxis den größten Zielerreichungsbeitrag möglicher E-Sourcing Tools sieht.

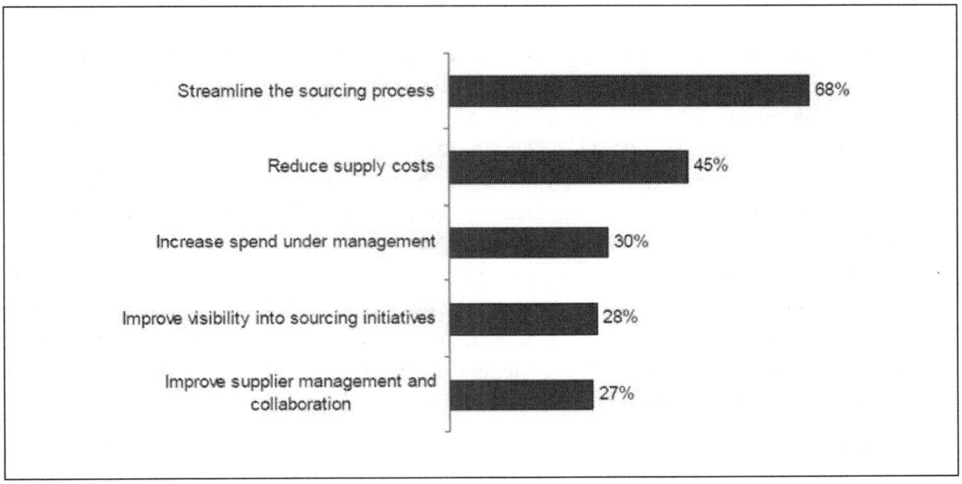

Quelle: Bartolini, A./Dwyer, C. (2008)
Abbildung 4: *Was treibt den strategischen Prozess des E-Sourcings?*

Im Bereich des Sourcings hat der strategische Einkauf demnach deutlich vielfältigere Ansprüche als bei der Ausgabenanalyse.

In diesem Abschnitt werden die Leistungsparameter von Sourcing E-Tools beschrieben, die im Ergebnis zu zeitnah realisierbaren Einsparungen bei nachhaltigen Prozessen innerhalb der Einkaufsorganisation führen. Der strategische Einkäufer muss mit Hilfe dieser E-Tools die Identifikation und die Auswahl der Lieferanten und Bezugsquellen auf Basis konkreter Kriterien einfach und repetierend durchführen können. Dazu benötigt er Folgendes:

- Projektmanagement (Steinbuch, P. 2000)

  Das Projektmanagement ermöglicht jedem professionellen Nutzer das Aufsetzen und Durchführen gemeinschaftlicher Sourcing-Projekte. Es greift im Idealfall auf bereits hinterlegte Projekte aus der Vergangenheit mittels Vorlagen (Templates) zu und vereinfacht die Steuerung, das Monitoring und die Erfolgskontrolle der durchgeführten Projekte (Events). Weitere Merkmale, auf die die Einkaufsorganisation Wert legen sollte, sind zentrales Controlling auf Projektebene, Überwachung von Beschaffungsaktivitäten und Tracking der Ergebnisse, Aufgabenplanung mit To-do-Liste, Zeitplan, Aktivitätenmanagement, Rollen- und Systemgenehmigungen.

- Workbench

  Über einen benutzerfreundlichen, personalisierten zentralen Eingangsbildschirm sollte das Sourcing E-Tool eine schnelle und einfache Nutzung für die Anwender sicherstellen. Dieser Workbench sollte kundenindividuell anpassbar sein, Rollenkonzepten Rechnung tragen und auf Aspekte wie den Projekt-Status, Einkaufs-Informationen, Event-Erinnerungen und Diskussionsforen direkten Zugriff haben.

- RFx

  Mit Rfx sind sämtliche, hier online-basierte Events gemeint, wie zum Beispiel Leistungsan-fragen (Request for Information, RFI), Preisanfragen (Request for Quotation, RFQ) und Anforderungen von Lieferangeboten (Request for Proposal, RFP). Sie bilden die Mehrzahl der plattformgestützten E-Sourcing-Aktivitäten ab. Darüber hinaus sollte ein gutes Sourcing E-Tool folgende Funktionalitäten bieten: Unterstützung vielschichtiger Fragebogenformate (einschließlich Tabellen, mehrere Ebenen), Vorlagen-Capability zur Entwicklung einer Bibliothek mit Standardvorlagen für die Beschaffung von Material und Dienstleistungen, Unterstützung für abgestufte Preisbildung, Angebots-Scoring, Unterstützung für Angebote in mehreren Währungen, „Collaborative"-Scoring, gewichtetes Scoring für mehrere Attribute, Gesamtkostenberechnungen, Side-by-Side-Vergleich von Angeboten, Berichte über Preislegung und Kosteneinsparungen und eine Analyse der Optimierung des Auftragsvergabe-Szenarios.

- Auktionen

  Hiermit sind elektronische Auktionen und Rückwärtsauktionen gemeint. Auf die schier unerschöpfliche Vielfalt von gestaltbaren Auktionen wie z. B. der japanischen oder niederländischen Variante wird hier nicht näher eingegangen. Viel wichtiger sind für die nutzende Einkaufsorganisation Funktionalitäten wie die direkte Überführung einer Anfrage in eine Ausschreibung und später in eine Auktion. Auch muss gewährleistet sein, dass das Sourcing E-Tool nicht nur einfache, katalogisierbare Kategorien verwalten kann, sondern auch komplexe Dienstleistungs-Ausschreibungen bzw. Auktionen zum Erfolg führt. Weitere nützliche Funktionalitäten, die innerhalb des Auktionsmoduls vorhanden sein sollten, sind Live-Auktions-Dashboard, Lieferfirmen-Benachrichtigung, strukturierte Vergabe an ausgewählte Lieferfirmen sowie die Unterstützung von Vergabestrategien.

- Lieferantenbewertung

  Am Ende des Prozesses (und natürlich auch wieder zu Beginn eines neuen) steht die Notwendigkeit, Lieferanten zu bewerten. Anforderungen an ein leistungsstarkes E-Tool sind: Tracking von Lieferfirmen und Reporting, Compliance-Analyse, Registrierung von Lieferfirmen, Lieferfirmen-Repository (Archiv), Online-Zusammenarbeit einschließlich gemanagter Verträge, Performance-Management von Lieferfirmen und Scorecarding, historische Kommunikation mit Lieferfirmen.

Zur besseren Übersicht wird die Gesamtheit des E-Sourcing-Prozesses in nachfolgender Abbildung 5 dargestellt:

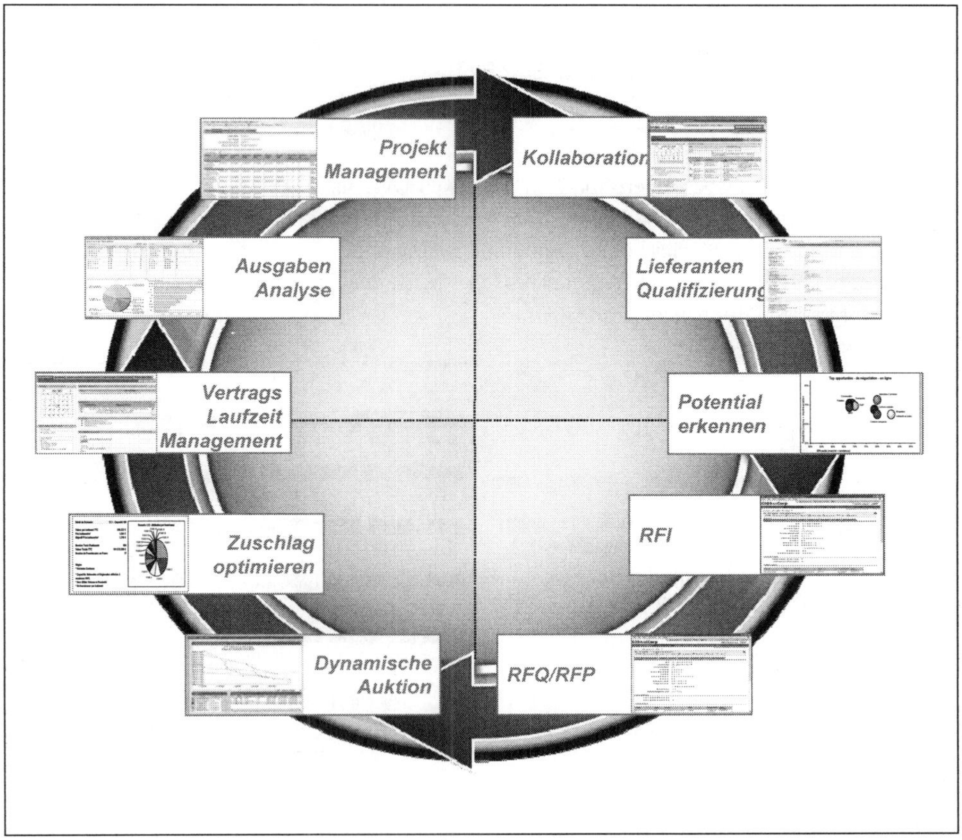

Abbildung 5: *Der ganzheitliche Sourcing-Prozess inklusive Ausgabenanalyse*

Ein gutes E-Sourcing-Tool ermöglicht dem strategischen Einkäufer die effizientere Verwaltung des gesamten Sourcing-Prozesses inklusive Projektmanagement, standardisierten Ausschreibungen und Auktionen, Online-Ausschreibungen, Ausschreibungsbewertung und -optimierung, Auftragsvergabe und Lieferanten-Performance-Management. Als Fazit lässt sich konstatieren, dass ein E-Tool im Bereich des Sourcings dann den Einkauf und die Unternehmensorganisation am effizientesten unterstützt, wenn es vereinfacht und automatisiert das Verhandeln von zeitnah realisierbarer Einsparung ermöglicht und gleichzeitig dauerhaft und nachhaltig den Sourcing-Prozess optimiert.

3.3 Das strategische Vertragsmanagement – Einsparungen umsetzen

Da es in der Praxis insbesondere für die komplexen Organisations- und IT-Strukturen großer Konzerne von besonderer Bedeutung ist, sein Vertragsmanagement oder auch „Contract Lifecycle Management" elektronisch unterstützt abzubilden, ist diesem E-Tool ein eigener Abschnitt gewidmet. Die Strategien der Entscheider in den Einkaufsorganisationen hat Aberdeen in folgenden Gruppen zusammengefasst.

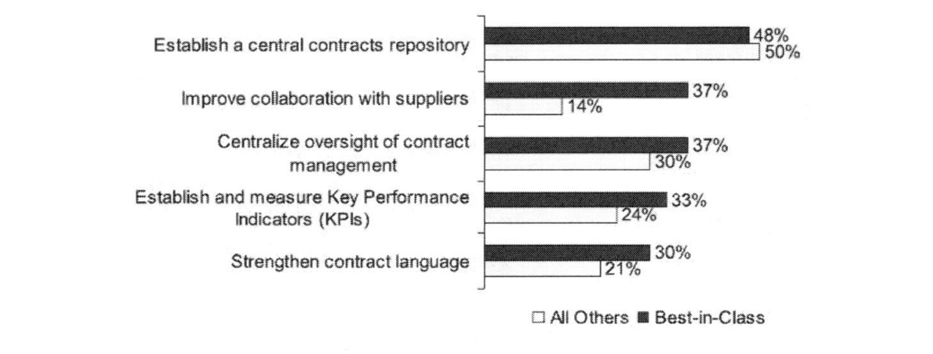

Quelle: Browning (2008)
Abbildung 6: *„Best-in-Class-Strategien"*

Das E-Tool „strategisches Vertragsmanagement" muss unternehmensweit für vollständige Transparenz von Verträgen sorgen und eine zentralisierte, elektronische Datenbank aller Vertragsarten vorhalten. Wichtig sind dabei wiederholbare Prozesse für die Vertragsgestaltung sowie eine Datensammlung zu bereits genehmigten gesetzlichen Klauseln und Vorlagen, die unternehmensübergreifend angelegt wird.

Sonstige Leistungsmerkmale, bei der Auswahl eines geeigneten E-Tools für das „Contract Life Cycle Management" sind:

- *Vertrags-Repository (Archiv)* zur organisationsweiten Nutzung, robuste Suche im gesamten Archiv, leichte Ansicht und Controlling von Vereinbarungen mit Owner-, Collaborator- oder Read-only-Rechten sowie sichere Zugangskontrollen.
- *Reporting und Dashboards* zur Aufnahme jedes mit dem Vertrag in Verbindung stehenden Berichts in das Dashboard, Ansicht zusammengestellter Repository-Details, z. B. Verträge nach Geschäftseinheit oder Eigner, Benachrichtigungsfunktion, z. B. bei Ablauf oder bei Erreichen bestimmter Schwellen sowie eine nahezu unbegrenzte Anzahl von Dashboards.

- *Contract Authoring (Vertragsmanagement)* mit umfassendem Archiv mit Klauseln und Verwaltung von Vertragsvorlagen, Vertragserstellung unter Verwendung festgelegter Vorlagen. Vertrags-Arbeitsbereiche umfassen konfigurierbare Daten in der Kopfzeile, Artikeldaten, Vertragsdokumente sowie andere relevante Angaben. Festlegung und Verwaltung von Vertragsverfahren, Aufgaben- und Meilenstein-Management mit Abhängigskeitskontrollen, Aufgaben erscheinen in den Terminkalendern der Nutzer-Workbench und in E-Mail-Erinnerungen, Dokumentenmanagement mit Versionsangaben, Check-In und Check-Out, sicherer Dokumentenzugang für Dritte durch Portal, Versionsvergleichstool, Kontroll- und Genehmigungsabläufe mit Dokumentenphasenabgleich.
- *Vertrags-Performance-Management* mit Konfiguration und Tracking von vertragsspezifischen Leistungsparametern, Planung von Vertragsaudits, Tracking vertragsspezifischer Vorfälle, Bericht über Vertrags-Compliance – Vertragsnutzung, Erfüllung vertraglicher Pflichten und Richtigkeit der Preisbildung.

Nur ein E-Tool, das durch die obigen Leistungsmerkmale ein pro-aktives Management aller Vertragsphasen, eine wieder verwendbare Vertragserstellung unter Einhaltung der Rahmenbedingungen, Vertragsverhandlungen und -abschluss, Umsetzung und Risikomanagement sowie stets Transparenz und eine weitere nachhaltige Optimierung sicherstellt, sollte in die Auswahl kommen.

3.4 Die operative Beschaffung – Einsparungen nachhaltig realisieren

Die operative elektronische Beschaffung (E-Procurement) nimmt wie auch das E-Sourcing (in Kapitel 3.2) eine exponierte Stellung unter den hier beschriebenen E-Tools ein. Für die operative, dezentrale Beschaffung sollte ein solches Tool Funktionalitäten wie katalogbasierte Beschaffung und Freitextanforderungen ebenso bieten wie Wareneingangsbuchungen sowie weitere Schritte im Folgeprozess der Beschaffung. In diesem Umfeld haben sich die Unternehmen, was die Kennzahlen betrifft, in den letzten Jahren stark verbessert, wie die in Abbildung 7 gezeigte Studie von Aberdeen belegt. Zu den Potenzialen, die in diesem Bereich realisierbar sind, sei auf Abbildung 1 im ersten Abschnitt dieses Beitrags verwiesen.

Performance Area	2001	2008
Total suppliers enabled	30	326
Total end-users	1,000	1,865
User adoption rate	12 %	63 %
Spend under management	18 %	60 %

Quelle: Dwyer, C./Gupta, A. (2008)
Abbildung 7: *E-Procurement-Nutzung und Umsetzungs-Benchmark*

Die Ziele, die man in der Praxis mit diesem E-Tool verfolgt, sollten messbar und mit Kennzahlen hinterlegbar sein. Leider ist es Prozesskosten immanent, dass sie immer wieder angezweifelt werden, sobald der neue, verbesserte Prozess etabliert ist. Bei den im E-Sourcing generierten direkten Materialkosteneinsparungen lässt sich der Erfolg im Zweifel immer einfacher nachweisen. Um also auch in Jahr zwei nach der Einführung noch Belege zu haben, empfiehlt sich das Festhalten von Kennzahlen und ihrem Erreichungsgrad. Noch besser ist eine permanente Prozesskostenrechnung, die jedoch nach wie vor nur in wenigen Unternehmen Standard ist.

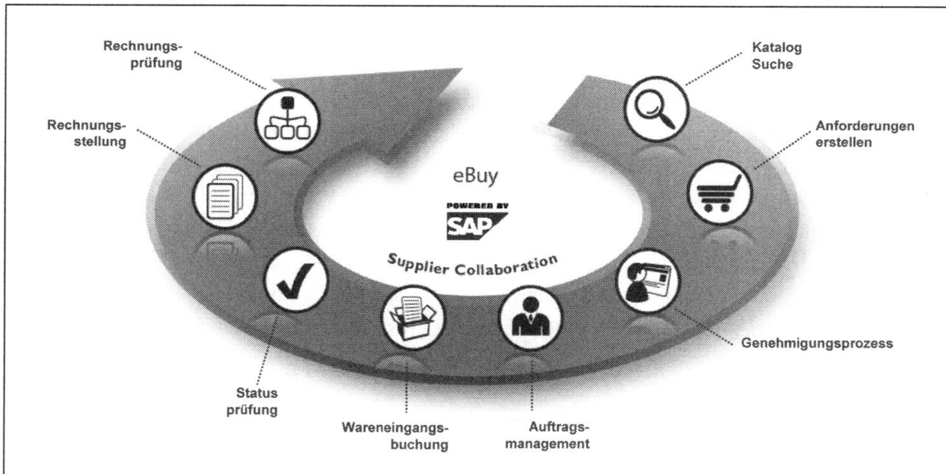

Abbildung 8: *Der E-Procurement-Prozess*

Folgende erfolgskritische Faktoren seien neben den in der Abbildung 8 aufgezeigten Standard-Funktionalitäten zur Auswahl eines E-Tools für den Procurement-Bereich genannt:

- Abwicklung möglichst vieler Beschaffungsvorgänge auch aus beispielsweise allen Tochtergesellschaften über ein zentrales System
- Es sollte multilingual sein, sprich in allen Konzerneinheiten und Ländern einsetzbar sein
- Effizienzsteigerungspotenziale innerhalb des Beschaffungsprozesses sollten sowohl für Materialien als auch für Dienstleistungen gehoben werden
- Steigerung der Ausgabentransparenz, insbesondere im C-Artikel Bereich mittels Auswertungen aus dem System, um Einsparpotenziale und Bündelungseffekte identifizieren zu können, etwa durch eine Business-Intelligence-Lösung
- Integration der Lösung in die kundenspezifischen ERP-Systeme, um medienbruchfrei und vollelektronisch den Beschaffungsprozess bis zur Bezahlung vornehmen zu können
- Anwenderfreundlichkeit zur intuitiven Nutzung durch die Bedarfsträger dezentral im Unternehmen

Empirische Ergebnisse, die für die Einführung von E-Procurement sprechen: Im Durchschnitt verringerten die Unternehmen den „Requisition-to-Order-Cycle" um 75 % (Dwyer, C./Gupta, A., 2008) von 12,4 Tage auf 3,2 Tage. Im Durchschnitt kostete die Bestellung vor der Einführung von E-Procurement 63,20 USD. Nach der Einführung von E-Procurement betrugen die Kosten nur noch 32,28 USD (Dwyer, C./Gupta, A., 2008). Das entspricht einem Einsparungspotenzial von ca. 50 % pro Vorgang.

3.5 Die Rechnungs- und Zahlungsabwicklung – Return on Invest forcieren

Wie die Überschrift dieses Kapitels schon andeutet, ist es mit einem E-Tool alleine nicht getan. Unternehmen, die hier Potenziale heben möchten, müssen den gesamten Prozess neu gestalten. Dass es sich jedoch sehr lohnt, sich um die Automatisierung von Rechnungs- und Zahlungsprozessen, das so genannte eInvoicing, zu kümmern, zeigen die Ergebnisse einer weiteren Studie:

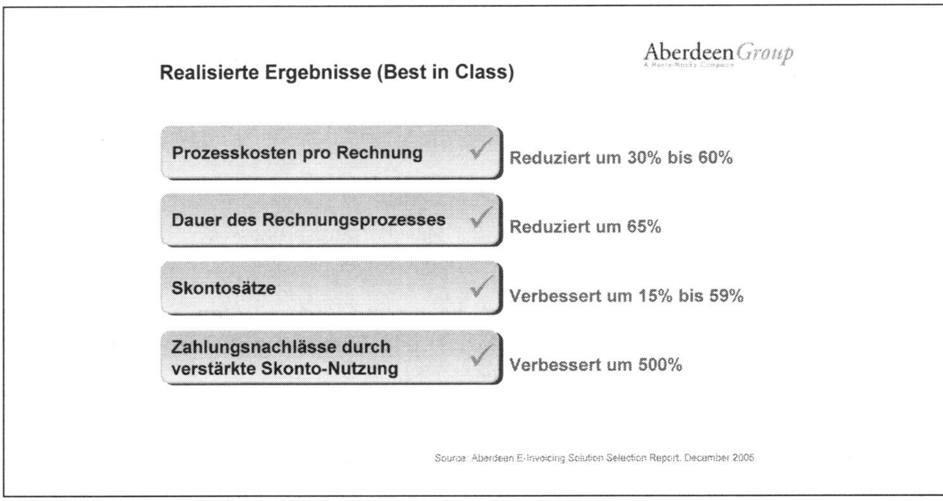

Quelle: Aberdeen Group (2005)
Abbildung 9: *Realisierte eInvoicing-Ersparnisse*

Während bei den dargestellten E-Tool-Anwendungen zumeist die verbale Beschreibung ausreichte, ist es hilfreich, den Prozess des eInvoicings in der Praxis auch durch eine Übersicht darzustellen.

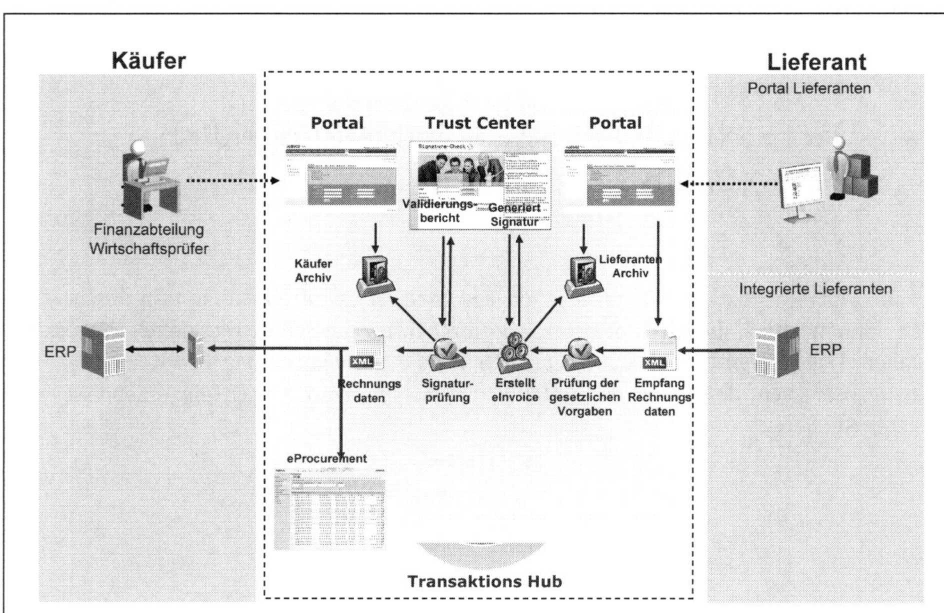

Abbildung 10: *Der eInvoicing-Prozess*

„eInvoice“ erlaubt die optimierte Rechnungsabwicklung zwischen Käufern und Lieferanten. Dabei werden elektronische Rechnungsdokumente vom Lieferanten an den Käufer gesendet, die den steuerrechtlichen Anforderungen an elektronische Rechnungen entsprechen, so dass papierbasierte Belege nicht mehr nötig sind. Im Folgenden wird dargestellt, wie der Prozess die Einhaltung der steuerrechtlichen Anforderungen im Bezug auf *Mussfelder, Integrität, Authentizität* und *Archivierung* erfüllt.

Der Lieferant erstellt innerhalb seines ERP-Systems eine XML-Datei mit den Rechnungsdaten. Basis dieser Datei ist in der Regel die Bestellung aus dem Käuferkundensystem, welche meist auch bereits elektronisch zugestellt wurde. Er kann dann vereinfacht den sogenannten Purchase-Order-Flip tätigen. Falls der Käuferkunde keine Vollintegration mit dem Lieferanten in Nutzung hat, gibt es Anbieter am Markt, die auch über Portal-Lösungen eine solche Verbindung herstellen (siehe hierzu auch Kapitel 3.6 „Lieferantennetzwerk und Portal“).

Nach Erstellung der Rechnung wird das XML-Dokument transaktional an den Käufer übermittelt. Im Rahmen des „Compliance Checks” wird geprüft, inwieweit das übermittelte XML-Dokument die rechtlichen Vorgaben bzgl. zu übermittelnder Pflichtfelder erfüllt. Sofern die rechtlichen Anforderungen nicht erfüllt sind, erfolgt eine Fehlermeldung und das Dokument wird nicht weitergeleitet. Sind die rechtlichen Vorgaben erfüllt, wird auf Basis des vom Lieferanten übermittelten XML-Dokuments eine elektronische Rechnung erstellt. Rechnungen können parallel in das Lieferanten-Archiv übertragen werden. Dort sind die Rechnungen für den jeweiligen Lieferanten zugänglich.

Da in Deutschland die sogenannte qualifizierte, digitale Signatur eine der zwingenden rechtlichen Voraussetzungen ist, muss die Rechnung auch an ein autorisiertes und zertifiziertes Trust Center, welches dann durch die Signatur die Authentizität und Integrität sicherstellt, gesendet werden. Das Trust Center validiert die Rechnung, fügt dabei die elektronische Signatur hinzu und sendet die elektronische Rechnung (inkl. Signatur) an den Käufer im XML-Format in dessen ERP-System zurück. Gleichzeitig wird ein Vailidierungsreport erstellt und übermittelt.

Die elektronische Rechnung, die Signatur sowie der Validierungsreport werden an das Käufer-Archiv gesendet. Der Käufer (sowie Auditoren/Wirtschaftsprüfer) kann hierüber sowohl auf die Rechnungen als auch auf die Signatur und den Validierungsreport zugreifen. Alle Daten sind dabei in lesbarer Form (pdf) zugänglich. Im ERP-System des Käufers findet eine automatische Zuordnung der Rechnung sowie Verbuchung statt. Hierdurch lassen sich die eingangs erwähnten hohen Ersparnisse erzielen, die jedoch nicht nur dem Einkauf, sondern auch Rechnungswesen und Controlling zufallen.

Von allen E-Tools hat das eInvoicing prozentual sicher das größte Effizienzpotenzial. Die Vorteile liegen zwar auf der Hand und können auch empirisch belegt werden:

- Ersparnisse im Rechnungswesen und im Einkauf
- Beschleunigt und automatisiert Prozesse
- Reduziert Papier und den damit verbundenen Aufwand im Rechnungswesen

- Vereinfachte Kontrolle
- Reduziert Missbrauch
- Erhöht Transparenz

Jedoch sind gerade in Deutschland die (steuer-)rechtlichen Anforderungen derart komplex, dass bei einer entsprechenden Projektierung viele Details zu beachten sind. Es empfiehlt sich hier unbedingt die Nutzung von Dienstleistern, die sich der gesetzeskonformen Umsetzung verschrieben haben. Denn auch wenn von der Architektur her alles korrekt gelöst ist, gibt es immer noch genügend Problemfelder, die es zu beachten gilt:

- Rechnungs- und Zahlungsprozesse sind in den Unternehmen meist nicht standardisiert
- Komplizierte rechtliche Vorschriften, gerade auch international
- Ersparnisse entstehen nicht (nur) im Einkauf – es ist eine Kollaboration zwischen IT, Rechnungswesen, Controlling und Einkauf erforderlich
- Konzerninterne Anforderungen können Projekte komplex machen
- Die frühzeitige Einbindung der Lieferanten ist unbedingt geboten

Wenn diese Punkte jedoch beachtet werden, kann eInvoicing im Gesamtkontext der E-Tools zu einer enormen Effizienzsteigerung der Einkaufs- und Unternehmensorganisation führen.

Gartner und IBM haben die Einsparungpotenziale mittels Studien belegt (Gartner Group, 2001). So werden über die elektronische Abwicklung des Rechnungsprozesses Einsparungen von bis zu 75 % (1,65 USD versus 5 USD) erzielt.

3.6 Das Lieferantennetzwerk und Portale – eine Verbindung, mit allen verbunden

Leichter, die in Kapitel 3.5 aufgeführten Einsparpotenziale zu heben, haben es die Unternehmen, die bereits ein verbundenes Lieferantennetzwerk sowie eine leistungsstarke Portallösung im Einsatz haben. Im Grunde ist eine starke Abhängigkeit gegeben, dass ein Unternehmen nur aussagekräftige Ergebnisse bei seiner Ausgabenanalyse erhält (vgl. Kapitel 3.1), wenn es bereits über ein funktionsfähiges Lieferantennetzwerk und über ein Portal zur Konnektierung verfügt. Lieferantennetzwerke sind der Schlüssel zum Erfolg und werden von den erfolgreichsten Unternehmen genutzt, wie folgende Abbildung 11 zeigt:

Definition of Maturity Class	Mean Class Performance
Best-in-Class: Top 20 % of aggregate performance scorers	• Percent of suppliers enabled: 64 % • Percent spend under management: 80 %
Industry Average: Middle 50 % of aggregate performance scorers	• Percent of suppliers enabled: 29 % • Percent spend under management: 53 %
Laggard: Bottom 30 % of aggregate performance scorers	• Percent of suppliers enabled: 15 % • Percent spend under management: 22 %

Quelle: Aberdeen Group (2008)
Abbildung 11: *Zur Bedeutung der Lieferantenintegration*

Auch wenn die Vorteile für eine Einkaufsorganisation auf der Hand liegen, nicht singuläre elektronische Einzelanbindungen zu n-Lieferanten selbst zu implementieren und zu betreiben, sei dennoch die Architektur aufgezeigt und die Argumente zusammengetragen (vgl. Abbildung 12).

Die gemeinsamen elektronischen Prozesse mit Lieferanten steigern den Anteil Ihrer verwalteten Ausgaben.

Abbildung 12: *Lieferanten-Kollaboration*

Die Anbindung erfolgt über einen so genannten Transaktions-Hub entweder direkt zu den ERP-Systemen der Lieferanten oder über ein für jeden erreichbares und konnektierbares Portal. Somit müssen dann keine Bestellungen mehr per Fax oder E-Mail an den Lieferanten versendet werden und die Lieferanten müssen nicht in aufwändigen EDI-Projekten einzeln aufgeschaltet werden. Der Belegdatenaustausch wird dann auch von einem Dienstleister vorgenommen und verantwortet.

Was ist nun für diese beiden Komponenten, Portal und Transaktionsplattform, für den Einkäufer erfolgskritisch zu beachten? Zunächst einmal die Vollständigkeit des Leistungsspektrums:

- Bestellungen zu empfangen, auszudrucken oder herunterzuladen
- Bestellbestätigungen zu erstellen
- Lieferscheine zu erstellen
- Gutschriften zu empfangen
- Rechnungen zu erstellen
- Business Intelligence Reports zu erhalten
- Den Status von Bestellungen und Folgedokumenten transparent nachzuverfolgen
- E-Mail-Benachrichtigungen einzustellen
- Back-end-System unabhängig integrierbar und nutzbar, sowohl aus Einkaufssicht als auch aus Lieferantensicht
- Standards zu haben sowohl für die Integration und Nutzung von Formaten als auch für die Dokumentenübertragung

Je weniger Medienbrüche bei dem Austausch von Transaktionen stattfinden und je mehr (aktive) Partner auf Lieferantenseite angebunden sind, desto größer der Nutzen dieser E-Tools.

3.7 Die Contentsysteme und Suchmaschinen – Ausgaben gezielt steuern

„Best-in-Class Enterprises process and implement online catalog changes more than two-times faster than all other organizations. Catalog Management is one of the most attractive attributes of a solid e-procurement solution" (Dwyer, C./Gupta, A., 2008).

Wenn heute über E-Tools im Einkauf gesprochen wird, stehen Content-Systeme und Katalog-Suchmaschinen ganz oben im Nutzungsgrad. Fast jedes Unternehmen hat interne oder externe Katalogsysteme im Einsatz oder bedient sich zumindest sogenannter Punch-outs, um aus Lieferanten-Webshops optimierter zu beschaffen.

Grundsätzlich wird in den Bereich der Prüf- und Freigabe-Applikation sowie der Such- und Warenkorb-Zusammenstellung für die spätere Bestellung unterschieden. Ersteres wird im Folgenden als Content Management beschrieben. Hier werden nach entsprechenden Vorgaben des Einkaufs der Inhalt und die Qualität eines elektronischen Lieferantenkataloges vordefiniert. Gleichzeitig sorgt das E-Tool dafür, dass gelieferte Kataloge einfach geprüft und freigegeben werden können.

Der Bedarfsträger findet dann seine Artikel und Warengruppen in einer Suchmaschine, die i.d.R. über alle eingestellten und freigegebenen Kataloge sucht. Sie sollte multilieferantenfähig sein, moderne Katalogsichten unterstützen, verschiedene Suchen (Warengruppen, Freitext, Lieferantenkataloge, Attributsuche, Ähnlichkeitssuche, Exklusionen, Inklusionen, Filter u. v. m.) durchführen, so dass der Bedarfsträger seine gesuchten Waren schnell findet. Ebenso stehen ihm Funktionen wie Produktvergleich und Favoritenlisten zur Verfügung.

Weitere nützliche Anwendungen im eContent-Bereich sind strukturierte Freitextanfragen, die Nutzung von Konfiguratoren z. B. für Visitenkarten oder zur Zusammenstellung von komplexeren Artikeln (Laborgeräte, Pumpen), SmartForms für z. B. einfache Konfigurationen wie Schutzhelme oder Visitenkarten, interne Kataloge zur einheitlichen Bestellabwicklung von Lagerartikeln sowie die Einbindung von Punch-outs, d. h. OCI- (open catalog interface) gestützte Aussprünge zu Lieferanten-Webshops zur dortigen Warenkorbgenerierung.

4. Aktuelle Diskussion – On-Demand versus Implementierung hinter der Firewall

Diese Diskussion wird derzeit auf vielen Kongressen und in einschlägigen Internetblogs, z. B. „Spend Matters, www.spendmatters.com", geführt, so dass es notwendig erschien, dies als ein eigenes Kapitel aufzunehmen.

Hier kristallisiert sich in der Welt der E-Tools immer mehr heraus, dass die On-Demand- bzw. SaaS-Varianten, d. h. Software nur für eine festgelegte Nutzungsdauer zu bezahlen, anstatt sie hinter der Firewall zu implementieren, klar im Vorteil sind.

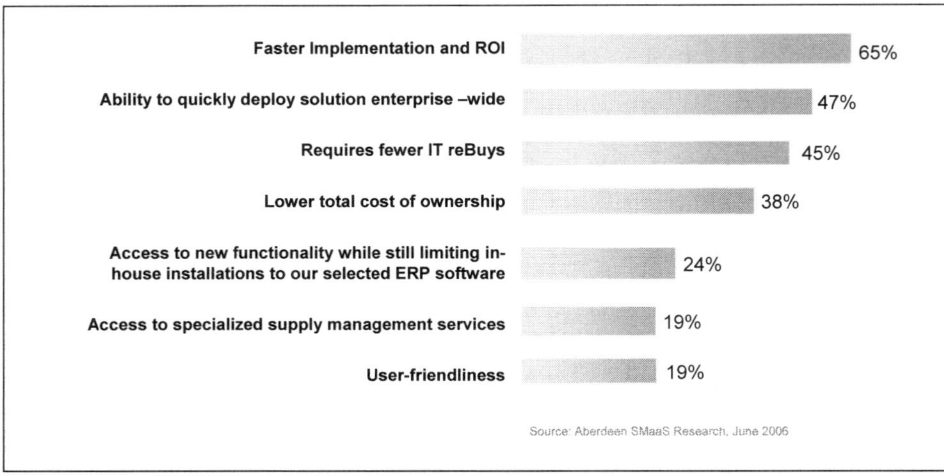

Quelle: Aberdeen Group (2006)
Abbildung 13: *Vorteile der E-Tool-Nutzung On-Demand*

Die wesentlichen Vorteile sind kürzere Projektlaufzeiten (schnellerer ROI); keine eigene Hardware bereitzustellen, warten und betreuen zu müssen; keine Software zu installieren, zu konfigurieren oder Ressourcen aufzubauen und zu schulen, welche die Software im Betrieb zu betreuen haben.

Laut einer aktuellen, von Triple Tree und der Software and Information Industry Association (SIIA) durchgeführten Studie sind On-Demand-Implementierungen um 50 bis 90 % schneller – bei fünf- bis zehnmal geringeren Investitionskosten gegenüber installierter Software.

Noch bedeutender aber sind die langfristigen Einsparungen. Gartner schätzt, dass zwei Drittel der IT-Zeiten und -Kosten für die Wartung der Infrastruktur und Update-Arbeiten aufgebracht werden. Mit dem On-Demand-Modell gehört dieser Aufwand der Vergangenheit an.

- Einfache Upgrades

  Kunden von On-Demand-Anwendungen profitieren von der blitzschnellen Implementierung neuer Versionen. Die gesamte Kundenbasis ist damit immer auf dem neuesten Stand. Da bereits vorgenommene Anpassungen und Integrationen bei der Aktualisierung erhalten bleiben, kann sich das Änderungsmanagement auf die sofortige Nutzung der neuen Funktionen und Innovationen der neuen Version konzentrieren.

- Bessere Skalierbarkeit

  Erfolgreiche Unternehmen wachsen und wandeln sich ständig – mehr Mitarbeiter, ein höheres Transaktionsvolumen, eine erweiterte Produkt- und Servicepalette, Firmenzusammenschlüsse und -übernahmen und andere Geschäftsereignisse können die Anforderungen eines Unternehmens sehr schnell und dramatisch ändern. Lösungen großer Unternehmenssoftware-Anbieter sind teuer in der Skalierung – die Lösungen sind meist komplex, und die Skalierung der einzelnen Ebenen der Hardware- und Softwarestapel, die häufig chaotische Systemersetzungen und Datenmigrationen zur Folge haben, sind mit enormen Kosten verbunden.

- Einfachere Anpassung

  Benutzer standortgebundener Lösungen haben keine andere Wahl, als Wochen oder gar Monate auf selbst die kleinsten Anwendungsanpassungen zu warten, und häufig werden ihre Anforderungen überhaupt nicht berücksichtigt. Beim On-Demand-Modell sind auch grundlegende Anpassungen an der Benutzeroberfläche und den zugrunde liegenden Datenobjekten für die Geschäftsbenutzer kurzfristiger durchführbar.

- Gesteigerte Benutzerzufriedenheit

  Häufig bringen standortgebundene Implementierungen nicht den gewünschten Erfolg, weil sie von den Benutzern nicht akzeptiert werden – auf verschiedene Systeme verstreute und schwer zugängliche Bestell- und Katalogsysteme führen sehr schnell dazu, dass eine Inhouse-Lösung von den Benutzern abgelehnt wird. Der standortungebundene Systemzugang via Internetbrowser einer On-Demand-Lösung führt in der Regel zu einer höheren Benutzerakzeptanz.

5. Zusammenfassung und Schlussbemerkung

Generell gilt für alle sieben betrachteten E-Tools zur Effizienzsteigerung, dass sie das Beschriebene nur dann vollendet und effizient für die Einkaufsorganisation erfüllen, wenn folgende, übergreifende Anforderungen ebenfalls realisierbar oder gegeben sind. Dies sind absolut erfolgskritische Faktoren.

- Anwenderfreundlichkeit

  Nicht nur die einfache Bedienbarkeit (Usabiltiy), sondern auch das Einbinden der Mitarbeiter bei der Einführung von E-Tools mit den begleitenden Change-Management- und Trainingsmaßnahmen sind unerlässlich.

- Schnittstellenmöglichkeiten

  Die Integration über (Standard-)Schnittstellen in die sonstige Systemlandschaft, insbesondere zu den ERP-Systemen, muss realisierbar sein.

- Einfügung in den ganzheitlichen Prozess der Beschaffung

  Die E-Tools müssen sich als Mittel zum Zweck, nicht als Selbstzweck in den strategischen, ganzheitlichen Prozess der Beschaffung (Heß, 2008) und in die Organisation einbetten lassen.

- Return on Invest

  Schlussendlich geht es auch um die Wirtschaftlicheit. Vor der Einführung eines E-Tools sollte die ROI-Betrachtung stehen. Der Preis des E-Tools muss sich in angemessener Zeit amortisieren, hier ist oftmals auch eine Prozesskosten-Analyse heranzuziehen (Möhrstädt/Bogner/ Paxian, 2001, S. 38).

Zu guter Letzt sei auch in diesem Beitrag der Versuch gewagt, die eingangs gestellte Frage „Gibt es die ideale Einkaufsorganisation?" zu beantworten. Ob es sie gibt, kann der Autor nicht mit 100-prozentiger Sicherheit sagen. Er ist aber überzeugt, dass es die ideale Einkaufsorganisation ohne E-Tools nicht geben wird.

Literatur

ABERDEEN GROUP (Hrsg.) (2005), E-Invoicing Solution Selection Report, Boston December 2005

ABERDEEN GROUP (Hrsg.) (2005), The CFOs View of Procurement, Boston September 2005

ABERDEEN GROUP (Hrsg.) (2006), The On Demand Supply Management Benchmark Report, Boston June 2006

ABERDEEN GROUP (Hrsg.) (2008), Supplier Enablement, Boston April 2008

BARTOLINI, A./DWYER, C. (2008), Spend Analysis: Pulling Back the Cover on Savings, Aberdeen Group (Hrsg.), Boston October 2008

BROWNING, W. (2008), Contract Lifecycle Management, Aberdeen Group (Hrsg.), Boston August 2008

DWYER, C./GUPTA, A. (2008), The e-Procurement Benchmark Report, Aberdeen Group (Hrsg.), Boston August 2008

GARTNER GROUP (Hrsg.) (2001), Gartner says Business to Business Internet Billing to Triple by End of 2002, http://www.gartner.com/5_about/press_room/ pr20010220b.html

HEß, G. (2008), Supply-Strategien in Einkauf und Beschaffung – Systemischer Ansatz und Praxisfälle, 1. Aufl., Wiesbaden 2008

MÖHRSTÄDT, G./BOGNER, P./PAXIAN, S. (2001), Electronic Procurement planen – einführen – nutzen, Stuttgart 2001

MÜLLER, A./V. THIENEN, L. (2001), eProfit – Controlling-Instrumente für erfolgreiches e-Business, 1. Aufl., Freiburg i. Br. 2001

STEINBUCH, P. (2000), Projektorganisation und Projektmanagement, Ludwigshafen 2000

Teil II

Verantwortlichkeit in der Supply Chain

Supplier Relationship Management und die Möglichkeit der Steuerung von Beschaffungsprozessen

Vera Schmitt

1. Supplier Relationship Management

1.1 Supplier Relationship Management versus Customer Relationship Management

Supplier Relationship Management (SRM) wird auch als Lieferantenbeziehungsmanagement bezeichnet und beschreibt alle Prozesse zwischen Hersteller und Lieferant. Während sich Customer Relationship Management (CRM) bzw. Kundenbeziehungsmanagement mit der Gestaltung der Geschäftsprozesse zwischen dem Hersteller und dem Kunden beschäftigt, befasst sich das SRM mit der Steuerung der Hersteller-Lieferanten-Beziehung sowie deren strategischer Planung. Darüber hinaus verbindet SRM die organisatorischen sowie strategischen Aspekte der Beschaffung (Koch/Strahinger, 2008, S. 88).

Beide Prozesse sind in der Supply Chain integriert, verlaufen jedoch in gegensätzlichen Richtungen und sind in unterschiedlichen Unternehmensbereichen angesiedelt. Customer Relationship Management wird als Teilbereich des Marketings gesehen, im Gegensatz zum SRM, welches Teil der Beschaffung ist (Fries, 2006, S. 140 ff.). Daher wird in der Literatur das SRM oft als Komplement des CRM dargestellt (Koch/Strahinger, 2008, S. 9).

Beides sind Teilbereiche des Partner Relationship Managements (Beziehungsmanagement), das alle Maßnahmen zur Planung, Durchführung und Kontrolle der zwischenbetrieblichen Beziehungen zum Inhalt hat. Es konzentriert sich auf die Beziehung zu externen Lieferanten und integriert die benötigten lieferantenbezogenen Prozesse abteilungsübergreifend in das Unternehmen (Appelfeller/Buchholz, 2005, S. 4). Ziel des Beziehungsmanagements ist die Segmentierung von Geschäftspartnern und die Beziehungsbildung im Sinne eines gezielten und differenzierten Managements von Beziehungen (Koch/Strahinger, 2008, S. 7). So weisen auch Stölzle und Heusler in ihrer Definition des Supplier Relationship Managements auf den Vergleich zu CRM hin und definieren dies wie folgt:

„Es gilt, die auf die Bedürfnisse der eigenen Kunden ausgerichtete Wertschöpfungskette auf die vorgelagerten Zulieferer zu erweitern. Dies bedeutet, den Ansatz des Relationship Management im engeren Sinne [CRM] stromaufwärts anzuwenden" (Stölzle/Heuser, 2003, S. 167 ff.).

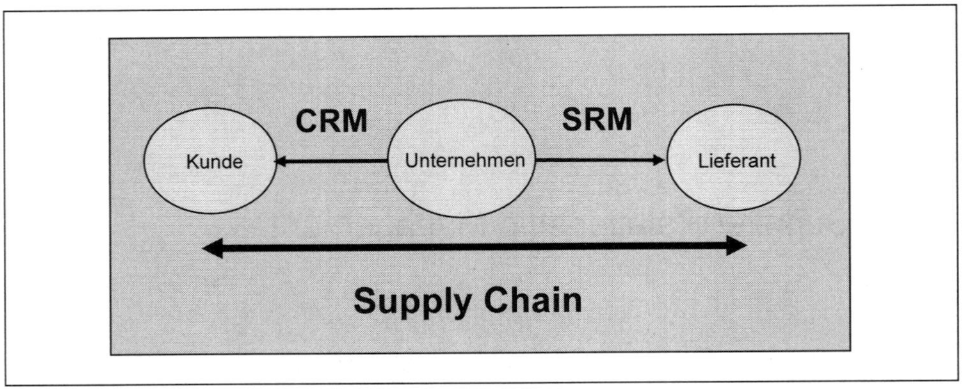

Abbildung 1: *Einordnung CRM und SRM*

Insbesondere steht der Wertzuwachs durch zielgerichtetes Handeln für die Beteiligten sowohl bei SRM als auch bei CRM im Mittelpunkt. Vor allem ist die Schaffung einer beiderseitigen Win-Win-Situation kennzeichnend für die Beziehungsmanagementformen. Besonders der Basisgedanke des CRM, die individuelle Behandlung des Kunden durch den Hersteller, findet im SRM Anwendung. Der Lieferant soll durch den Hersteller eine auf ihn zugeschnittene Betreuung erfahren, welche sich auch an den Bedürfnissen des Lieferanten orientiert (Fries, 2006, S. 120 ff.).

Darüber hinaus spielt die Dokumentation der beiden Beziehungsmanagementformen eine maßgebliche Rolle. Zum einen ist die Verwaltung der generierten Daten ein wichtiges Element, aber auch die Extrahierung sowie die Aufbereitung der Angaben sind nicht zu vernachlässigen und tragen entscheidend zum Erfolg bei. Dies kann jedoch nicht ohne IT-Unterstützung erfolgen. Der Aufbau von Steuerungssystemen beispielsweise im Rahmen von ERP Systemen wird immer bedeutender. Hinsichtlich komplexeren und aufwändigeren Tools ist der Einsatz von IT-Systemen zur Unterstützung von SRM vorteilhaft. Folglich können durch die Benutzung Schnittstellen reduziert, Medienbrüche verringert und die Steuerung der Prozesse vereinfacht werden. Es werden allerdings oft verschiedene Berichtssysteme eingesetzt, um den vollständigen Prozess im Rahmen der strategischen und operativen Beschaffung abzudecken (Koch/Strahinger, 2008, S. 80 ff.). Des Weiteren können Controlling- und Monitoringprozesse schneller und standardisiert ablaufen. Darüber hinaus können die Leistung des Lieferanten sowie die des innerbetrieblichen Einkaufs einfach und präzise überwacht werden. Beispielsweise nutzen Unternehmen in der Automobil- und Luftfahrtindustrie SRM-Systeme schon zu 85 % aktiv, während in anderen Branchen der Einsatz erst langsam anläuft (Koch/Strahinger, 2008, S. 92).

1.2 Supplier Relationship Management als langfristiger Ansatz zur Steuerung von Beschaffungsprozessen

Die Anforderungen an den Einkauf sind in den letzten Jahren immerfort gestiegen. Das einst im Mittelpunkt stehende Ziel der Kostensenkung trägt nicht mehr allein zum Erfolg des Einkaufs bei. Vielmehr werden Erlössteigerungen sowie die Akquisition von Innovationen auf den Zuliefermärkten verlangt. Demgegenüber hat sich auch die Lieferantenrolle geändert. So wird der Lieferant nicht mehr als Gegner in Preisverhandlungen gesehen, sondern vielmehr als Wertschöpfungspartner, der in den Beschaffungsprozess integriert wird (Koch/Strahinger, 2008, S. 87). Folglich gewinnen der Aufbau sowie die Gestaltung eines SRM immer mehr an Bedeutung.

Gerade der Aufbau der standardisierten und individuellen Hersteller-Lieferanten-Beziehungen sowie die Entwicklung von Gestaltungsprozessen sind langfristig ausgelegt und werden als Ansatz zur Implementierung eines Beziehungsmanagements in der Beschaffung verstanden. Darüber hinaus ist das Anstreben einer kontinuierlichen und proaktiven Lieferanten-Beschaffer-Beziehung sinnvoll (Fries, 2006, S. 20 f.). So stellen Corsten und Hofstetter gerade den Frontloading-Aspekt in den Vordergrund und definieren SRM wie folgt: „Supplier Relationship Marketing bedeutet die proaktive Gestaltung aller Lieferantenbeziehungen eines Unternehmens mit dem Ziel, durch bessere Zusammenarbeit mit Lieferanten und Vorlieferanten Produkte besser, schneller und zu niedrigeren Kosten zu entwickeln, herzustellen und zu beschaffen" (Corsten/Hofstetter, 2002, S. 131). Die frühe Integration von Lieferanten, das sogenannte Frontloading, in den Gestaltungsprozess des SRM ist ausschlaggebend für den Erfolg. Je früher die Einbindung der Lieferanten stattfindet, umso effizienter und strukturierter kann der Verlauf des SRM gestaltet werden. Der ganzheitliche Prozess der Integration des Lieferanten ist dabei nicht zu vernachlässigen und stellt ein zentrales Thema dar, dabei sollte die interdisziplinäre Zusammenarbeit im Vordergrund stehen. Die Einführung sowie der Aufbau einer positiven Lieferantenbeziehung im Rahmen von SRM sind längerfristig und sollten kontinuierlich optimiert werden. Dabei muss man auch die Lieferantenperspektive betrachten, denn es empfiehlt sich, den Prozess nicht nur seitens des Herstellers, sondern auch aus der Sichtweise des Lieferanten zu analysieren und zu verbessern. Der beiderseitige Nutzen des Supplier Relationship Managements liegt darin, frühzeitig Problemfelder zu entdecken, Konflikte zu lösen und sich ergebende Chancen wahrzunehmen (Corsten/Hofstetter, 2002, S. 130 ff.). Ziel ist es, die Lieferanten enger in den Beschaffungsprozess zu integrieren sowie den Einkauf zu unterstützen.

2. Die Bedeutung des Supplier Relationship Managements für die ZF Friedrichshafen AG

Nicht nur die Beschaffung allein ist von Bedeutung für ein Unternehmen. Da die Materialwirtschaft mit einem Kostenanteil von ca. 60 % einen erheblichen Anteil zur Sicherung und Aufrechterhaltung der Wettbewerbsfähigkeit der ZF Friedrichshafen AG beiträgt, ist es gerade in diesem Bereich wichtig, effiziente und effektive Strategien sowie Prozesse zu entwickeln und kontinuierlich auszubauen. Darüber hinaus wird hinsichtlich der zunehmenden Komplexität der Märkte der Lieferanten-Vorlieferanten-Prozess immer wichtiger. Gerade im Hinblick auf den steigenden Anteil an wertschöpfenden Tätigkeiten der Lieferanten und die sich daraus ergebenden erhöhten Risikofaktoren ist für ZF ein integriertes SRM von großer Bedeutung.

Aufgrund der stetig wachsenden Herausforderungen wie beispielsweise dem Insolvenzrisiko, der Erschließung neuer Beschaffungsmärkte in Best Cost Countries, des Preis- und Kostendrucks sowie der steigenden Komplexität im globalen Einkauf werden die Anforderungen an den Einkauf größer. Um diesen Tendenzen entgegenwirken zu können, ist eine kontinuierliche Verbesserung des Materialwirtschaftsprogramms bei ZF ein permanenter Prozess (Internes Dokument, Standardpräsentation H2O, S. 2 f.).

So hat man im Jahr 2009 im Rahmen des Programms „H2O“ (Harmonize to Optimize) bei ZF beschlossen, das bestehende Supplier Relationship Management auszubauen und zu optimieren. Der Beitrag zum Unternehmenserfolg soll dadurch gesteigert und das Materialwirtschaftsprogramm mit seinen Visionen und den dazugehörigen Strategien und Maßnahmen noch stärker als bisher fokussiert werden. Ziel ist es, im Bereich Supplier Relationship Management eine Intensivierung der integrativen Zusammenarbeit zwischen ZF und seinen Lieferanten zu schaffen. ZF ist die positive und langfristige Beziehung in der gesamten Lieferantenkette sehr wichtig. Aus diesem Grund legt ZF auf die partnerschaftliche Kooperation mit seinen Lieferanten großen Wert und definiert Supplier Relationship Management als die partnerschaftliche Zusammenarbeit mit Lieferanten entlang der gesamten Wertschöpfungskette, angefangen von der Produktidee über den gesamten Produktzyklus hinweg. Die Integration von strategischen Lieferanten in den Geschäftsprozess steht dabei besonders im Fokus.

Anhand dieser Definition wird die Bedeutung des SRM für ZF sowie für die Zusammenarbeit mit den Lieferanten deutlich, aber auch durch die ständige Optimierung und Einführung neuer Tools im Rahmen des SRM bestätigt sich die Wichtigkeit dieser Beziehungsmanagementform für ZF.

3. Steuerung von Beschaffungsprozessen: Supplier Relationship Management bei ZF

Eine große Herausforderung aus Sicht von ZF ist es, sich im Umfeld der dynamischen Entwicklung der Beschaffungsmärkte in Best Cost Countries sowie unter Berücksichtigung eines starken Wettbewerbs und der steigenden Konzentration in Beschaffungsmärkten bestmöglich aufzustellen. Aus diesem Grund hat man sich recht früh entschieden, die Hersteller-Lieferanten-Beziehung in den Fokus zu nehmen, zu analysieren sowie aufzubauen. In den letzten Jahren wurden nach und nach verschiedenen Abteilungen sowie Mitarbeitern für den Ausbau des SRM die Verantwortung übertragen und verschiedene Tools und Systeme zur Unterstützung des SRM implementiert, wie beispielsweise das Lieferantenmanagement, die Lieferantenentwicklung usw.

Ein Teil des SRM bei ZF ist das Lieferantenmanagement, welches bezogen auf Systeme und Methoden zentral für alle Tochtergesellschaften gesteuert wird. Vorteilhaft an der zentralen Steuerung sind vor allem die Einheitlichkeit der Systeme sowie die sofortige und zentrale Implementierung bei Optimierungen. Folglich kann jeder Unternehmensbereich mit den gleichen Voraussetzungen das Supplier Relationship Management auf- bzw. ausbauen und verbessern. Die Verantwortung der Pflege der Tools sowie der Zusammenarbeit mit den Lieferanten unterliegt der Materialwirtschaft der einzelnen Unternehmensbereiche. Auswertungen und Analysen des SRM werden jedoch zentral gesteuert. Darüber hinaus verfolgt ZF im Rahmen des SRM einen ganzheitlichen strategischen Ansatz.

So erfolgt die Integration der Lieferanten im Rahmen des Lieferantenmanagements, welches in die einzelnen Bereiche wie Lieferantenauswahl, Lieferantenklassifizierung, Lieferantenbeurteilung und Lieferantenentwicklung unterteilt ist. Der steigende Lieferantenanteil an der Wertschöpfung der einzelnen Produkte führt zu einer wachsenden Beeinflussbarkeit der eigenen Leistungskriterien. Die Lieferanten bestimmen dadurch maßgeblich die Qualität, Kosten und Liefertreue. Resultierend aus dieser Entwicklung schafft ein konzernweit einheitliches ZF-Lieferantenmanagementsystem die Voraussetzung, um kompetente Partner zu finden, Leistungsfähigkeit transparent darzustellen und durch gezielte Maßnahmen eine strategische Partnerschaft zu entwickeln.

Natürlich müssen die Voraussetzungen für eine strategische Partnerschaft gegeben sein und so durchläuft der Lieferant zuerst einen Lieferantenauswahlprozess. Hier werden beispielsweise Angebote bewertet, Herstellbarkeitsanalysen abgefragt, Supplier Questionnaires beantwortet, Finance Gradings durchgeführt sowie das zu erwartende Risiko des Lieferanten anhand von Risikoanalysen ermittelt. Im Anschluss wird jeder Lieferant bei ZF klassifiziert. In dem Kreislauf des Lieferantenmanagements ist die Lieferantenklassifizierung SAZUG ein wichtiger Baustein. Nur Lieferanten, die aufgrund der strategischen Bedeutung und der Bewertung der erbrachten Leistungen als S (strategisch) -Lieferanten eingestuft wurden, werden in die Strategic Supplier List aufgenommen. Diese Strategic Supplier List ist konzernweit bindend; nur die darin enthaltenen Lieferanten können Aufträge erhalten. Um jedoch strategischer Lieferant von ZF zu werden, muss dieser zehn Kriterien erfüllt haben, wie beispielsweise die Qualitätsmanagement Richtlinie QR 83 anerkennen, die Logistikziele erfüllen, die Lieferantenbeurteilung als A abgeschlossen haben, die Einkaufsbedingungen anerkennen, die Bereitschaft zur Produktkostenoptimierung haben und auf SupplyOn registriert sein. Ist dies nicht der Fall, kann das betroffene Unternehmen kein strategischer Lieferant für ZF werden. Des Weiteren erhalten zum Beispiel mit G (gesperrte Lieferanten) eingestufte Lieferanten keine Neuaufträge. Diese Einstufung darf jedoch nicht auf Dauer bestehen bleiben, sondern muss kurzfristig zu einer S- oder A-Einstufung zurückgeführt werden. Wenn dies nicht gelingt, wird der Lieferant konsequent ausgegliedert. Ziel ist es, die Lieferanten zu konsolidieren und ausschließlich strategische Lieferanten im Portfolio zu haben. Der Fokus liegt dementsprechend auf nur wenigen strategischen Lieferanten, die bedeutungsvoll bzw. leistungsfähig und für eine erfolgreiche Zusammenarbeit in Betracht kommen. Darüber hinaus erfolgt die Vergabe von Neuaufträgen soweit wie möglich nur noch an Lieferanten mit bester Leistungsperformance, um auf der einen Seite die administrativen Kosten zu reduzieren und auf der anderen Seite günstige Kondition zu bekommen.

Die Lieferantenentwicklung optimiert in bestehenden Lieferantenbeziehungen die Qualität und die Logistik, falls Probleme mit den Lieferanten auftreten. Demgegenüber sorgt das Lieferantenmanagement für die Optimierung der Prozesse im Rahmen des SRM. Die Lieferantenentwicklung kümmert sich darüber hinaus nachhaltig, präventiv und bereichsübergreifend um die Hersteller-Lieferanten-Beziehung. Ziel ist es, den Einsatz von präventiven Aktionen, sogenannte „Frontloading“ durch frühzeitige Integration von Lieferantenentwicklung, zu verstärken. Des Weiteren wird die Lieferantenentwicklung künftig stärker in den Ausbau der Hersteller-Lieferanten-Beziehung eingebunden und schon im Produktentstehungsprozess entscheidend Einfluss auf zukünftige Beziehungen in der gesamten Lieferantenkette nehmen, um eine globale und wettbewerbsfähige Lieferantenbasis zu schaffen. Folglich wird die Lieferantenentwicklung im Rahmen des SRM ihren Einsatz sowohl in der Lieferantenauswahl-, im Produktentstehungs- als auch im Serienprozess finden. Als Indikator im Serienprozess fungiert die Lieferantenbeurteilung, welche jedoch Teil des Lieferantenmanagements ist.

ZF verfügt über ein systematisches, standardisiertes und ein sich wiederholendes System der Lieferantenbewertung und -beurteilung. Die Kombination aus Leistungsfähigkeit und erbrachter Leistung ist die Basis für Auswahl und Beauftragung. Die Lieferantenbeurteilung bei ZF wird über einen Supplier Assessment Monitor gesteuert und kontinuierlich weiterentwickelt. Die Beurteilung berücksichtigt sowohl Hard- als auch Softfacts. Bewertet werden die Leistungen nach Qualität (ppm), nach Liefer- und Mengentreue sowie nach Abweichungsgrad von Ist- zu Zielpreisen.

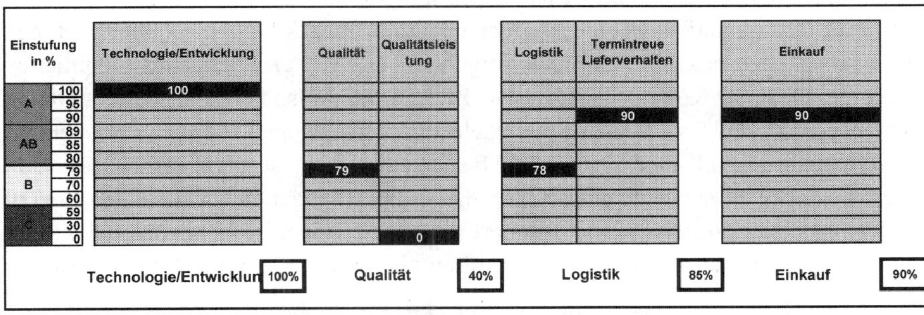

	Technologie/Entwicklung		Qualität		Logistik		Einkauf	
Für alle Felder <80% muss ein Maßnahmen-plan erstellt werden.	Produktspezifische Anforderungen	100%	Qualitätsleistung	0%	Termintreue Lieferverhalten	90%	Preise/Kosten/Finanzen	92%
	Entwicklungsleistung (Fertigungs- /Entwicklungskompetenz)	100%	Qualitäts- /Umweltmanagementsystem	72%	Logistiksystem	69%	Initiative zur Kostensenkung	67%
	Ressourcen	100%	Qualitätsplanung und Belieferung	81%	Logistikleistung	100%	Liefervertrag/Angebot	100%
	Kommunikation/Kooperation	100%	Kommunikation/Kooperation	89%		0%	Kommunikation/Kooperation	100%

Erfüllungsgrad Gesamt:	78,7%	Einstufung:	B
Erfüllungsgrad ohne KO:	78,7%		

Abbildung 2: *ZF SAM*

Das Ergebnis der Lieferantenbeurteilung wird in vier Klassen (A, AB, B, und C) eingestuft. Je nach Einstufung muss eine Wiederholungsbeurteilung alle zwei Jahre oder jedes Jahr erfolgen. Liegt eine Einordnung in der Klasse C vor, so erfolgt die Folgebeurteilung ein halbes Jahr später. Darüber hinaus müssen für AB-, B- und C-Lieferanten Maßnahmen definiert werden, um das Ziel eines A-Lieferanten zu erreichen. Deren Überwachung obliegt der Lieferantenentwicklung. Folglich orientiert sich der Zeitpunkt der Wiederholungsbeurteilung am Einstufungsergebnis.

Hieraus ist zu erkennen, dass die Lieferantenbewertung als wichtiges Managementtool betrachtet wird, anhand dessen ZF die Feedback-Gespräche mit den Lieferanten durchführt und Verbesserungspotenziale identifizieren kann. Jede Lieferantenbewertung zeigt die Differenzen von erbrachter und geforderter Leistung auf. Darüber hinaus wird ZF bei Lieferanten mit großen Abweichungen Verbesserungen anstreben und zwar gezielt bei den Prozessen, welche die größten Probleme verursachen. Seit einigen Monaten erfolgt die Beurteilung der Lieferanten IT-gestützt, so werden die Lieferanten anhand von standardisierten Fragen aus den Bereichen Technologie, Qualität, Logistik und Einkauf bewertet und eingestuft. Außerdem können die so genannten Hardfacts automatisch in die Beurteilung einfließen. Jeder einzelne Unternehmensbereich führt die Lieferantenbeurteilung mit demselben System aus. So kann ein weiterer Prozess im Rahmen des SRM standardisiert ablaufen und zur einheitlichen Steuerung der Beschaffungsprozesse beitragen.

Darüber hinaus werden Lieferantenentwicklungsprogramme wie „ZF League" forciert. Mit diesem will ZF Optimierungspotenziale der gesamten Prozesskette erschließen. Hinter ZF League verbirgt sich eine systematische Vorgehensweise zur ganzheitlichen Optimierung in Technologie, Qualität, Kosten und Logistik. Ziel ist das Aufspüren von Kostentreibern auf Basis von gemeinsam festgelegten Spielregeln und dementsprechend die Eliminierung der kostenverantwortlichen Faktoren, um so die beiderseitige Ertragskraft zu stärken. Auch dieses Programm trägt zu einer positiven Entwicklung der Beziehungen in der gesamten Lieferkette bei, indem Probleme aufgezeigt und optimiert werden. So bringt ZF League Vorteile für beide Seiten, sofern die Bereitschaft gegeben ist, offen alle prozessrelevanten Themen zu besprechen.

Die Win-Win-Situation ist ZF wichtig. „ZF und Partner: Zukunft gemeinsam gestalten", als Motto der Kernstrategie Einkauf, beschreibt die Grundlagen für ein optimales Supplier Relationship Management. Hierbei erfährt der Lieferant nähere Information zu den einzelnen Schwerpunkten des SRM sowie die Unterstützung durch webbasierte Tools, die die Zusammenarbeit zwischen Hersteller und Vorlieferant erleichtern sollen. Aber auch im Rahmen von Lieferantentagen versucht ZF, die Zulieferer über SRM zu informieren und die bestehenden positiven Hersteller-Lieferanten-Beziehungen zu intensivieren.

3.1 Entwicklung

Die Steuerung von Einkaufsprozessen beginnt bei ZF schon sehr früh. Nachdem über den definierten Auswahlprozess strategische Lieferanten identifiziert wurden, werden diese schon so bald wie möglich in den Beschaffungsprozess eingebunden. Bei ZF läuft dies im Rahmen des sogenannten Early Supplier Involvements ab. Dieser Prozess bindet Lieferanten von ZF bereits ab der Konzeptionsphase in die Entwicklung der Produkte ein.

Ziel von Simultaneous Engineering ist das gemeinsame Entwickeln, wobei Doppelarbeiten vermieden und damit wertvolle Kapazitäten gesichert werden sollen. Der Lieferant soll sein Know-how einbringen und auch Detailkonstruktionen übernehmen. Dadurch leistet ZF einen Beitrag zur Verkürzung der Entwicklungszeiten, und die Kosten für Entwicklung, Formen und Werkzeuge sowie Material können deutlich reduzieren werden.

Durch Langzeit- oder Lifecycleverträge stellt ZF sicher, dass der Entwicklungslieferant auch die Serie beliefert und somit ein voller Know-how-Austausch erreicht wird.

Diese Form der Zusammenarbeit bedingt in der Regel das Anwenden von Single Sourcing. Für ZF Teilefamilien werden strategische Lieferanten definiert, mit denen ZF die Zukunft gemeinsam gestaltet. Bei der Bewertung ist jedoch nicht nur das Kostenniveau ausschlaggebend, sondern auch die Leistungen in den Bereichen Qualität, Entwicklung und Logistik sowie die Management Capability und die Finanzkraft der Lieferanten. Durch den Bezug kompletter Baugruppen kann ZF die Komplexität reduzieren und die logistischen Abläufe deutlich vereinfachen.

ZF schafft hierdurch die Grundlage für optimale Kostenstrukturen. So können die vorgegebenen Zielpreise erreicht werden. Für beide Seiten entstehen Vorteile im Rahmen von Supplier Relationship Management und so können Hersteller und Lieferant im harten Wettbewerbskampf bestehen.

3.2 Strategisches Kostenmanagement

Ein weiterer Prozess im Rahmen des SRM bei ZF ist das strategische Kostenmanagement, welches gerade hinsichtlich der stetig steigenden Anforderungen der Kunden bzgl. Kostenoptimierung an ihre Lieferanten an Bedeutung zunimmt.

Das ZF Einkaufsnetz ermöglicht ein internationales Beschaffungsmarketing. Das Weltmarktkostenniveau ist unter Berücksichtigung der Gesamtkosten die Orientierungsgröße für die Zielpreisbildung bei ZF.

Für die Auswahl der richtigen Lieferanten für das Early Supplier Involvement ist es wichtig, die Kostenstrukturen der Lieferanten zu kennen. Nur mit ausreichender Kostentransparenz kann beurteilt werden, welche Lieferanten die Zielkosten erreichen können.

Bei bestehenden Produkten arbeiten ZF und die Lieferanten in interdisziplinären Wertanalyseteams zusammen. ZF erreicht dadurch den Wandel von jährlichen Preisverhandlungen zu kontinuierlichen, offenen Kostendiskussionen. Hierbei geht es nicht darum, den Gewinn der Lieferanten in Frage zu stellen, sondern die kostentreibenden Faktoren, die von beiden Seiten verursacht werden, zu identifizieren, zu eliminieren und so gemeinsam das optimale Kostenniveau zu erreichen.

Voraussetzung hierfür sind die Bereitschaft und die Fähigkeit, im Team offen über gegebene und mögliche Kostenstrukturen zu diskutieren und neue zu schaffen. ZF versucht, Bedarfe zu bündeln und eine langfristige Bindung eines Lieferanten pro Teilefamilie herbeizuführen. Erreicht wird das Ganze durch den Einsatz geeigneter Software, die es ermöglicht, den Produktionsprozess sowie Produktionskosten zu simulieren und zu analysieren. ZF erkannte die Wichtigkeit dieses Themas und entschied, an fast jedem ZF Standort Teams zu installieren, die sich ausschließlich mit der Kostenstruktur der zu beziehenden Teile beschäftigen und diese zu optimieren versuchen. Der Austausch der gewonnenen Informationen der einzelnen Teams bei den Kostenstrukturanalysen wird im Rahmen von Arbeitskreisen garantiert. Ziel ist es, eine hohe Profitabilität auch der Lieferanten bei Weltmarktkostenniveau zu erreichen.

Hinsichtlich des steigenden Kostendrucks gewinnt die Identifizierung von Kostentreibern immer mehr an Bedeutung. Folglich können hierdurch die Kosten- und Ergebnissituation des Unternehmens entscheidend beeinflusst werden. Aus diesem Grund hat sich ZF dazu entschlossen, den Prozess des strategischen Kostenmanagements mit seinen Lieferanten kontinuierlich auszubauen und zukünftig mit allen strategischen Lieferanten durchzuführen.

3.3 Qualitätsmanagement

Nicht nur die Kosten sind ausschlaggebend, sondern auch die Qualität der einzelnen Teile darf nicht vernachlässigt werden. Deshalb ist die Qualität im Aufbau einer strategischen Lieferantenbeziehung ebenso entscheidend. Aus diesem Grund hat ZF genaue Richtlinien hinsichtlich des Qualitätsmanagements bei Zulieferungen definiert. ZF fordert von seinen Lieferanten, die Richtlinien einzuhalten und dadurch die Qualität der Anlieferungen zu verbessern.

Diese Richtlinien sind Bestandteil der ZF Einkaufbedingungen. Unter Qualität versteht ZF nicht nur die Anlieferqualität, sondern auch die Qualität des Handelns in der gesamten Kooperation. Die Lieferanten haben durch die partnerschaftliche Zusammenarbeit die Möglichkeit, die Grundlagen für Qualität aktiv zu gestalten. Der Lieferant ist für die Qualität seiner Leistungen und die seiner Unterauftragnehmer gegenüber ZF verantwortlich. Um zu gewährleisten, dass diese den ZF-Spezifikationen entsprechen, ist ein wirksames Qualitätsmanagementsystem nach QS 9000 oder VDA Band 6.1 bzw. TS 16949 Voraussetzung.

Durch dieses Qualitätsmanagementsystem werden Fehler verhindert, Abweichungen von den Spezifikationen zu einem frühestmöglichen Zeitpunkt erkannt und Fehlerursachen rechtzeitig und nachhaltig eliminiert. Hierzu muss der Lieferant geeignete Maßnahmen festlegen, deren Durchführung überwachen und dokumentieren. ZF ist bereit, über Qualitätsförderprogramme Unterstützung zu geben. Ziel ist es, null Fehler zu erreichen, wofür Qualitäts- und Prozessplanung sowie regelmäßige Projektbewertungen erforderlich sind.

ZF verzichtet in Abstimmung mit dem Lieferanten auf die Wareneingangsprüfung. So werden über die Vermeidung von Doppelarbeit Kosten gesenkt und die Durchlaufzeiten reduziert. Immer bedeutender werden die Forderungen der Kunden hinsichtlich Gewährleistungsfristen und Inhalten der Gewährleistung. Diese müssen in den Gewährleistungsvereinbarungen, die auch die Übernahme entstandener Folgekosten regeln, mit den Lieferanten berücksichtigt werden, wobei ZF zwischen Entwicklungs- und Blueprint-Lieferanten unterscheidet. Entwicklungs-Lieferanten sind Lieferanten, die schon sehr früh in den Entwicklungsprozess miteinbezogen werden und aktiv an der Gestaltung des Produktes teilnehmen. Während Blueprint-Lieferanten ihre Produkte exakt nach Zeichnungsvorgabe fertigen und nicht aktiv in den Produktentstehungsprozess integriert sind.

3.4 Supply Chain Management

Mit der Philosophie von Supply Chain Management wird eine kosteneffektive Versorgungskette von Informationen, Materialien und Produkten vom Lieferanten über alle ZF-internen Funktionen bis zur Belieferung der Kunden angestrebt. Mit zusätzlichen Dienstleistungen und Produktnutzen wird die Attraktivität und Zufriedenheit des Kunden gesteigert, um eine langfristige Bindung an das Unternehmen zu bewirken.

Die bisherigen Wettbewerbskriterien wie Preis und Qualität sind um Attribute wie kürzeste Lieferzeiten bei hoher Lieferflexibilität (Mengen und Termin) und Termintreue zu erweitern. Das Erfüllen dieser Kriterien erreicht ZF durch die aktive Einbindung der Lieferanten in den internen Bedarfsplanungsprozess. Eine weitere Zielsetzung ist die Minimierung der Bestände in der gesamten Zulieferkette.

Wichtige Voraussetzungen hierfür sind kürzeste Durchlaufzeiten beim Lieferanten in der Verwaltung (Auftragsabwicklung, Arbeitsplanung usw.), der Produktion (Rüstzeiten, Liegezeiten usw.) und der Logistik (Transport, Bereitstellung usw.). Um die geforderte Lieferflexibilität der Kunden zu erfüllen, erwartet ZF von seinen Lieferanten die Fähigkeit, in allen Stadien der Geschäftsabwicklung vorgangs- und leistungsbereit zu sein.

Durch vereinfachte Abläufe und Methoden bei der Disposition und Bestellabwicklung wird die Kommunikation verbessert und der administrative Aufwand reduziert. So hat ZF durch die Implementierung des Global Performance Systems (GPS) die Optimierung der Supply Chain fokussiert und dadurch den Anlieferprozess der A-, B- und C-Teile optimiert. Beispielsweise sind C-Teile-(Kleinteile-)Lieferanten für die laufende Befüllung der Behälter in Lager und Montage selbst verantwortlich. Darüber hinaus werden pro Teil teilespezifische Logistikanforderungen definiert, welche der Lieferant in seiner Anlieferungsform einarbeitet. Ebenso wird ZF soweit erforderlich den direkten Kontakt zwischen den Fertigungsbereichen von ZF und den Lieferanten herstellen, um damit die Kommunikation zu verbessern und Transparenz bei Bedarfen und Fertigungsmöglichkeiten zu schaffen.

Darüber hinaus führt ZF bei strategischen Lieferanten so genannte GPS-Workshops durch, in denen anhand von Wertstromanalysen Verbesserungspotenziale aufgezeigt werden, um optimale Abläufe und Prozesse für beide Seiten zu schaffen.

3.5 Geschäftsprozesse mit Lieferanten auf elektronischem Wege

Die Geschäftsprozesse und insbesondere der Datenaustausch zwischen ZF und den Lieferanten unterliegen mehrfachen Medienbrüchen.

Informationen und Daten wie z. B. Lieferabrufe, Anfragen und Angebote müssen bislang oft noch manuell bei Lieferanten und ZF erfasst werden. Dies sind Fehlerquellen, die auch zu erhöhtem Arbeits- und Zeitaufwand führen. Ziel von ZF ist es daher, die Geschäftsprozesse mit Lieferanten zu vereinfachen, zu verbessern und zu beschleunigen und über den elektronischen Marktplatz SupplyOn, an dem ZF mit 15,3 % beteiligt ist, abzuwickeln.

Die SupplyOn AG ist Anbieter eines Internet-Marktplatzes, der auf die Bedürfnisse der Automobilzulieferindustrie ausgelegt ist. In Zusammenarbeit mit einigen großen Automobilzulieferern wurde diese Plattform zum optimalen Datenaustausch zwischen Lieferant und Vorlieferant gegründet. So können Anfragen, Spezifikationen, Richtlinien usw. eingesehen und Angebotsauswertungen durchgeführt werden. Jeder strategische Lieferant wird sich zukünftig auf dieser Plattform registrieren müssen, denn die Bedeutung der elektronischen Steuerung von Beschaffungsprozessen nimmt zu. Im Rahmen des Programms H2O hat ZF das Ziel definiert, dass zukünftig 80 % aller Transaktionen elektronisch abzuwickeln sind.

4. Zusammenfassung

Im Rahmen des Beitrags wurde deutlich, dass zunehmend grundsätzliche Fragen der ökonomischen Steuerung von Lieferantenbeziehungen an Bedeutung gewinnen. Unternehmen werden zukünftig die Tätigkeiten im Rahmen des SRM forcieren müssen, um den steigenden Anforderungen gerecht zu werden. Vor allem hinsichtlich des immer komplexeren Marktumfeldes, der immer steigenden Anforderungen an die Lieferanten sowie der zunehmenden Bedeutung des Wettbewerbs ist eine kontinuierliche Verbesserung und Erweiterung des bestehenden Supplier Relationship Managements zwingend erforderlich. So hat ZF in den letzten zehn Jahren seine Lieferantenbeziehungen positiv verändern, intensivieren und kontinuierlich optimieren können. Vor allem die stetige Verbesserung und Ausweitung der Prozesse im Rahmen des SRM haben zu dieser fortschrittlichen Entwicklung beigetragen.

Die Steuerung von Beschaffungsprozessen ist sicherlich ausschlaggebend für eine erfolgreiche Implementierung und Optimierung des SRM. Deshalb hat ZF in den letzten Jahren großen Wert auf die Einführung der dargestellten Prozesse im Rahmen des SRM gelegt und die Bedeutung der Steuerung von Beschaffungsprozessen für ZF entscheidend beeinflussen können. Gerade die Standardisierung sowie die Fokussierung des Lieferantenmanagements haben hierzu beigetragen. So wird auch zukünftig das SRM für ZF wichtiger Bestandteil bleiben und die Bedeutung der Lieferanten-Hersteller-Kunden-Beziehung im Rahmen des Supply Chain Managements an Bedeutung gewinnen. Folglich auch das SRM, welches ebenso im Rahmen von Optimierungsschleifen bei ZF kontinuierlich verbessert wird.

Literatur

APPELFELLER, W. (2005), Supplier Relationship Management: Strategie, Organisation und IT des modernen Beschaffungsmanagement, Wiesbaden 2005

CORSTEN, D./HOFFSTETTER, J. (2001), Supplier Relationship Management: Prozessmanagement in Lieferantenbeziehungen, in: Belz, C./Mühlmeyer, J. (Hrsg.): Key Supplier Management, St. Gallen 2001

FRIES, A. J. (2006), Supplier Relationship Management: Ein begriffliches und prozessuales Konzept, Köln 2006

HELMKE S./UEBEL M. F./DANGELMAIER W. (2003), Effektives Customer Relationship Management: Instrumente – Einführungskonzepte – Organisation, Wiesbaden 2003

KOCH, S./STRAHINGER, S. (2008), Customer & Supplier Relationship Management, in: Praxis der Wirtschaftsinformatik, HMD, Heft 259, Heidelberg 2008

STÖLZLE W./HEUSLER K.F. (2003), Supplier Relationship Management: Entstehung, Konzeptverständnis und methodische-instrumentelle Anwendung, in: Management und Controlling von Einkauf und Logistik, Festschrift für Professor Dr. Jürgen Bloech, Bogaschewsky, R./Götze, U. (Hrsg.), Gernsbach 2003

Beschaffungsmanagement im Zeichen der Finanzkrise: Implikationen für ein effizientes Risikomanagement

Ralf Schneider / Alexandra Golling

1. Einleitung

In dem nachstehenden Beitrag wird der Frage nachgegangen, ob aus der Sicht von Bayer HealthCare trotz oder gerade wegen der Finanzkrise Chancen und Vorteile im Rahmen des Beschaffungsmanagements abzuleiten sind. Die relevanten Forschungsfragen setzen sich zum einen mit möglichen Auswirkungen der Finanz- und Wirtschaftskrise auf die pharmazeutische Industrie am Beispiel von Bayer HealthCare auseinander und im Weiteren mit der Frage, wie diese Erkenntnisse die Organisation des Risikomanagements in der Beschaffung beeinflussen.

Ein einleitendes Kapitel befasst sich zunächst mit Bayer HealthCare (als Teil des Bayer Konzerns) sowie mit der generellen Entstehung und Ursache der weltweiten Finanz- und Wirtschaftskrise. In einem nächsten Schritt sind mögliche wirtschaftliche Folgen der Finanz- und Wirtschaftskrise auf den Beschaffungsmarkt in Deutschland zu analysieren, um konkrete Auswirkungen auf Bayer HealthCare selbst wie auch auf den Bereich „Beschaffung" von Bayer HealthCare und deren Zulieferer darzustellen. In einem abschließenden Kapitel werden generelle organisatorische Probleme des Lieferantenrisikomanagements in der Praxis und grundsätzlich in Form einer theoretisch-wissenschaftlichen Darstellung erörtert, um einen Abgleich von Theorie und Praxis zu ermöglichen.

2. Darstellung der Rahmenbedingungen

2.1 Bayer HealthCare

Bayer HealthCare gilt im Bereich Gesundheitsversorgung mit Arzneimitteln und medizinischen Produkten als weltweit führendes innovatives Unternehmen. In 2008 verzeichnete das Unternehmen Umsatzzahlen in Höhe von 15.407 Mio. EUR (Bayer Namen/Zahlen/Fakten 2009, S. 17) und nimmt weltweit den Platz mit den höchsten Umsatz-Anteilen der Bayer Teilkonzerne ein (Bayer Namen/Zahlen/Fakten 2009, S. 13). Bayer HealthCare beschäftigt 53.100 Mitarbeiter und hat ihren Sitz in Leverkusen, Deutschland, und wird geleitet von dem Vorsitzenden Arthur Higgins (Bayer Namen/Zahlen/Fakten 2009, S. 17).

Das operative Geschäft von Bayer HealthCare gliedert sich in vier Divisionen und leistet einen wichtigen Beitrag zur Erforschung und Entwicklung innovativer Produkte mit dem Ziel, die Gesundheit von Mensch und Tier zu verbessern (Bayer Namen/Zahlen/Fakten 2009, S. 16):

- Bayer Schering Pharma (verschreibungspflichtige Arzneimittel)
- Consumer Care (verschreibungsfreie Arznei- und Nahrungsergänzungsmittel)
- Animal Health (Tierarzneimittel und -pflegeprodukte)
- Medical Care (Blutzucker-Messgeräte und Kontrastmittel-Injektions-Systeme)

Der in 2008 erzielte Umsatzerlös verteilt sich wie folgt auf die unterschiedlichen geografischen Regionen:

Region	Mio. EUR
Europa	6.379
Nord-Amerika	4.512
Asien/Pazifik	2.278
Lateinamerika/Afrika Nahost	2.238
Gesamt	15.407

Quelle: Bayer Geschäftsbericht 2008, S. 59
Abbildung 1: *Umsatzerlöse 2008*

Zu den umsatzstärksten Produkten in den dargelegten Segmenten Bayer Schering Pharma und Consumer Care gehören unter anderem *Adalat*, *Aspirin*, *Bepanthen/Bepanthol*, *Contour*, *Cannesten* und *Yasmin/Yaz/Yasminelle* (Bayer Namen/Zahlen/Fakten 2009, S. 19). Dabei finden sich unter den weltweit bekanntesten registrierten Produktnamen solche wie *Adalat*, *Aspirin*, *Bepanthen*, *Cannesten*, *Levitra*, *Yasmin* und *Xarelto* (Bayer Geschäftsbericht 2008, S. 191).

Entsprechend dem Leitbild von Bayer *„Science for a better life"* verfolgt der Bayer Konzern ein Wachstumsziel durch stetige Erweiterung seiner Produktportfolios und Optimierung seiner Produktprozesse (Bayer Geschäftsbericht 2008, S. 88).

Die Aufwendungen für Forschung und Entwicklung des Geschäftsjahres 2008 in Höhe von 2.658 Mio. EUR erhöhten sich gegenüber dem Vorjahr 2007 um 2,9 % (Bayer Geschäftsbericht 2008, S. 74), wovon 1.742 Mio. EUR des gesamten Forschungsaufwand den Segmenten Bayer Schering Pharma und Consumer Health bei Bayer HealthCare zuzuordnen sind (Bayer Geschäftsbericht 2008, S. 89).

Die Forschungs- und Entwicklungskapazitäten von Bayer HealthCare konzentrieren sich auf die folgenden vier Wachstumsbereiche (Bayer Geschäftsbericht 2008, S. 89):

- Onkologie
- Women's Healthcare
- Kardiologie
- Diagnostische Bildgebung.

Der Forschungsaufwand von 1.742 Mio. EUR bei Bayer HealthCare entspricht 66 % des Forschungsaufwandes des Bayer-Konzerns und ist Grundlage für weitere innovative Produkte im Gesundheitsbereich (Bayer Geschäftsbericht 2008, S. 89).

In den derzeitigen angespannten und turbulenten Zeiten liegt der Fokus nicht auf Einsparungen in der Forschung, sondern auf dem Vorantreiben zukünftigen Wachstums durch zukunftsweisende Investitionen in Forschung und Entwicklung (Bayer Geschäftsbericht 2008, S. 7).

Die unternehmerischen Anstrengungen von Bayer HealthCare im Bereich der Produktentwicklung werden in der öffentlichen Berichterstattung in besonderer Weise hervorgehoben. In der „Wirtschaftswoche" vom 03. April 2009 findet sich unter anderem das Zitat, dass Bayer HealthCare im Bayer Konzern mit seiner Gesundheitssparte das „Glanzlicht" (Bayer baut auf 2009) sei.

2.2 Die Finanz- und Wirtschaftskrise der Jahre 2008 und 2009

Im nachfolgenden Teil des Beitrags wird auf die Entstehung und Ursache der Finanz- und Wirtschaftskrise eingegangen, um anschließend ihre Auswirkungen auf Bayer HealthCare selbst wie auch auf den Bereich „Beschaffung" von Bayer HealthCare und deren Zulieferer zu analysieren.

Seit Mitte des Jahres 2008 verzeichnen die nationalen und internationalen Finanzinstitute und -märkte einen seit der Weltwirtschaftskrise des Jahres 1929 nicht mehr erlebten Niedergang, welcher sich „crashartig" entwickelte und bis heute andauert (Schäfer 2009, S. 187 f.).

Die Krise der globalen Finanzmärkte wurde ausgelöst durch das „Platzen" einer in den USA entstandenen spekulativen Immobilienblase. In dem nur kurzen Zeitraum vom April bis Juni 2008 wurden 793.714 Immobilien (vorwiegend Ein- oder Mehrfamilienhäuser) in den USA zwangsversteigert. Immobilienbedingte Insolvenzen von Privatpersonen hatten sich im Jahre 2008 in den USA mehr als verdoppelt, innerhalb von drei Jahren sogar vervierfacht (Schäfer 2009, S. 141, 151 f.).

Die US-Immobilienkrise hatte sich mit einer spekulativen Eigendynamik entwickelt, nachdem sogenannten „Subprime-Schuldner" (Schuldner zweitrangiger Bonität) durch die amerikanischen Banken USA-weit mit „billigen" Darlehen zum Erwerb und Bau von Immobilien versorgt worden und auf Dauer außerstande waren, den ihnen obliegenden Kapitaldienst zur Rückführung ihrer Darlehen (Zins und Tilgung) zu erbringen (Schäfer 2009, S. 148 ff.). Die Politik des „billigen" Geldes war seitens der US-Notenbank durch bis auf 1 % gesunkene Leitzinsen ermöglicht worden (Glebe 2008, S. 112; Schäfer 2009, S. 148 f.). Nahezu schlagartig im Verlaufe des Jahres 2008 erwiesen sich die Subprime-Schuldner außerstande, ihre Darlehen zu verzinsen und zu tilgen. Folge des innerhalb weniger Monate um sich greifenden Zahlungsverzugs und der Zahlungsunfähigkeit der „Subprime-Schuldner" im Jahre 2008 war der Zusammenbruch zunächst kleinerer, lokaler amerikanischer Bankinstitute, im Nachgang waren jedoch auch die großen nationalen Hypotheken- und Privatbanken betroffen. Wegen Überschuldung und Zahlungsunfähigkeit gerieten die bedeutendsten US-Hypotheken- und Privatbanken wie auch Versicherungen in Insolvenzverfahren oder mussten durch umfassende Liquiditätshilfen des Staates oder Übernahme seitens anderer Kreditinstitute vor dem Zusammenbruch bewahrt werden (Schäfer 2009, S. 188 ff., 199; Glebe 2008, S. 128 f.). Unter diesen fanden sich namhafte Unternehmen wie Fannie Mae, Freddy Mac, Lehman Brothers, Bear Sterns, Merrill Lynch oder AIG.

Die „Subprime-Immobilienkrise" hatte auch einen schlagartigen Werteverfall von so genannten „Subprime-Schuldverschreibungen" zur Folge, die als hochverzinsliche verbriefte Wertpapiere aus den US-weiten Hypotheken*forderungen* gebündelt und weltweit in Billionenhöhe als festverzinsliche Wertpapiere seitens geldanlegender Kreditinstitute, Unternehmen oder

Privatpersonen für ihren eigenen Wertpapierbestand erworben worden waren (Bloss et al. 2009, S. 17, 69 ff., 117; Glebe 2008, S. 114 f.).

Dies brachte die von den „Subprime-Schuldverschreibungen" betroffenen Kreditinstitute in Deutschland an den Rand des wirtschaftlichen Zusammenbruchs. Auch hier finden sich bedeutende deutsche Kreditinstitute wie die IKB Deutsche Industriebank, Sachsen-LB, Bayern-LB, WestLB oder das wohl „berühmteste Beispiel" Hypo Real Estate. Diese konnten nur durch staatliche Hilfen auf der Grundlage eines am 17. Oktober 2008 durch den deutschen Bundestag verabschiedeten „Finanzmarktstabilisierungsgesetzes" mit einem Volumen von 400 Milliarden EUR vor der Insolvenz gerettet werden (Glebe 2008, S. 119 f.).

Die Finanzkrise hatte überdies zur Folge, dass der Geldverkehr der Banken untereinander zum Erliegen kam (*„keine Bank traut der anderen mehr"*, Schäfer 2009, S. 204 f.).

Nach Schäfer (2009, S. 204 f.) hat *„die Finanzkrise (...) in der Nacht des 26. September 2008 Europas Banken mit Wucht erreicht"*, wodurch das *„Virus der Angst"* rasend schnell von *„Bank zu Bank"* und *„Land zu Land"* ausgebreitet wurde.

Der Zusammenbruch ehemals renommierter deutscher Kreditinstitute und das wechselseitige Misstrauen der Banken in die Bonität des jeweils anderen Kreditinstituts bewirkten auch ein „Austrocknen" des Kapitalmarktes, also des liquiden Geldflusses der Banken untereinander. Dies wiederum führte „automatisch" dazu, dass der überwiegende Teil der Banken mangels Möglichkeit der Inter-Banken-Kreditaufnahme (Tages- oder Termingelder) in Zahlungsschwierigkeiten geriet. Der Zusammenbruch des *gesamten Bankensystems* (nicht nur in Deutschland, sondern weltweit) wurde befürchtet (Glebe 2008, S. 116 f., 128; Schäfer 2009, S. 181 f., 206).

Diese Krise konnte nur bewältigt werden, indem die jeweiligen staatlichen Notenbanken (für Europa die Europäische Zentralbank) die liquiditätsnachfragenden Kreditinstitute mit diesen in Milliardenhöhe ausstatteten, um deren Zahlungsfähigkeit aufrechtzuerhalten (Schäfer 2009, S. 181; Glebe 134 ff.). Dieses System der Aufrechterhaltung der Liquidität wird nach den Erkenntnissen der Verfasser so lange andauern (müssen), bis die nationalen und internationalen Banken wieder Vertrauen in das jeweils andere Kreditinstitut gefasst haben.

Eine weitere Folge der Liquiditätskrise im Verhältnis der Banken zueinander ist, dass (auch) die kreditsuchenden *Bankkunden* nicht mehr oder nur in begrenztem Umfang mit Krediten ausgestattet werden (Glebe 2008, S. 96), um die Existenz des eigenen Unternehmens nicht aufs Spiel zu setzen. Die bisher geschilderte Finanzkrise wurde somit zu einer Krise der so genannten *„Realwirtschaft"* (Glebe 2008, S. 131). Nach einer aktuellen Prognose der Bundesregierung wird bis 2010 mit einem Anstieg der Erwerbslosenzahlen um 1,3 Millionen gerechnet (Hulverscheidt 2009). Nach einem Bericht der „FAZ – Frankfurter Allgemeine Zeitung" vom 16. Mai 2009 schrumpft die deutsche Wirtschaft so stark wie nie zuvor (Wirtschaft schrumpft 2009).

3. Die globale Finanz- und Wirtschaftskrise und ihr Einfluss auf den Beschaffungsmarkt

Eine Analyse der in den Medien veröffentlichten Wirtschaftsnachrichten belegt sehr deutlich, dass seit der zweiten Hälfte des Jahres 2008 – bis heute andauernd – die in Deutschland tätigen Zuliefererindustrien durch die finanzielle und wirtschaftliche Krise in dramatische wirtschaftliche Schwierigkeiten geraten sind und in zahlreichen Fällen angesichts abrupt eingetretener Umsatz-Rückgänge von bis zu 50 % unter dem Gesichtspunkt der Zahlungsunfähigkeit und Überschuldung in die Insolvenz geraten sind. Die betriebswirtschaftliche Erfahrung, dass bei unvermittelt eintretenden Umsatzrückgängen sich die Kostenstruktur des Unternehmens nicht in „derselben Schnelligkeit" reduziert, also angepasst werden kann, findet in der aktuellen Krise eine „traurige" Bestätigung.

Das Gesetz der Nachfrage, dass eine sinkende Nachfrage auch zu sinkenden Preisen führt, stellt eine weitere Herausforderung für die Zulieferindustrie dar, da die verhaltene Nachfrage des Beschaffers an einen Rückgang der Produktpreise der Zulieferer gekoppelt ist. Hierzu wurden die Wirtschaftsmeldungen der Verlagsgruppe Handelsblatt GmbH, Düsseldorf, „Handelsblatt" zum Thema *„Auswirkungen der finanziellen und wirtschaftlichen Krise auf die Zuliefererindustrie"* seit Beginn des Monats Februar 2009 bis heute analysiert. Diese Analyse verdeutlicht anschaulich die Dramatik des wirtschaftlichen Niedergangs der Realwirtschaft angesichts der sich innerhalb weniger Monate ereignenden wirtschaftlichen Rückschläge. Die ausgewerteten Meldungen beziehen sich zunächst überwiegend auf die maßgebliche Schlüsselindustrie in Deutschland, die KFZ Industrie und deren Zulieferer, in denen über eine Vielzahl von Insolvenzverfahren, Entlassungen, Kurzarbeit, Werksschließungen, Umsatzrückgängen oder Krise und Überproduktion berichtet wird. Die Rezession dieser Schlüsselindustrie nebst ihrer Zulieferer löste einen „Dominoeffekt" aus und wirkte sich auf die übrigen Schlüsselindustrien in Deutschland und ihre Zulieferer aus. Hierzu gehören insbesondere der Maschinen- und Anlagenbau, die Elektroindustrie, die Stahlindustrie sowie die chemische Industrie.

3.1 Auswirkungen der Krise auf die Umsatz- und Ertragslage von Bayer HealthCare

Bei der Erfassung und Analyse der geschilderten Auswirkungen der Finanz- und Wirtschaftskrise auf die Schlüsselindustrien in Deutschland einschließlich der medialen Berichterstattung fällt auf, dass die *Pharmaindustrie* kaum oder gar nicht als von der Finanz- und Wirtschaftskrise betroffene Schlüsselindustrie Erwähnung findet. Eine Prüfung des Jahresabschlusses der Bayer HealthCare 2008 wie auch der Quartalsabschlüsse per 30. September 2008, 31. März und 30. Juni 2009 belegt, dass im Gegensatz zu den übrigen Schlüsselindustrien die Umsatz- und Ertragszahlen von Bayer HealthCare eher kontinuierlich steigende Ergebnisse verzeichnen. Der positiven Entwicklung wird auf der Bayer Business Services Homepage in einem Internetartikel zu dem Thema *„CropScience und Pharma weiter auf Wachstumskurs – Geschäftseinbruch bei MaterialScience hinterlässt deutliche Spuren“* ebenfalls mit folgendem Zitat Rechnung getragen: *„HealthCare profitiert von erfreulicher Entwicklung des Pharmageschäfts“* (Bayer Business Services 2009).

Demnach ist Bayer HealthCare von der die Gesamtwirtschaft beherrschenden Finanz- und Wirtschaftskrise nicht oder weniger betroffen. Diese Erkenntnis ist auf folgende Besonderheiten von Bayer HealthCare zurückzuführen:

- Pharmazeutische Produkte sind weniger krisenanfällig.
- Die erheblichen finanziellen und sachlichen Anstrengungen von Bayer HealthCare im Bereich Forschung Entwicklung finden hohe Beachtung und Akzeptanz.
- Auch die jüngst durch die Presse gegangene Entscheidung des Europäischen Gerichtshofes wird sich positiv auf die Umsatz- und Ertragslage der Pharmaindustrie auswirken, wonach das Apothekengeschäft in Europa in seiner bisherigen „inhabergeführten Struktur“ erhalten bleibt und nicht durch Apothekenketten und ein hiermit verbundenes Preis-Dumping unterwandert werden kann (Rutkowska 2009).

Bei Beurteilung der unternehmensrelevanten Daten von Bayer HealthCare aus den ersten beiden Quartalen 2009 ergeben sich gewisse Parallelen von Bayer HealthCare mit dem *Pharma- und Chemiekonzern Merck*. Während Bayer HealthCare als „Glanzlicht“ (Bayer baut auf 2009) der Bayer-Gruppe tragfähige Ergebnisse im ersten Halbjahr 2009 vermeldet, hat Bayer Material Science als Subgroup der Bayer-Gruppe erhebliche Umsatz- und Ertragsrückgänge zu vermelden, die angesichts der Kundenstruktur der Bayer Material Science (Automobil-, Elektro-, Möbel- und Bauindustrie) auf die internationale Finanz- und Wirtschaftskrise zurückzuführen sind. Der Geschäftsbericht 2008 der Bayer-Gruppe berichtet von Verschlechterungen der Umsatz- und Ertragsstruktur von Bayer Material Science, da sich die gesamte Automobilindustrie in der seit Jahrzehnten schwierigsten Phase befinde. Das Gleiche gilt für die Elektro-, Möbel- und Bauindustrie (Bayer Finanzbericht 2009, S. 4 ff.). Während der Bayer-Konzern also in seiner „Pharmasparte“ positiv wirtschaftet, erleidet die Chemiesparte (Bayer Material Science) Verluste.

Ähnliches vermeldet das „Handelsblatt“ in seiner Ausgabe vom 27. April 2009 mit Bezug auf die Merck-Gruppe, Darmstadt: Die Schwäche der Chemie-Sparte der Merck-Gruppe zum ersten Quartal 2009 habe mit einem „starken Pharmageschäft“ zumindest teilweise aufgefangen werden können. Das Geschäft mit verschreibungspflichtigen Medikamenten sei relativ konjunkturunabhängig; mit einem Zuwachs von 9,4 % zähle die Merck-Gruppe zu den wachstumsstarken Konzernen der internationalen Pharmariege, neben Bayer HealthCare, Roche und Novartis (Telgheder 2009).

Eine weitere Gefahr für eine positive Entwicklung des Umsatz- und Ertragsvolumens der Pharmaindustrie droht auch aus Bereichen, die sich nicht mit der Finanz- und Wirtschaftskrise in Verbindung bringen lassen. Die europäische Zulassungsbehörde EMEA hat den Antrag von Merck-Pharma auf Zulassung des mit enormem finanziellen Aufwand neu entwickelten Krebsmedikaments „ERBITUX“ mit der Begründung abgelehnt, dass das Medikament zwar wirksam, jedoch nur geringe Vorteile gegenüber den bereits bestehenden Standardtherapie aufweise. Diese Entscheidung ist eine Abkehr des bisherigen Zulassungssystems, wonach für die Zulassung des Medikaments dessen Wirksamkeit ausreichte; ein Vorteil des zur Zulassung beantragten Medikaments gegenüber der bestehenden Standardtherapien war nicht erforderlich (Böll 2009, S. 45 ff.).

3.2 Konsequenzen der Entstehung eines Käufermarkts

Wir wollen unser Augenmerk jedoch wieder auf die Gefahren richten, mit denen sich die Pharmaindustrie und im speziellen Bayer HealthCare zukünftig konfrontiert sehen könnten, die sich durch die Finanz- und Wirtschaftskrise begründen lassen. Hierzu bedurfte es einer Analyse bezüglich der Auswirkungen der Finanz- und Wirtschaftskrise auf die verschiedenen *Sourcing Areas* von Bayer HealthCare. Ziel der Analyse war es, mögliche Auswirkungen der globalen Krise durch Entstehung eines Käufermarkts zugunsten des Bayer HealthCare Beschaffungsbereichs zu identifizieren. Diese werden im Folgenden bereichsspezifisch erläutert, um daran anschließend mögliche Risiken abzuleiten.

Eine Analyse der Preisentwicklung für chemische Materialien vermerkt zur Jahreswende 2008/2009 einen rapiden Verfall der Basispreise für Lösungsmittel (Ethylene & Propylene). Der Einbruch der Nachfrage führte auch zu einem unmittelbaren Rückgang der Preise für Rohstoffe (Öl, Acetone). Die Analyse der entsprechenden internen Präsentation unterstützt ebenfalls die These des Entstehens eines Käufermarktes und damit die Chance aus der Sicht von Bayer HealthCare, Rohstoffe und sonstige Güter zu reduzierten Preisen beschaffen zu können.

Ende des Jahres 2008 wurden 20 strategische Rohstofflieferanten durch Bayer HealthCare schriftlich zu Preisreduzierungen aufgefordert. Weitere Kosten können eingespart werden aufgrund derzeitiger Preisnachverhandlungen von Gasnettoverträgen (Supplier Insolvency Risk 2009, S. 7). Andererseits ergeben sich durch die weltweite Drosselung von Produktionskapazitäten Engpässe hierbei anfallender Rohstoffe wie Acetonitrile, Chlorine und hierzu gehörender Derivate, was die Gefahr des Entstehens eines Verkäufermarkts in sich birgt. Deswegen sollte die Beschaffung insbesondere in Zeiten der jetzigen Finanz- und Wirtschaftskrise u. a. folgenden Grundsatz befolgen: *„Security first – Savings welcome.“*

Dieser Grundsatz „Security first – Savings Welcome“ verlangt, mit Augenmaß zu handeln, um langfristig einen finanziellen oder wirtschaftlichen Zusammenbruch strategisch wichtiger

Lieferanten zu vermeiden. Lieferanten sollten als Partner angesehen werden: *„too much pressure may cause trouble"* (interne Präsentation 2009, S. 8 and 9), was wiederum die Notwendigkeit des Supplier Relationship Managements in den Vordergrund stellt (siehe hierzu auch den Beitrag von ZF in diesem Sammelband). Des Weiteren verhindert der zuvor zitierte Grundsatz das Ausweichen des in Not geratenen Lieferanten auf Konkurrenten des einkaufenden Unternehmens.

Auch in weiteren Branchen (Automobil- und Klebstoffindustrie) ermöglicht die Finanz- und Wirtschaftskrise ein „Aussortieren" von Lieferanten und eine Reduktion der Lieferantenanzahl. Allerdings ist die wechselseitige „Treue" zwischen Auftraggeber und Lieferant ein wichtiges Gut, welches – gerade in schwierigen wirtschaftlichen Zeiten – gepflegt werden muss, auch um die Kontinuität des Auftraggeber-Lieferanten-Verhältnisses, welches für jedes Produktionsunternehmen von höchster Bedeutung ist, aufrechtzuerhalten. Die Einkaufsmacht im Interesse der Kontinuität des Verhältnisses Auftraggeber und Lieferant sollte demnach in ausgewogenen Grenzen gehalten werden.

Im Bereich „Marketing Einkauf" von Bayer HealthCare wird den Einkäufern ermöglicht, in vielen Ländern Zahlungsziele zu optimieren und auch Einsparungen zu generieren. In Zeiten der wirtschaftlichen Krise weiß der Zulieferer, dass Bayer HealthCare ein guter und verlässlicher Kunde ist, dem man einen besseren Preis und bessere Konditionen anbieten kann, wissend, dass angesichts der Bonität von Bayer HealthCare die Gegenleistung gesichert ist.

Im Bereich „Rohstoffe" von Bayer HealthCare wird grundsätzlich ein durch die internationale Krise entstandener Käufermarkt bestätigt. Allerdings richten sich gerade in diesem Bereich die Preisentwicklungen und sonstigen Konditionen nach anderen Gesetzen, die nicht zwingend mit der Finanz- und Wirtschaftskrise im Zusammenhang stehen. Rohstoffe und deren Preisentwicklung werden singulär bewertet, abhängig von zahlreichen Kriterien, nicht allein davon, ob sich die Wirtschaft in einer Rezession befindet oder nicht.

Im Bereich „Technik" von Bayer HealthCare ergeben sich Vorteile im Sinne eines Käufermarktes (niedrige Preise, günstige Lieferzeiten, Vertragskonzepte werden eher angenommen [„Winning in tough times"]), jedoch müssen auch hier Risiken durch das Verlieren von Sourcing-Partnern berücksichtigt werden. Dies gilt insbesondere für Maschinenlieferanten, auf deren Anlagen Bayer HealthCare hauptsächlich Pharmaprodukte herstellt und verpackt.

Im Bereich „Secondary Packaging" von Bayer HealthCare kann ein entstandener Käufermarkt bejaht werden, da durch die Krise die Preise für Öl und Energie gefallen sind. Dies impliziert einen Preisrückgang für Beschaffungsobjekte wie Karton und Papier, die für die Verpackung pharmazeutischer Produkte benötigt werden.

Im Bereich „Site Procurement, Technik" von Bayer HealthCare kann die Entstehung eines Käufermarkts bestätigt werden, insbesondere im Bereich der Belieferung von Sonderanfertigungen „Stahl", welche aufgrund von nicht ausgeschöpften Kapazitäten bei Lieferanten günstiger verkauft werden. Stahl-Lieferanten leiden unter Auslastungsproblemen, da wichtige Kunden aufgrund der finanziellen und wirtschaftlichen Krise vornehmlich aus der Automobilindustrie wegbrechen, was ein bevorzugtes Bedienen und Preiskonditionen zugunsten der

Beschaffung von Bayer HealthCare zur Folge hat. Insbesondere vor dem Hintergrund der geschilderten Krise der Autormobil- und Maschinenbauindustrie ist für den Bereich „Site Procurement, Technik“ von Bayer HealthCare ein Vorteil in preislicher Hinsicht wie auch in der Lieferzuverlässigkeit des Stahllieferanten entstanden.

Wie den dargestellten Ausführungen entnommen werden kann, ist die globale Finanz- und Wirtschaftskrise der Auslöser für die Entstehung eines Käufermarktes im Beschaffungsmarkt. Die Krise birgt Vorteile, indem Einkäufer Vergünstigungen wie z. B. verlängerte Zahlungsziele aufgrund zurückgehender Nachfrage in Schlüsselindustrien wie der Automobil- und Maschinenbauindustrie genießen. Lieferanten reduzieren ihre Preise, um dem Nachfragerückgang und Auslastungsproblemen gerecht zu werden.

Diese Entwicklung hin zum Käufermarkt birgt allerdings nur im ersten Schritt deutliche Vorteile. Nicht zu unterschätzen sind die „Langzeitwirkungen“ auf die Beschaffungsmarktstruktur und die damit einhergehenden Risiken. Eine kurzfristige Sichtweise, die nur die positive Entwicklung der Preissenkungen verbucht, verkennt die Risiken für den wirtschaftlichen Fortbestand der Zulieferer. Demnach gilt es zu beachten, dass ein Angebotsüberschuss nicht nur Vorteile wie Preisminderungen birgt, sondern auch ein Preis-Dumping und preislichen Wettbewerb unter den verbliebenen Lieferanten zur Folge haben kann. Auch nach Schubert (2004, S. 135) impliziert der Lieferantenwettbewerb Verhandlungspositionen zugunsten der Einkäufer. Allerdings ist eine hohe Lieferantenrivalität nicht nur positiv für Beschaffungsmärkte, da dies auch Insolvenzen strategischer Lieferanten zur Folge haben kann. Eine steigende Anzahl von Lieferanteninsolvenzen impliziert langfristig gesehen die Entstehung eines Verkäufermarktes (Schubert 2004, S. 135). Um dies zu vermeiden, ist demnach ein umsichtiges Agieren im Markt gefragt.

Um diesen Gefahren aus der Entwicklung eines Käufermarktes entgegenzutreten, wird im Folgenden das so genannte *Supplier Insolvency Risk* dargestellt. Auch wenn bislang beobachtet werden konnte, dass Bayer HealthCare durch die internationale Finanz- und Wirtschaftskrise kaum negative Auswirkungen auf seine Umsatz- und Ertragsstruktur hat hinnehmen müssen, so hat die globale Krise doch wie ein *„Alarmsignal“* gewirkt und Bayer HealthCare veranlasst, die wirtschaftliche und finanzielle Struktur seiner Zulieferer zu überwachen und weitere Maßnahmen des „Risiko Managements“ zu ergreifen, um wirtschaftliche Schäden weitestgehend von Bayer HealthCare fernzuhalten. Dies ist Gegenstand der nachfolgenden Ausführungen.

4. Risikomanagement in wirtschaftlich turbulenten Zeiten

Die zuvor beschriebene Entwicklung der Beschaffungsmarktstruktur war für Bayer HealthCare Anlass, eine „Task Force" einzusetzen, die eine umfassende Prüfung bestehender Lieferantenrisiken im Beschaffungsbereich angesichts der Finanz- und Wirtschaftskrise durchführen sollte (Supplier Insolvency Risk 2009).

In *Wave 1* des von Bayer HealthCare entwickelten *„Supplier Insolvency Risk"*-Prozesses konnte den Einkäufern ein Überblick über die aktuelle Wirtschafts- und Finanzlage ihrer strategisch relevanten Lieferanten vermittelt werden. Dieser erste Bericht dient als „Präventivmaßnahme" für potenzielle Lieferanteninsolvenzen, um Beeinträchtigungen eigener Einkaufsaktivitäten zu vermeiden.

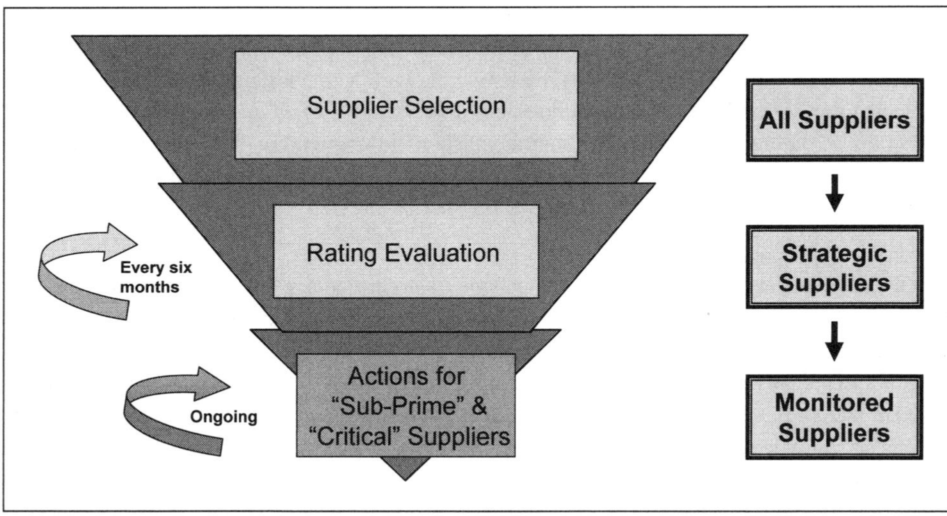

Quelle: Supplier Insolvency Risk 2003, S. 3
Abbildung 2: *Supplier-Insolvency-Risk-Prozess – Wave 1*

Dieser Prozess lässt sich in drei Schritten definieren. In einem ersten Schritt, *Supplier Selection*, gilt es, von insgesamt 25.000 Bayer HealthCare Lieferanten zwischen strategischen und nicht strategischen Lieferanten zu differenzieren. Der Fokus der Selektion liegt hierbei auf solchen Lieferanten, die im Falle einer auftretenden Insolvenz die Einkaufsaktivitäten von Bayer HealthCare erheblich negativ beeinträchtigen und somit zu einer Nichterreichung der für Bayer HealthCare vorgegebenen EBIT-Ziele führen würden. Derart ermittelte strategische Lieferanten werden im zweiten Prozessschritt einer *Rating Evaluation* unterzogen. Die

Finanzlage bereits identifizierter strategischer Lieferanten wurde mit Hilfe der folgenden Rating-Agenturen beurteilt: Kreditreform, Dun & Brad (D&B), Moody's und Standard & Poor's (S&P).

Die Bewertung strategischer Lieferanten erlaubt im dritten Prozessschritt die Einstufung der strategischen Lieferanten in *Prime*, *Sub-Prime* und *Critical.* Der wirtschaftlich kritische Zustand bzw. ein potenzielles Lieferantenrisiko konnte hierdurch identifiziert werden.

Für als *„critical"* klassifizierte Lieferanten wird ein sog. *Contingency Plan* durch ein zusammengestelltes Team realisiert, an dem Verantwortliche aus Einkauf, Produktion und weiteren Fachbereichen partizipieren. Dieser Aktionsplan verdeutlicht im Falle einer eintretenden Lieferanteninsolvenz gefährdete Produkte oder Produktelemente sowie Produktionsstandorte. Der Aktionsplan dient der präventiven Handhabung potenzieller Lieferantenrisiken und dem Schutze der Bayer HealthCare Beschaffungsaktivitäten. Angesichts dessen besteht die Möglichkeit, frühzeitig und damit rechtzeitig auf alternative Lieferanten auszuweichen. Es können aber auch Bestände aufgebaut werden, bis ein Beschaffungsobjekt oder potenziell insolvente Lieferanten qualifiziert und unter Vertrag genommen werden können.

In *Wave 2* werden Lieferanten mit lokaler Relevanz in Betracht gezogen. Entsprechend der grundsätzlich dezentralen Organisation der Beschaffung von Bayer HealthCare wird die Prüfung der Lieferanten mit lokaler Relevanz dezentral erfolgen.

Neben dem Supplier-Insolvency-Risk Prozess finden ferner Lieferantenmanagementaktivitäten im Tagesgeschäft von Bayer HealthCare statt. Folgende praktische Regeln des Risikomanagements werden insbesondere in wirtschaftlich turbulenten Zeiten bei Bayer HealthCare eingesetzt.

In Zeiten der Finanz- und Wirtschaftskrise sind beide Seiten vorsichtiger geworden. Der Einkäufer hinterfragt den Lieferanten stärker, mit wem er was zu tun hat und wie der finanzielle Background des Lieferanten aussieht, wie hoch das Risiko dieser Beziehung ist und wie hoch die Wahrscheinlichkeit ist, dass der Lieferant ausfällt. Demnach sind vor Beginn der Geschäftsverbindung mit einem (neuen) Lieferanten Auskünfte (auch über Kreditreform) einzuholen, um sicherzustellen, dass sämtliche Veränderungen des Lieferanten-Unternehmens automatisch gemeldet werden. Es sind regelmäßig in einem Turnus von drei bzw. sechs Monaten unmittelbare Gespräche mit dem Lieferanten zu führen, um sich über die wirtschaftliche und fachliche Situation des Lieferanten kundig zu machen. Störungen und Auffälligkeiten im Lieferverhältnis werden sofort aufgegriffen und zum Gegenstand „klarer und offener" Gespräche" mit dem Lieferanten gemacht. Für eine Sourcing Area sollten mehrere Lieferanten herangezogen werden, um die Abhängigkeit von einem Lieferanten zu verhindern (Abwehr des „Single Sourcing"). Des Weiteren ist darauf zu achten, dass ein Lieferant (von mehreren Lieferanten desselben Produktes) nicht mehr als 50 % Geschäftsanteil des Gesamt-Bestellvolumens dauerhaft erhält. Sobald sich Lieferstörungen eines „Key Suppliers" oder im Bereich eines bestehenden Single Sourcing abzeichnen, sollte der Vorrat an zu liefernden Produkten dieser Art über den unmittelbaren Bedarf hinaus aufgebaut werden, um gegebenenfalls – bis zum Auffinden eines oder mehrerer neuer Lieferanten – eine „Durststrecke" überwinden zu können.

4.1 Risikomanagement in der Beschaffung: organisatorische Implikationen

Wie das vorangehende Kapitel verdeutlicht, finden Lieferantenrisiken in der „praktischen Anwendung" des Risikomanagements bei Bayer HealthCare kontinuierliche Beachtung. Die nachfolgende wissenschaftlich/theoretische Darstellung zum Risikomanagement steht demnach vorwiegend im Einklang mit dem bei Bayer HealthCare gleichermaßen „täglich" gehandhabten Risikomanagement.

4.1.1 Risikomanagement in der Beschaffung

In der wissenschaftlichen Darstellung unterteilt sich der Risikomanagementprozess in fünf Schritte, die aufeinander aufbauen (Grotegut 2006, S. 21). Die Grundstruktur definiert sich wie folgt (Schubert 2004, S. 81):

- Risikoidentifikation
- Risikoanalyse und -bewertung
- Festlegung der Risikomanagementleitlinien
- Planung der Risikobewältigung
- Risikosteuerung

Risiken werden durch unternehmerische Entscheidungen bedingt (Wolf/Runzheimer 2001, S. 23). Demnach begleitet das Risikomanagement jede einzelne Prozessphase des wie in Abbildung 3 abgebildeten Beschaffungsmarketingprozesses, da ausnahmslos in jeder Phase wichtige Entscheidungen für Beschaffungsaktivitäten getroffen werden (Schubert 2004, S. 90).

Auf eine Beschreibung der einzelnen Stufen des Beschaffungsmarketingprozesses wird zugunsten einer kurzen Charakterisierung des Risikomanagementprozesses verzichtet.

Die *Risikoidentifikation* stellt eine wichtige Funktion dar; je frühzeitiger ein Risiko identifiziert wird, desto eher können präventive Handhabungen der Verantwortlichen ermöglicht werden (Schubert 2004, S. 107 f.). Die Risikoidentifikation erfolgt auf einer intuitiven und subjektiven Einschätzung des Beschaffungsmitarbeiters und verlangt des Weiteren die Anwendung geeigneter Methoden, um eine „hohe Effektivität dieses Prozessschrittes zu gewährleisten" (Thiemt 2003, S. 33). Die SWOT-Analyse dient u. a. als anerkannte Methode, um die Risikosituation eines Lieferanten zu beurteilen. Sie erlaubt die Prüfung seiner internen Schwächen und Stärken sowie externer Chancen und Risiken, die dem Einkäufer eine rechtzeitige Implementierung geeigneter präventiver Beschaffungsstrategien ermöglicht (Schubert 2004, S. 174 f., 219).

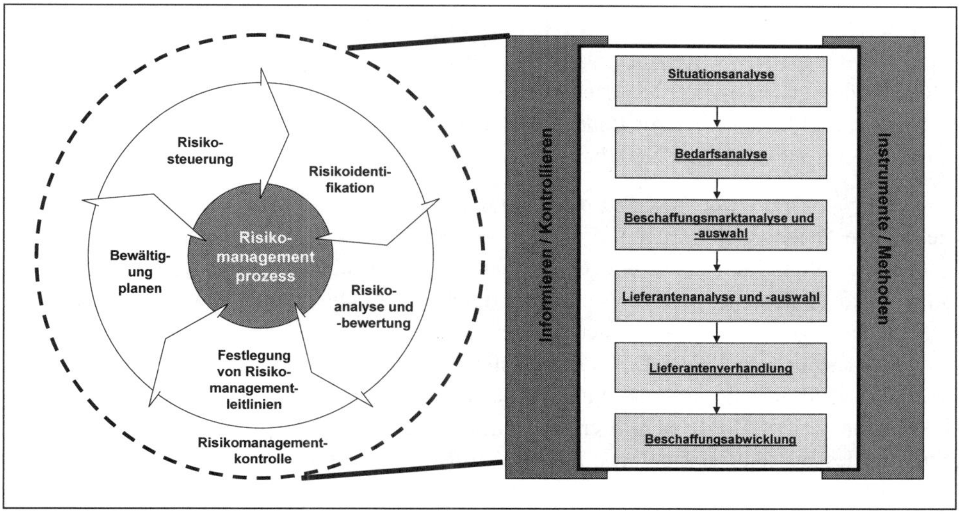

Quelle: Schubert 2004, S. 91
Abbildung 3: *Risikomanagement in der Beschaffung*

Die Beschaffungsrisiken sind im darauf folgenden Prozessschritt hinsichtlich ihrer Ausprägungen und Ursache (*Risikoanalyse*) zu untersuchen, um die Grundlage ihrer *Bewertung* zu generieren. Hierfür eignet sich die Erstellung einer Ursachen-Wirkungs-Struktur, um ihre direkten und indirekten Konsequenzen bzw. ihren Ursprung abschätzten zu können (Schubert 2004. S. 220). Dies ist für die anstehende Auswahl geeigneter Risikobewältigungsmethoden unabdingbar (Grotegut 2006, S. 65). Bezüglich der *Festlegung von Risikomanagementleitlinien* werden Richtlinien der Risikobewältigung festgelegt, indem unter anderem Wesentlichkeitsgrenzen und Verantwortlichkeiten angeordnet werden (Schubert 2004, S. 262). Die *Planung der Risikobewältigung* stellt die vorletzte Prozessphase des Risikomanagements dar und umfasst die Entwicklung folgender Bewältigungsmethoden (Grotegut 2006, S. 28 ff.):

- Risikoakzeptanz
- Risikoüberwälzung
- Risikovermeidung
- Risikoverminderung

Die beiden letztgenannten Maßnahmen offenbaren ein ursachenbezogenes Handeln, das versucht, „mit geringem Aufwand einen beträchtlichen Schaden zu verhindern" (Grotegut 2006, S. 29). Sie repräsentieren geeignete Risikobewältigungsstrategien, da hierbei die Ursachen eines Risikos weitestgehend analysiert werden und im Vorhinein ein mögliches Eintreten gehandhabt bzw. verhindert werden kann.

Die vorangehenden Prozessschritte bilden die Grundstruktur der Risikosteuerung.

4.1.2 Praktische Risiko-Handhabung bei Bayer HealthCare

Die im vorangehenden Kapitel ermittelten Grundsätze eines Risikomanagements in der betriebswirtschaftlichen Literatur finden im Bereich des Lieferantenrisikomanagements „Sourcing“ bei Bayer HealthCare betriebswirtschaftliche Anwendung.

Der *Supplier-Insolvency-Risk-Prozess* garantiert eine *Risikoidentifikation*, indem durch regelmäßige Dateneinforderungen von Rating-Agenturen eine Überprüfung der strategischen Lieferantenbonität und seiner wirtschaftlichen und finanziellen Situation gewährt ist. Unterstützt wird diese erste Risikoeinschätzung durch die Analyse von Marktgesprächen sowie relevanter Veröffentlichungen in den Medien. Ist diese Datenlage nicht ausreichend, werden weitere Gespräche mit dem Lieferanten geführt – meist vor Ort, damit sich der Einkäufer selbst ein Bild über die Produktionsstätte des Lieferanten machen kann – bzw. dessen Konkurrenz analysiert. Dieser Schritt erlaubt einen weiteren risikoreduzierenden Einblick in die Struktur des Beschaffungsmarktes. Eine Identifikation von Lieferanteninsolvenzrisiken wird weitestgehend ermöglicht und hiermit verbundene Risiken wie Produktionsausfall, Lieferrisiken, Einkaufbedarfsabweichungen etc. frühzeitig erkannt.

Ferner entspricht der *Supplier-Insolvency-Risk-Prozess* Anforderungen des zweiten Prozessschrittes, der *Risikoanalyse und -bewertung*. Die anhand der Rating-Agenturen identifizierten Lieferantenrisiken werden in der Erstellung des *Contingency Plans* berücksichtigt und bearbeitet. Damit findet eine pro-aktive Risikovermeidung und -verminderung statt. Das Risikoausmaß wird analysiert und bewertet und dient gleichzeitig als Grundlage für die *Festlegung von Risikoleitlinien* und die Zuordnung von Verantwortlichkeiten. Auch entspricht der Plan den Aufgaben der *Risikobewältigungsplanung und -steuerung*, da Maßnahmen und Methoden in der Erstellung des Plans determiniert werden mit dem Ziel, Bayer HealthCare Beschaffungsaktivitäten vor möglichen Insolvenzen strategischer Lieferanten zu bewahren und präventives Agieren zu gewährleisten.

5. Zusammenfassung

Die finanzielle und wirtschaftliche Krise der Jahre 2008 und 2009 hat sich zu einer globalen Wirtschaftskrise ausgeweitet und dauert bis heute an. Sie hat tief greifende negative Auswirkungen für den Beschaffungsmarkt. Dies gilt vornehmlich für die Zulieferer der Automobilindustrie, des Maschinen- und Anlagenbaus, der Elektro- und Chemischen Industrie wie auch für die Bauindustrie.

Ausweislich des Quartalsabschlusses Bayer HealthCare per 30. September 2008, des Jahresabschlusses per 31. Dezember 2008 und des Quartalsabschlusses per 31. März 2009 hat sich die globale wirtschaftliche Krise auf die Umsatz- und Ertragslage von Bayer HealthCare (bislang) nicht oder nur eingeschränkt negativ ausgewirkt. Dies ist auf den Unternehmensgegenstand „Pharma“ zurückzuführen, der sich als „weniger krisenanfällig“ darstellt. Darüber hinaus werden die erheblichen sachlichen und finanziellen Anstrengungen von Bayer HealthCare im Bereich Forschung & Entwicklung von dem Verbraucher und Endkunden honoriert. Die sich in Entwicklung befindlichen Pharmaprodukte gewährleisten den Fortbestand der Umsatz- und Ertragsstruktur von Bayer HealthCare.

Auch der Bereich Beschaffung von Bayer HealthCare hat sich jedenfalls bislang im Verlaufe der Jahre 2008 und 2009 als „krisenresistent“ erwiesen. Aus der Sicht von Bayer HealthCare ist eine Entstehung eines Käufermarkts hinsichtlich der zu beschaffenden Produkte und Dienstleistungen zu beobachten. Bayer HealthCare verfolgt in seinen globalen Beschaffungsgrundsätzen ein wichtiges Motto für den nachhaltigen Erfolg strategischen Beschaffungshandelns: „Balancing risk against costs“. Die Vorteile, die sich aus einem stetigen Rückgang der Beschaffungspreise ergeben, stellen nur eine Seite der Medaille dar. Diese Entwicklung kann auch Gefahren für die Beschaffungsmarktstruktur bergen. Langzeitwirkungen auf die Beschaffungsmarktstruktur und die damit einhergehenden Risiken sind nicht zu unterschätzen.

Damit wird die Entwicklung eines *„Supplier-Insovency-Risk“*-Prozesses notwendig, wie er zuvor ausführlich erläutert wurde, in Verbindung mit der Darstellung organisatorischer Rahmenbedingungen bei Bayer HealthCare zum Umgang mit Lieferantenrisiken. Die ermittelten Grundsätze und Regeln eines Risikomanagements in der betriebswirtschaftlichen Literatur finden im Bereich des Lieferantenrisikomanagements „Sourcing“ bei Bayer HealthCare betriebswirtschaftliche Anwendung.

Literatur

BAYER BUSINESS SERVICES (2009), Crop Science and Pharmaceuticals continue on a path of growth – slump in business at Material Science leaves distinct marks, entnommen am 29.04.2009 von http://www.bayerbbs.de/index.php?id=244&L=1&NID=19

BAYER FINANZBERICHT (2008), entnommen am 02.04.2009 von http://www.investor. bayer.de/de/berichte/quartalsberichte/

BAYER FINANZBERICHT (2009), Crop Science und Pharma weiter auf Wachstumskurs – Geschäftseinbruch bei Material Science hinterlässt deutliche Spuren, entnommen am 2/4/2009 von http://www.investor.bayer.de/de/berichte/quartalsberichte/

BAYER GESCHÄFTSBERICHT (2008), entnommen am 20.02.2009 von http://www.geschaeftsbericht 2008.bayer.de/de/Bayer-Geschaeftsbericht-2008.pdfx

BAYER NAMES/FIGURES/FACTS (2009), entnommen am 01.06.2009 von http://www. bayer.com/de/Names-Figures-Facts-2009-2010.pdfx

BAYER SUSTAINABILITY DEVELOPMENT REPORT (2006), Science for a better life, entnommen am 02.04.2009 vonhttp://www.sustainability2006.bayer.com/en/Sustainable-Development-Report-2006.pdfx

BLOSS, M. ET AL. (2009), Von der Subprime Krise zur Finanzkrise, München 2009

BÖLL, S. (2009), In Auflösung, in: Manager Magazin, September 2009

GLEBE, D. (2008), Die globale Finanzkrise, Norderstedt 2008

GROTEGUT, M. (2006), Risiken im Einkauf: Ihre Analyse, Bewertung und Behandlung unter besonderer Berücksichtigung ökonomischer und rechtlicher Aspekte, München 2006

O. V. (2009), Bayer baut auf krisenfeste Säulen, in: Wirtschaftswoche, 03.04.2009

O. V. (2009), Supplier Insolvency Risk (2009), Supplier Insolvency Risk @ BHC Procurement, unveröffentlichte Präsentation von Bayer HealthCare 2009

O. V. (2009), Solvents market update in consideration of the economic recession and the financial crisis, unveröffentlichte Präsentation von Bayer HealthCare, 2009

RUTKOWSKA, E. (2009), ECJ supports pharmacy restrictions, entnommen am 15.06.2009 von http://www.pharmapoland.com/ next.php?id=72137

SCHÄFER, U. (2009), Der Crash des Kapitalismus, Frankfurt a.M./New York 2009

SCHMERGAL, C. (2008), Bundeswirtschaftsministerium will europäische Rating-Agentur aufbauen, entnommen am 15.08.2009 von http://www.wiwo.de/politik/bundeswirtschaftsministerium-will-europaeische-rating-agentur-aufbauen-374978/

SCHUBERT, M. (2004), Risikomanagement im Beschaffungsmarketing, Köln 2004

THIEM T, F. (2003), Risikomanagement im Beschaffungsbereich, Göttingen 2003

WOLF, K., RUNZHEIMER, B. (2001), Risikomanagement und KonTraG., Wiesbaden 2001

Durchgängige Methodik zur Kostenbewertung – Die Grundlage zur Erzielung von optimalen Verhandlungsergebnissen beim Lieferanten

Joachim Schöffer

1. Einleitung

Während die Einkaufsmechanismen immer komplexer werden, ist es unabdingbar, die einzelnen Phasen des Einkaufsprozesses methodisch zu unterstützen. Dazu sind diverse Lösungen derzeit am Markt verfügbar. Die Werkzeuge unterstützen bei der Zuschlagskalkulation, sind unentbehrlich bei Benchmarkanalysen, helfen Kostenstrukturen darzustellen und sind in der Lage, jeweils die Ergebnisse in den geforderten Formaten zu reporten. Was am Markt bisher schmerzlich vermisst wurde, war eine durchgängige Methode, die auch mit Softwarelösungen den gesamten Beschaffungs- und Entwicklungsprozess begleitet. Idealerweise bietet eine solche durchgängige Methodik auch die Grundlage, Kommunikationswege abteilungsübergreifend zu simplifizieren und die nötige Akzeptanz dafür in den Abteilungen herzustellen.

Bei der Implementierung einer solchen Methodik ist es nicht damit getan, mit der Beschaffung eines Softwarepakets die internen Prozesse automatisch zu etablieren. Vielmehr ist es notwendig, die unerlässliche Akzeptanz des Managements für einen durchgängigen und transparenten Beschaffungsprozess einzufordern. Nur unter dieser Voraussetzung wird eine Implementierung eines die Fachabteilungen übergreifenden Kostenprozesses erfolgreich sein können.

Sicherlich kann der Einkauf auch schon mit einzelnen Maßnahmen wie Angebotsbenchmarking eine Kostenreduktion erzielen. Die größten Potenziale allerdings sind dann zu erschließen, wenn verschiedene Ansätze der Kostenbewertung zum Zuge kommen.

Nur unter Einsatz der parametrischen Kostenanalyse konnte in einem Entwicklungsprojekt aus dem Bereich der Telekommunikationsbranche für eine Softwareentwicklung eine zweistellige Millionensumme als Einsparung realisiert werden. Die tatsächliche Einsparung lag dabei im Bereich von ca. 35 % vom Angebotswert (4cost 2009).

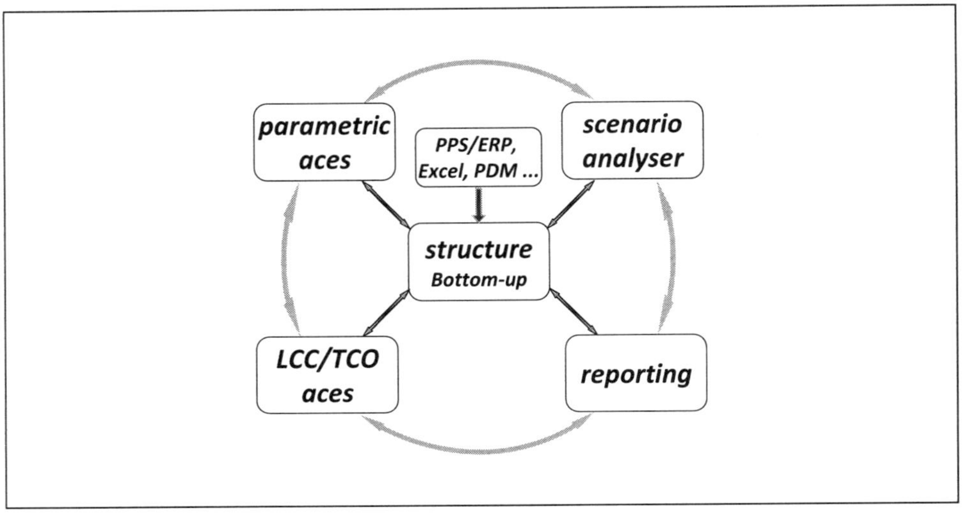

Abbildung. 1: *Regelkreis unterschiedlicher Kostenmethoden*

2. Darstellung unterschiedlicher Kostenmethoden

Für einen erfolgreichen Ansatz sind folgende Kostenmethoden wesentlich.

2.1 Bottom-up-Kalkulation

Die Bottom-up- oder Detailkalkulation als etablierte und gemeinhin am weitesten verbreitete Methode setzt auf der detaillierten Produktstruktur auf und definiert neben dem Materialeinsatz auch die Prozesskosten. In der Regel findet auf diesen Kostenschätzungen auch die Zuschlagskalkulation Anwendung. Bei der „Bottom-up"-Methode wird sehr häufig versucht, auf universelle allgemeingültige Datenbanken zurückzugreifen. Bereits an dieser Stelle sei auf mögliche „Scheingenauigkeiten" der Kostenschätzung hingewiesen („das kommt aus einer Datenbank, das wird schon stimmen" -> Systemgläubigkeit). Auf diese Problematik wird im Verlauf des Beitrags nochmals intensiver eingegangen.

Wichtig in diesem Zusammenhang ist es, dass Daten zentral verwaltet werden und dezentral von unterschiedlichen Stellen/Disziplinen zugegriffen werden kann. Eine zentrale Pflege dieser Daten ist wichtig und unabdingbar. In einigen Fällen sollte auf jeden Fall auf den Datenfundus des ERP-Systems zurückgegriffen werden können. Daten aus den Systemen werden zu führenden Daten für die Kostenschätzung (z. B. Materialkosten, Normteile und Normprozesse etc.)

2.2 Vergleichskalkulation

Die Vergleichskalkulation leitet von bekannten Projekten oder Angeboten unter Verwendung von Skalierungsmechanismen auf das zu bewertende Produkt ab. Diese sehr einfach zu realisierende Methode ist mit den größten Fehlern behaftet, da diese viele zu vergleichende Randparameter außer Acht lässt: Z. B. Stückzahlbezüge, Lieferantenszenarien, Auslastungsszenarien intern und/oder beim Zulieferer, Qualität der Aufgabe und der Teams, Inflations- und/oder Deflationseffekte sowohl im betriebswirtschaftlichen Sinne als auch bezugnehmend auf Produktion und Entwicklung

2.3 Kostenstruktur bei einem Lieferanten

Um eine valide Angebotsbewertung zu erreichen, ist die Analyse der Kostenstruktur eines Lieferanten notwendig. Zur analytischen Auswertung der Kostenstrukturen ist entweder ein sehr hoher Erfahrungswert des Einkäufers über den Lieferanten oder dessen Akzeptanz nötig, seine Kostenstrukturen offenzulegen (open-book) bzw. eine interne Revision zuzulassen. Wünschenswert wäre in dieser Disziplin die Möglichkeit, mit wenig Wissen über den Zulieferer (z. B. aus Geschäftsberichten, Bilanzen o.Ä.) valide Kostenstrukturen ableiten zu können, um damit dessen Gemeinkostensituation zu benchmarken. In diesem Zusammenhang sollte es dem Einkäufer auch möglich sein, die Lieferantensituation durch Szenarien über Auslastung, Verfügbarkeit etc. schnell zu bewerten, um mögliche Risiken und Chancen einschätzen zu können.

2.4 Parametrische Kostenschätzung

Die parametrische Kostenschätzung versetzt den Anwender in die Lage, aus technisch beschreibender Sicht und unter Zugrundelegung von ökonomischen Parametern die zu erwartenden Kosten eines Produktes oder Projektes abzuschätzen. Der parametrische Ansatz sollte in der Lage sein, sowohl die Produktion als auch die Entwicklung von mechanischen und elektronischen Bauteilen zusammen mit Softwarekomponenten abzuschätzen. Da sich komplexere Systeme i. d. R. aus diesen Komponenten zusammensetzen ist für die Bewertung von Integrations- und Testkosten eine komplette integrierte Strukturabbildung vonnöten.

2.5 Lebenszykluskosten (LCC)/Total Cost of Ownership (TCO)

Zur Vervollständigung einer kompletten Angebotsbewertung darf eine Nutzungskostenanalyse (LCC/Life Cycle Cost) nicht fehlen. Dazu müssen die Standzeiten der Einzelsysteme mit Wartungs- und Instandsetzungsszenarien gekoppelt werden, um ganzheitlich zu erwartende Nutzungskosten abzubilden. Diese Simulation sollte ebenfalls wieder in der Lage sein, die Bereiche Hardware, Software und Integrationsanteile zu berücksichtigen.

3. Unterstützungsmethoden in verschiedenen Angebotsphasen

Im Folgenden wird für die einzelnen Beschaffungsphasen eine jeweils hauptsächlich anzuwendende Methode beschrieben. Allerdings sei darauf hingewiesen, dass die Übergänge der einzelnen Phasen und damit der einzusetzenden Methoden fließend sind. Es kann und soll bewusst keine klare Abgrenzung zwischen den einzelnen Phasen gezogen werden.

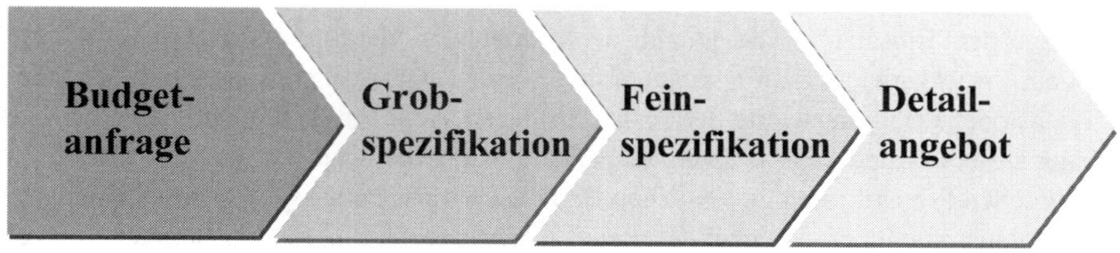

Abbildung 2: *Methodenunterstützte Phasen eines Beschaffungsprozesses*

3.1 Budgetanfrage

In dieser Frage gibt es in der Regel noch keine detaillierten Vorstellungen über das Endprodukt bzw. die zu erbringende Leistung. Vielmehr werden in dieser Phase die grundlegenden Eigenschaften der Anforderung definiert. Wie z. B. Funktionalität, Bauraum, Gewichtsbudget, Einsatzgebiete etc.

Aus diesen grundlegenden Informationen wird der Lieferant um die Abgabe eines Budgetangebotes gebeten. Diese erste Zahl setzt sich in der Regel in den Köpfen aller Projektbeteiligter fest und muss im fortschreitenden Entwicklungs- und Angebotsprozess immer wieder von allen Seiten überprüft werden.

Umso wichtiger ist es, bereits in dieser Konzeptphase ein validiertes Angebot zu etablieren und seitens des Einkaufs einen Benchmark als Grundlage für eine erste Bewertung des Budgetangebotes zu haben. Bereits in dieser Phase kann der Einkauf in Strategiegesprächen mit den Lieferanten richtungsweisende Änderungen oder Anforderungen fixieren bzw. neu definieren, um den Kostenrahmen einzuhalten.

Diese Phase der frühen Kostenbewertung bzw. des neutralen Benchmarks wird unter Einsatz von Vergleichen oder mittels der Parametrik umgesetzt. In dieser Phase können auf der Seite des Auftraggebers alle Beteiligten des Projektes (Projektleiter, Entwickler, Konstrukteure, Softwareingenieure, Integratoren, Elektriker, Einkäufer und Vertriebspersonal) an den Kostenworkshops teilnehmen. Die Erfahrung hat gezeigt, dass gemeinsame Workshops in dieser Phase von unschätzbarem Wert sind. Zum einen wird das Projekt von allen Beteiligten gemeinsam definiert, die Anforderungen und deren mögliche Umsetzung diskutiert. Für einen Workshop dieser Art können wenige Tage angesetzt werden. Häufig wird dabei auch auf externe Consultants gesetzt, die zielführend einen solchen „Findungsworkshop" begleiten und damit mögliche Empfindlichkeiten der einzelnen Disziplinen Einhalt gebieten können.

Bei der Ableitung von bekannten Projekten, die über Vergleiche mit möglichen Skalierungen kostenseitig bewertet werden, ist größte Vorsicht geboten. Häufig werden dabei Positionen miteinander verglichen, die nicht auf einer Ebene liegen, weil im Hintergrund gebliebene

Parameter nicht in den Vergleich mit einfließen. Solche Parameter können z. B. Stückzahlen oder Losgrößen, Einsatzbereiche, Qualitätsanforderungen oder prozessbeschreibende Größen sein. Kein Projekt gleicht dem anderen, damit werden häufig auch Schwierigkeitsgrade bei den Teams oder Erfahrungswerte der Teams für die spezielle Aufgabe nicht in Betracht gezogen. Aus diesem Grund kann die vergleichende Kostenschätzung nur als gröbste Herleitung von möglichen Projektkosten gelten. Allen Beteiligten muss bewusst sein, dass die Unschärfe der Kostenaussage für vergleichende, meist auf linearen Skalierungen beruhende Kostenprognosen am höchsten ist.

Sobald ein Projekt beschreibbar ist und dessen Anforderungen formuliert werden können, ist der Einsatz einer parametrischen Kostenschätzung auf jeden Fall vorzuziehen. Diese Methode, auch Top-down-Kostenschätzung genannt, ist eine seit Jahrzehnten etablierte wissenschaftliche Methode, um aus beschreibenden Projektparametern Kosten abzuleiten.

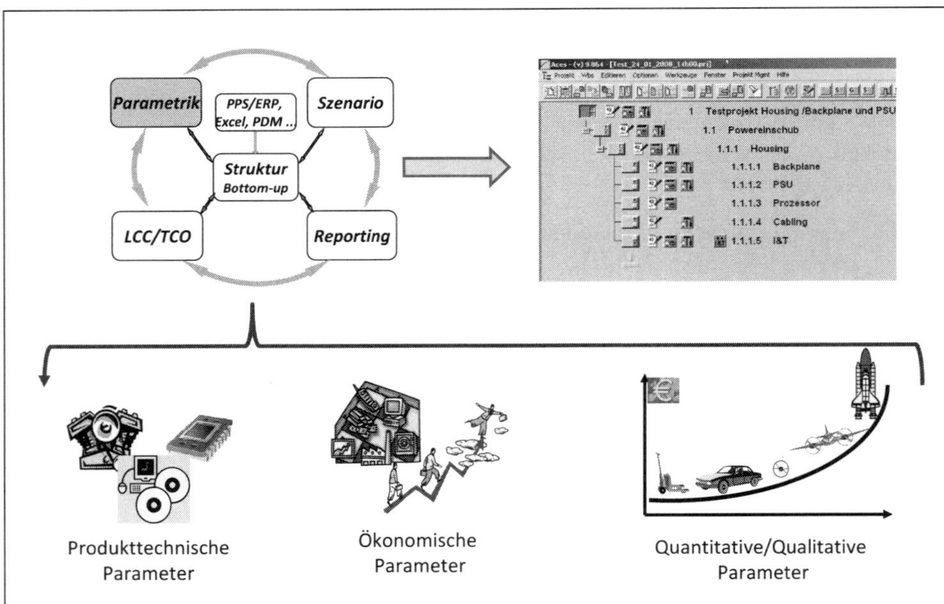

Abbildung 3: *Einflussparameter auf die Kostenschätzung (Parametrik)*

3.2 Grobspezifikation

Für die Grobspezifikation gilt bezüglich der Produkt- und Projektkosten im Wesentlichen das unter Kapitel 3.1 „Budgetanfrage“ Erläuterte. Während in dieser Phase das Projekt klarere Formen annimmt, fehlen doch sehr häufig die nötigen Detailinformationen, um bereits jetzt mit einer speziellen „Bottom-up"-Kalkulation die Kosten zu berechnen. Leider wird häufig der Fehler begangen, in dieser Phase zu versuchen, mit Hilfe von „neutralen" Datenbanken und internem Fachwissen eine detaillierte Zuschlagskalkulation abzubilden. Eine solche Detailkalkulation nimmt oft viele Tage und Wochen in Anspruch. Als Ergebnis wird häufig eine umfangreiche bis in die kleinsten Prozessschritte zerlegte Kalkulation offeriert. Diese umfangreiche Kalkulation erweckt ob ihres schieren Ausmaßes den Eindruck exakt zu sein. Wenn dann noch damit argumentiert wird, dass die Daten aus international recherchierten Datenbanken zusammengesetzt wurden, ist für den Einkäufer höchste Vorsicht geboten. Da auch diese Kalkulation auf vielen Annahmen basiert, die in der Phase der Grobspezifikation noch gar nicht beantwortet werden können, ist die Ungenauigkeit gleichwohl sehr hoch. Die vielen Daten, die detailliert abgebildet sind, suggerieren der menschlichen Grundhaltung, dass sie exakt und wenig fehlerbehaftet ist. Es wird eine Scheingenauigkeit akzeptiert, die so leider nicht existiert. Einige Beispiele sollen dies verdeutlichen:

- Die Kalkulation ist bis auf Prozessschritte detailliert. Auf der untersten Prozessebene sind Maschinen mit Stundensätzen aus Erfahrung oder Datenbanken hinterlegt. Akzeptiert man an dieser Stelle den Maschinenstundensatz, ohne zu hinterfragen, welche Annahmen zu dessen Berechnung zugrunde gelegt wurden, kann ein Fehler von leicht über 50 % auf den Stundensatz entstehen. Der aufmerksame Beschaffer hinterfragt den Stundensatz bezüglich des Abschreibungszustandes der Maschine, bezüglich der tatsächlichen Platz,- Energie- und Verbrauchskosten sowie der tatsächlichen Prozess- und Rüstzeiten. Diese Kosten schwanken nicht nur länderübergreifend, sondern z. T. innerhalb eines Landes/Ortes sehr stark (z. B. differieren die Flächenkosten in der Stadt Prag bis zu 35 % mit dem Umland Prag). Auf dieser Detailtiefe ist es für den professionellen Anbieter ein Leichtes, Argumente für höhere Kosten zu finden, welche nur schwer vom Beschaffer widerlegt werden können. Ein Hinweis auf die universelle Datenbank liefert kein verlässliches Argument, für den Lieferant von seiner Position abzurücken.

- Die Annahmen differieren oft von der tatsächlichen Praxis. Ein einfaches Beispiel soll dies verdeutlichen. Während in der Kalkulation immer mit einem Maschinenbediener kalkuliert wird, bedient diese Kostenstelle aber zwei oder mehr Maschinen gleichzeitig. Auch hier entstehen sehr schnell Differenzen im zweistelligen Prozent-Bereich.

- Oft werden nicht notwendige Prozessschritte als „Sicherheiten" eingerechnet. Diese ermöglichen dem Lieferanten nicht selten, Rabatte oder Eingeständnisse schon im Voraus einzuplanen und abzufedern.

Zusammenfassend lässt sich Folgendes festhalten: In dieser Phase sollte sich der Einkäufer nicht in den Niederungen der Detailkalkulation verlieren. Der Praktiker auf dessen Gegenseite wird immer Argumente finden, um eine technische Notwendigkeit mit den dargestellten Kosten zu begründen.

Der Einkäufer sollte in dieser Phase vielmehr sein Augenmerk auf die Kostenstrukturanalyse lenken und den Lieferanten auf dessen Kostenstrukturen hin analysieren. Hier können neue Methoden, die aus den parametrischen Ansätzen abgeleitet werden, helfen, die Lieferantensituation anhand weniger Randparameter zu validieren. Dazu gehören Eigenschaften, die aus

Bilanzen, Geschäftsberichten und/oder Lieferantenaudits abgeleitet werden können. Mit dieser Methode der parametrischen Strukturanalyse wird das Unternehmen bzw. der Standort schnell neutral validiert. Jetzt kann der strategisch agierende Einkäufer mit dem Lieferanten dessen Zuschläge, Gewinne und Risiken ausloten und verhandeln.

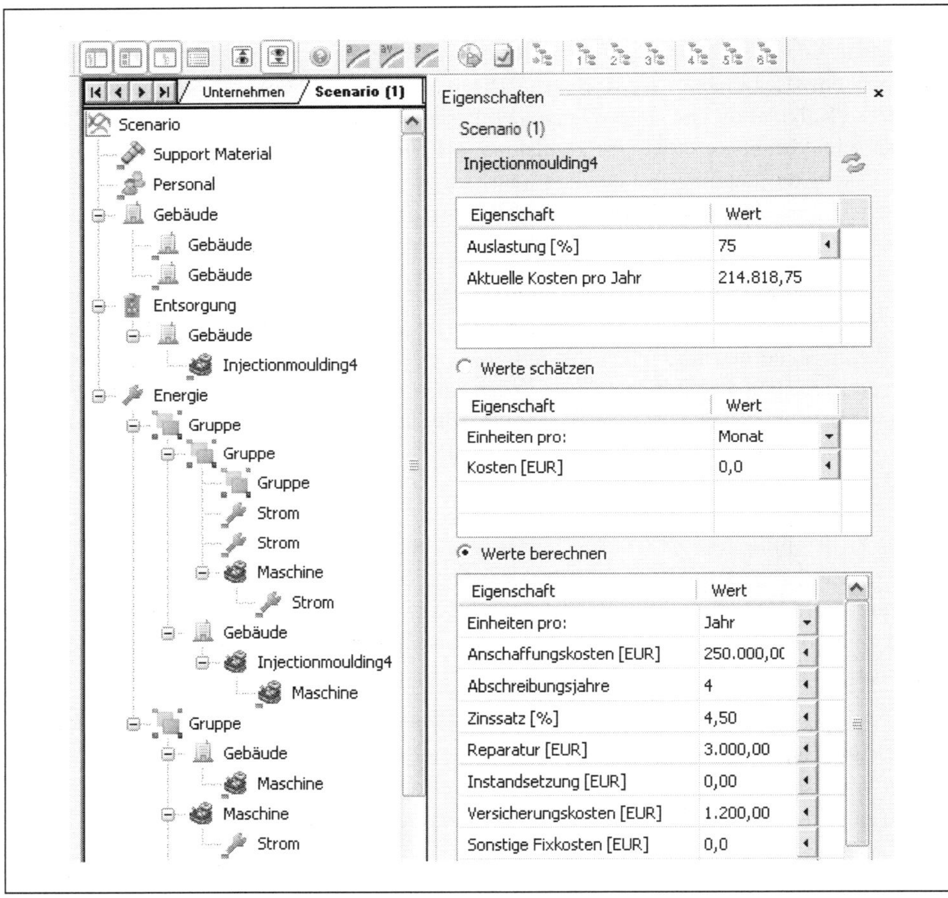

Abbildung 4: *Kostenstrukturanalyse – beliebige Detailtiefe möglich, aber nicht nötig*

Sollte der Lieferant einer „open-book“-Strukturanalyse zustimmen, kann das Lieferantenszenario bis auf die kleinsten Einheiten (z. B. Energie, Fuhrpark, Anlagenbestand, Gebäude, Personalstruktur, Material, Werkzeuge etc.) heruntergebrochen werden. Werden jetzt diese Bestandsaufnahmen auf z. B. Produkte oder Warengruppen verteilt (Auslastungsszenarien), kann dediziert das Angebot für ein Produkt oder eine Leistung bezüglich dessen Gemeinkosten- und Zuschlagsstrukturen analysiert und bewertet werden. Oft wirkt dies auch für den Lieferanten wie ein „eye-opener“; nicht selten erkennt er aus solchen Analysen seine tatsächlichen Gewinnbringer und die subventionierten Produkte und Leistungen.

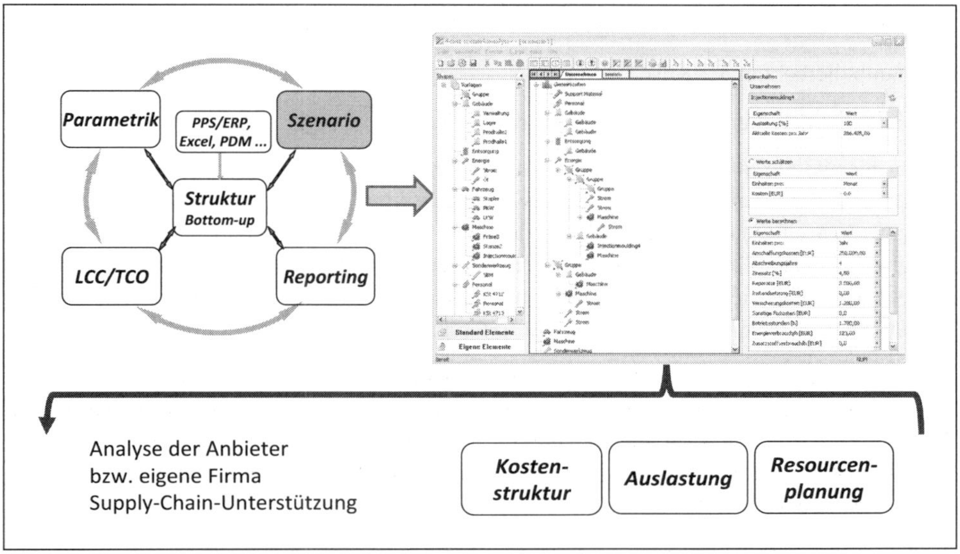

Abbildung 5: *Szenarioanalysen nach der Kostenstrukturaufnahme*

3.3 Feinspezifikation

Nun beginnt die Phase, in der sich die meisten Kalkulatoren, Beschaffer und Controller sehr wohlfühlen. In der Phase der Feinspezifikation wird vermehrt auf detaillierte Kalkulationen zurückgegriffen. Jetzt haben die Angebote und Produktbeschreibungen einen Reifegrad in der Detaillierung erreicht, so dass Methoden der „Bottom-up"-Kalkulation immer mehr ihre Rechtfertigung erhalten. Zu diesem Zeitpunkt können die tatsächlich zu erwartenden Produktions- und Umsetzungsszenarien mit immer höherer Sicherheit angenommen und prognostiziert werden. In dieser Phase haben sich aus den fein granuliert dargestellten Anforderungen praktikable Umsetzungsmöglichkeiten herleiten lassen. An eine Kalkulation wird jetzt die Anforderung gestellt, mögliche Umsetzungsszenarien alternativ abbilden zu können und miteinander vergleichbar zu machen. Jetzt ist von dem Einkäufer eine Vielzahl von unterschiedlichen Auswertungen gefordert. Diese Anforderungen kann eine universell einzusetzende Tabellenkalkulation erfüllen. Die gesamte Detailkalkulation über eine Tabellenkalkulation umzusetzen birgt eine Vielzahl von Nachteilen. An dieser Stelle sei nur auf einige wenige hingewiesen, wie z. B.:

- Fehlende Transparenz
- Hohe Fehleranfälligkeit
- Fehlende Dokumentation der Kalkulationshistorie

- Bezugsdaten, die nicht zentral gehalten und verwaltet werden
- Manipulierbarkeit der Kalkulation
- Kalkulationsfunktionalität schwer nachvollziehbar

In der hier vorgestellten Methodik wird durch eine etablierte, komplette Lösungssuite auch der Bereich der Detailkalkulation abgedeckt. Die „Bottom-up"-Funktionalität muss den Spagat zwischen einer höchst flexiblen, anpassbaren Lösung und einer für den Hersteller noch pflegbaren, nachvollziehbaren Standardlösung herstellen. Die Gefahr für Lösungshersteller besteht darin, die vielfältigen Anforderungen seinerInteressenten in den Quellcode zu überführen. Somit wird die Gesamtlösung sehr unflexibel und kaum noch zu pflegen.

Der Einkäufer sollte bei der Auswahl einer „Bottom-up"-Lösung darauf achten, dass seine spezifischen Anforderungen und Konfigurationen einfach und schnell abgebildet werden können. Eine Anpassung an sich verändernde Rahmenbedingungen (z. B. Fusionen und Firmenübernahmen führen häufig zu veränderten Kalkulationsgrundlagen und Methodiken) müssen schnell skalierbar sein.

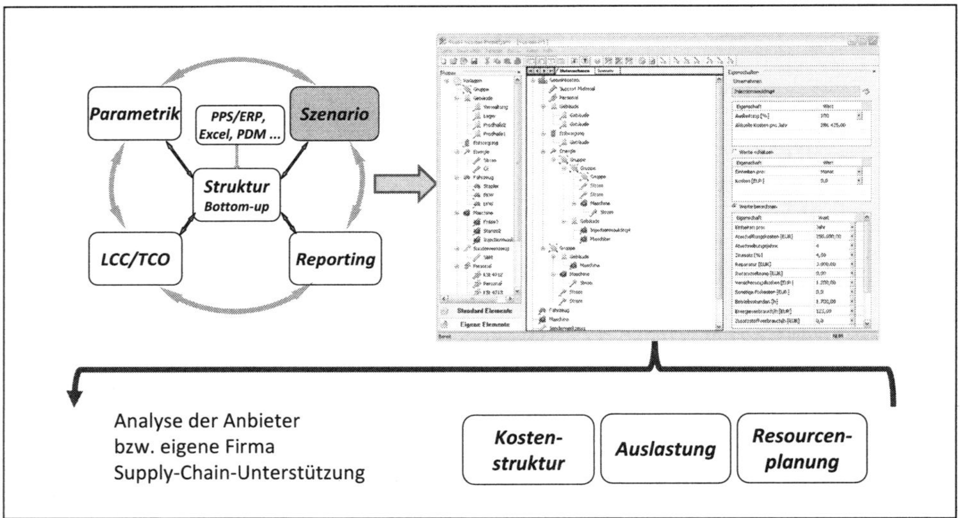

Abbildung 6: *Detailkalkulation (bottom-up) mit Produktstruktur (z. B. von Stücklisten geführt)*

3.4 Detailangebot

Wenn die Grundlagen der Kalkulation definiert sind, ist es wichtig, die Situationen der einzelnen Lieferanten auch in einer Kalkulationsstruktur abbilden zu können. Die unterschiedlichen Angebote müssen ab jetzt in einer vergleichenden Gegenüberstellung schnell gegen einander bewertet werden können. Der versierte Einkäufer hinterfragt die jeweilige Situation und sucht im Speziellen Antworten auf folgende Fragestellungen:

- Wo die besonderen Unterschiede in den einzelnen Angeboten liegen
- Welche alternativen Szenarien angeboten wurden
- Wie die einzelnen Eigenschaften miteinander auf gleicher Basis verglichen werden können

Daneben stellt der strategische Einkäufer immer seine über die frühen Methoden (Parametrik und Szenarien) ermittelten Werte als „neutralen Benchmark".

Moderne Lösungen bieten dabei Unterstützung, indem eine Zielkostenverfolgung (Target Costing) in der Lösung integriert ist. Idealerweise werden die Targets direkt aus einer parametrischen Kostenschätzung gespeist.

Nur auf diese Weise ist sichergestellt, dass Verhandlungen mit den Lieferanten auf technischen und betriebswirtschaftlichen Ebenen geführt werden. Damit wird vermieden, dass Verhandlungen den Charakter eines „Basars" erhalten. Eine Verhandlung ist dann im Wesentlichen von Emotionen geprägt und verliert nicht selten die sachliche Ebene.

Mit den Informationen aus einer belastbaren, prozessbegleitenden Kalkulationsmethodik kann der strategische Einkäufer seine Forderungen diskutieren und argumentieren. Die Verhandlung erreicht schnell ein Stadium der sachlichen und fachlichen Argumentationsketten. Die Auswirkungen von Änderungen in den Randparametern können bei der technisch dokumentierten Methodik ad hoc nachvollzogen und von beiden Seiten bewertet werden.

Sollten beide Seiten in dieser Phase bereits die Methodik einer „open-book"-Kalkulation unterstützen, kann über geeignete Mechanismen ein Abgleich der jeweiligen Einschätzungen z. B. von Parametern erfolgen. In dieser hohen Schule des strategischen Einkaufs werden dann in der Tat „nur noch" technische Parameter und deren differenzierte Einschätzung gemeinsam bewertet und „verhandelt".

Durch diese Methodik kommen häufig Lieferanten in die Situation, ihre „Preise" nicht glaubwürdig erklären zu können und Zugeständnisse in höheren Prozentbereichen zubilligen zu müssen, die nicht üblich sind.

Die nachfolgende Abbildung 7 zeigt eine Möglichkeit für eine solche Gegenüberstellung, wie z. B. anhand eines Strukturbaums (BOM – Bill of Material oder WBS – Work Break Down Structure).

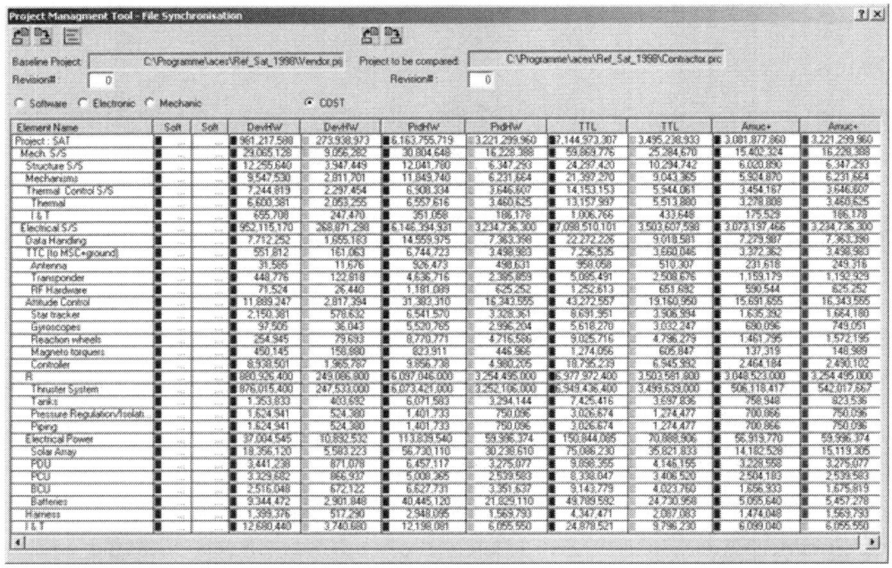

Abbildung 7: *Open-book – Gegenüberstellung von bewerteten Parametern für strukturiertes Projekt (schwarz = Lieferant schätzt geringer ein – hellgrau = Lieferant und Einkäufer haben gleiche Einschätzung – grau = Lieferant schätzt höher ein)*

Die Dokumentation der unterschiedlichen Angebots- und/oder Kalkulationsphasen ist ein wesentlicher Bestandteil, um für Verhandlungen optimal gerüstet zu sein.

Für die erfolgreiche Verhandlungsführung ist es unabdingbar, dass alle kostenrelevanten Daten dem Einkäufer zu Verfügung stehen. Aus diesem Grund ist es wichtig, dass alle projektbezogenen Informationen wie Lastenhefte, diverse Angebote, Skizzen, Zeichnungen, Schätzungen, Kalkulationen etc. in einem Projektarchiv abgelegt werden. Auf dieses Archiv muss der strategische Einkauf selbstverständlich vollen Zugriff haben. In bestimmten Situationen muss der Einkauf diese Daten auch mobil (z. B. auf einem Laptop) transportieren und bearbeiten können.

3.5 Änderungsschleifen – Engineering Change Request (CR oder ECR)

Für den Einkäufer ist diese Phase eines Projektes in der Regel eine sehr kritische Situation, denn der Lieferant versucht nicht selten, diese Chance zu nutzen, um größere Gewinne/Margen in dem Projekt zu erzielen. Oft sind die Änderungen vom Auftraggeber gefordert. Eine schnelle Bewertung der Auswirkung auf die Kosten aus Zeitmangel ist nur ungenügend bis kaum möglich. In diesen Phasen steht das Projekt meist unter einem zeitkritischen Vorzeichen, so dass Angebote aus den situativen Zwängen heraus einfach durchgewinkt werden. Idealerweise kann sich der Einkäufer auf eine schnelle Bewertung der kostenmäßigen Auswirkungen der Änderung in wenigen Stunden berufen. Mit der parametrischen Kostenanalyse wird der Einkäufer auch sofort in die Situation versetzt, die Auswirkungen dieser Änderungen auf die Personalstruktur und den Zeitplan darzustellen. Diese Vorgehensweise unterstützt auch den Projektmanager bei seinen Aufgaben. Damit kann diese Disziplin speziell bei Änderungsanfragen sofort Hand in Hand mit dem Einkauf auf die geänderte Situation reagieren und die direkte Auswirkung mit dem Lieferanten diskutieren. Ein hohes Einsparpotenzial ist damit sichergestellt.

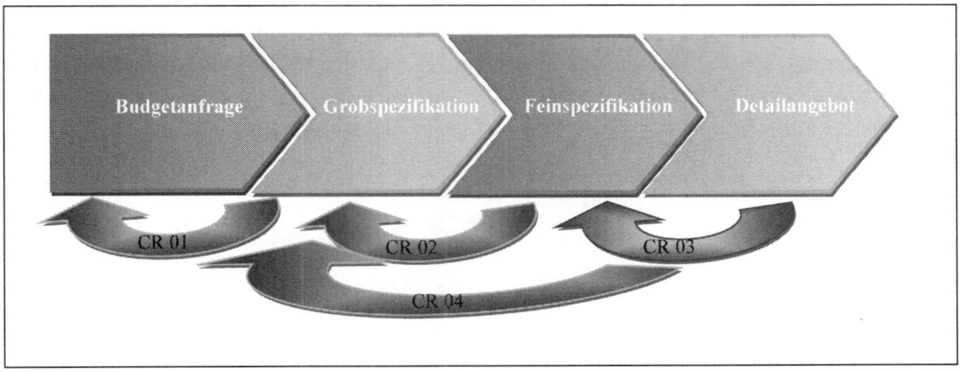

Abbildung 8: *Methodenunterstützte Phasen eines Beschaffungsprozesses mit Änderungsschleifen (ECN/CR)*

Ein Lieferant versuchte aufgrund einer Änderungsanfrage hohe Aufwände für die Änderungen zu fordern. Der Einkäufer hatte zwar das richtige „Bauchgefühl", konnte aber die überhöhte Forderung nicht beziffern. Nach einer eingehenden Analyse mit Hilfe einer parametrischen Kostenschätzung in Verbindung mit einer Kostenstrukturanalyse konnte ein neutraler Wert für die Änderung „gebenchmarkt" werden. Auf Basis dieser Analyse konnte der Einkäufer die geforderten Änderungskosten um ca. 40 % reduzieren. Da es sich um eine Großserienproduktion handelte, lag die Einsparung im Millionen Euro-Bereich.

4. Zusammenfassung

Die vorgestellte Methodik unterstützt den Einkauf und alle zuarbeitenden Abteilungen, wie Entwicklung, Konstruktion, Arbeitsplanung, Produktion, Softwareprogrammierung, Vertrieb, Wartung und Support, in den unterschiedlichen Entwicklungs- und Angebotsphasen verlässliche Kostenaussagen zu treffen bzw. entsprechende Vorgaben zu überprüfen. Diese Methodik hat sich in vielen Unternehmen unterschiedlichster Branchen bereits als Möglichkeit eines „neutralen Benchmarks" etabliert. Flexible Funktionalität und offene Architektur der einzelnen Bausteine ermöglichen es, die bisherigen Lösungsinseln zu ersetzen und auf die Möglichkeit eines durchgängigen Ansatzes zu setzen. Die verschiedenen Bereiche hinterfragen immer wieder die Genauigkeit einer Schätzung bzw. einer Kalkulation. Eine detaillierte Struktur und Nutzung von „neutralen" Datenbanken suggerieren nur eine Scheingenauigkeit und die Verantwortlichen sollten sich nicht durch das umfangreiche Datenmaterial täuschen lassen, zu glauben, die Kalkulation sei besonders „genau". In nachfolgender Abbildung 9 sind die Genauigkeitsbandbreiten der einzelnen methodischen Ansätze abgebildet:

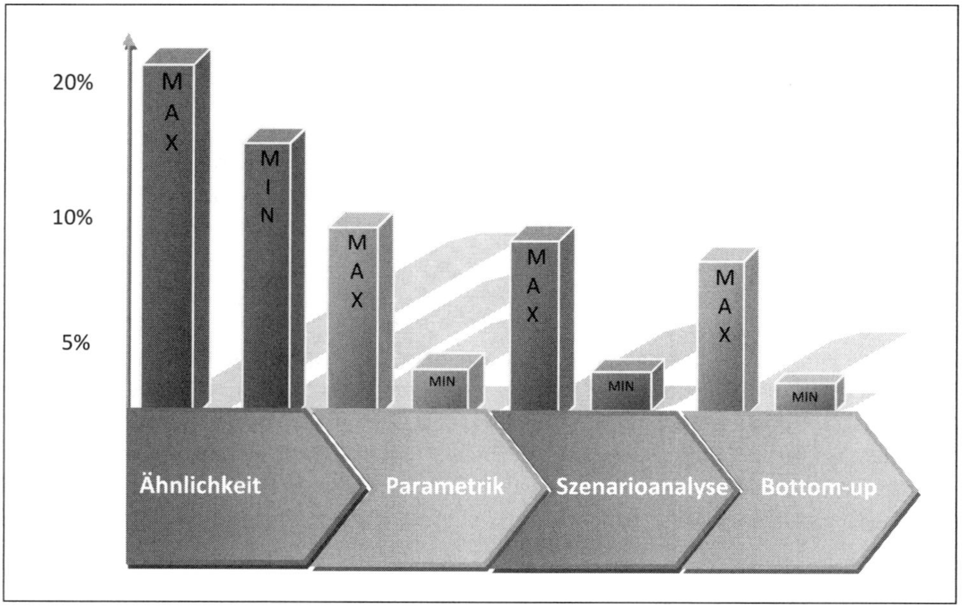

Abbildung 9: *Aussagegenauigkeit der unterschiedlichen Methodenphasen*

5. Ausblick

Bereits heute stehen dem Einkauf vielfältige Methoden zur Verfügung, um die verschiedenen Phasen der Beschaffung methodisch zu unterstützen. Oft sind diese methodischen Werkzeuge sehr spezialisiert und können nur wenige Technologiebereiche abbilden bzw. benötigen detailliertes Fachwissen des Anwenders.

Ziel für einen langfristig erfolgreichen Einkauf sollte es sein, die Methodeninseln zu vereinheitlichen und einen durchgängigen Standard zu etablieren. Nur auf diese Weise können alle Potenziale aufgedeckt und realisiert werden.

Ein besonderer Vorteil der vorgestellten Methodik liegt nicht nur in der Intention, die Angebotspreise zu reduzieren, sondern die vorgestellte durchgängige und die neutrale Benchmarkmethodik versetzt den erfolgreichen Einkäufer auch in die Lage, „Dumpingangebote" zu identifizieren und Unterdeckung zu beziffern. Auf diese Weise wird es gelingen, auch die Risiken von solchen „Billigangeboten" zu bewerten und mit einem Risikoaufschlag zu versehen.

Die hier vorgestellte Methodik hat schon in einer Vielzahl von Fällen geholfen, einen Lieferanten von dessen finanziellem Abenteuer abzuhalten. Der Einkauf auf der anderen Seite hat vor allem bei „single source suppliern" sein Unternehmen davor bewahrt, Lieferengpässe oder sogar Totalausfälle zu vermeiden. Damit wurden Unternehmen durch die weitsichtige Bewertung des Einkaufs vor Imageverlusten und drohenden Regressansprüchen bewahrt.

> Mit Hilfe der durchgängigen Kostenanalyse konnte ein Einkäufer rechtzeitig ein Dumpingangebot eines Single–Source–Lieferanten erkennen. Damit bewahrte er sein Unternehmen davor, größere Verzugszeiten im Projekt erleiden zu müssen, und vermied einen möglichen Regress im siebenstelligen Euro-Bereich. Die Mehrkosten, welche dem Lieferanten zugestanden wurden, lagen im sechsstelligen Euro-Bereich. Mit dieser Maßnahme wurde eine Insolvenz des Lieferanten abgewendet und sein Fortbestehen gesichert.

Wie aus diesem Beispiel zu erkennen, ist eine umfassende Gesamtsicht auf das Projekt und dessen Auswirkungen für die beteiligten Unternehmen hilfreich. Eine globale Sicht mit der Bewertung aller Auswirkungen und deren Kosteneinflüssen stellt die hohe Kunst des strategischen Einkaufs sicher.

Diese Funktion des Einkaufs wird bisher leider viel zu wenig von Vorständen und den Geschäftsleitungen gewürdigt. An dieser Stelle sei auf diese besonders wertvolle Möglichkeit des Einkaufs für ein mittel- und langfristig ausgerichtetes Unternehmen nochmals ausdrücklich hingewiesen.

Optimierung der Beschaffung durch vertikale Kooperation: Zur Relevanz des Bullwhip-Effekts aus der Perspektive des Einzelhandels

Marcus Schuckel

1. Problemstellung

Die Optimierung der Einkaufs- und Beschaffungsorganisation ist traditionell eine unternehmensindividuelle Aufgabe. Obwohl Forrester bereits 1961 darauf hinwies, dass mit einer Kooperation über die gesamte Lieferkette hohe Kostensenkungs- und somit Optimierungspotenziale verbunden sein können, wird ein kooperatives Supply Chain Management erst seit den 90er Jahren intensiv diskutiert. Einen großen Anteil daran hatte ein Beitrag von Lee, Padmanabhan und Whang (1997), in dem gezeigt wird, wie durch eine unternehmensindividuelle Bestellpolitik auf jeder einzelnen Stufe der Lieferkette vom Einzelhandel über Groß- und Zwischenhändler bis hin zu den Zulieferbetrieben der Hersteller die Bestellmengen zunehmenden Schwankungen unterliegen. Dies hat zum Teil deutliche Ineffizienzen wie z.B. zu hohe Lagerbestände oder den Aufbau von Überkapazitäten mit entsprechend hohen Kosten zur Folge. Diese Bullwhip- oder Peitschenschlageffekt genannte Wirkungskette ist in Theorie und Praxis nicht zuletzt deshalb zu einiger Popularität gelangt, weil mit dem so genannten Beergame eine vergleichsweise einfache Simulation einer Lieferkette entwickelt wurde, die die genannten Effekte einer isolierten Vorgehensweise der Wertschöpfungsstufen innerhalb der Supply Chain zumeist eindrucksvoll demonstriert und darüber hinaus eine differenzierte und kontrollierte Analyse der Ursachen und Wirkungen des Bullwhip-Effekts erlaubt (Kumar/Chandra/Seppanen 2007, Niehaus/Ziegenbein/Duijts 2003, Haeling von Lanzenauer/Pilz-Glombik 2000). Unterstützt werden die Ausführungen der wissenschaftlichen Beiträge durch prominente Erfolgsgeschichten aus der Unternehmenspraxis, wie die viel zitierten Beispiele von Procter & Gamble mit „Pampers" und „Hewlett-Packard" mit dem „LaserJet III" (Lee/Padmanabhan/Whang 1997, Alicke 2005, Werner 2008, S. 7).

Als Erfolg versprechendste Strategie gegen den Bullwhip-Effekt wird vor allem die Kooperation aller Wirtschaftsstufen in der Lieferkette insbesondere in Form eines intensiven Informationsaustausches angesehen (Simchi-Levi/Kaminsky/Simchi-Levi 2000). Die Forschungsergebnisse werden in der Praxis jedoch nur zögerlich aufgenommen und umgesetzt. Kooperationsprojekte im Rahmen des Supply Chain Managements zwischen Industrie und Handel findet man in Deutschland zwar einige, doch zumeist sind sie auf einen engen Anwendungsbereich beschränkt und haben in der Regel noch Pilotcharakter (Thonemann/Behrenbeck/ Küpper 2005, Scheckenbach/Zeier 2003).

Als Ursache für diese Zurückhaltung kann angesichts der teilweise langsamen Diffusionsprozesse bei Prozessinnovationen (Schmidt 2009) natürlich die kurze Zeitspanne angeführt werden, die seit der (Wieder-)Entdeckung des Bullwhip-Effektes in den 90er Jahren vergangen ist. Als Beleg hierfür könnten die Ergebnisse einer Unternehmensbefragung angeführt werden, wonach vielen Managern die Bedeutung der nachfragebezogenen Informationen für in der Wertschöpfungskette vorgelagerte Unternehmen nicht bewusst ist (Nienhaus et al. 2003). Möglicherweise sind die Erkenntnisse der Forschung zum Bullwhip-Effekt noch nicht hinreichend in die Praxis vorgedrungen.

Andererseits hat es gerade im Supply Chain Management in den zurückliegenden Jahren eine rasante Entwicklung mit der Realisierung zahlreicher Kostensenkungs- und Effizienzsteigerungspotenziale gegeben (Lenz 2008, Lawrenz/Hildebrand/Nenninger/Hillek 2001). Welche anderen Ursachen für die zum Teil zögerliche Realisierung eines kooperativen Ansatzes im Supply Chain Management kann es also geben?

Da die negativen Auswirkungen des Bullwhip-Effektes vom Einzelhandel bis zu den Zulieferern der Hersteller immer stärker zunehmen, auf der Einzelhandelsstufe daher am geringsten sind, scheint es plausibel anzunehmen, dass insbesondere der Einzelhandel den kooperativen Ansätzen skeptisch gegenübersteht oder zumindest keinen so großen Handlungsdruck empfindet. Diese Überlegung kann zudem durch eine zusätzliche psychologische Hemmschwelle auf der Einzelhandelsstufe gestützt werden, denn dem Einzelhandel kommt die zentrale Aufgabe im Rahmen der kooperativen Lösungen zum Bullwhip-Effekt zu, indem er seine POS-Daten an die nachgelagerten Wirtschaftsstufen weitergibt. Der Handel hat von der Grundkonstellation der Kooperation her gesehen den größten Input zu leisten, während die nachgelagerten Stufen die größten Kostensenkungseffekte zu erwarten haben.

Hinzu kommt, dass zum Teil ein nicht unerheblicher technischer Aufwand (Corsten/Gabriel 2004, S. 289 ff.) betrieben werden muss, um die Daten des Einzelhandels anderen Wirtschaftsstufen ohne große zeitliche Verzögerungen nutzbar zu machen, bei unter Umständen gleichzeitig vorhandener Skepsis oder Unsicherheiten über die zu erwartenden Erfolgswirkungen auf Einzelhandelsebene.

Schließlich kommen auch Machtüberlegungen ins Spiel, da vielfach Konflikte die Beziehungen zwischen Industrie und Handel bestimmen (Grünblatt 2008). Die Weitergabe von unternehmensinternen Daten nimmt dem Handel zumindest einen Teil seines Informationsvorsprungs gegenüber der Industrie. Außerdem kann das Konfliktpotenzial zwischen Industrie und Handel durch die Verteilungsproblematik in der Kooperation verschärft werden, wenn es um die Aufteilung der zu tätigenden Investitionen und der in der Lieferkette insgesamt zu realisierenden Kostenvorteile (= Kooperationsgewinne) geht.

Vor diesem Hintergrund soll im vorliegenden Beitrag untersucht werden, welche Relevanz der Bullwhip-Effekt für den Einzelhandel hat. Konkret geht es darum zu überprüfen, welche Rahmenbedingungen im Einzelhandel kooperative Lösungen in der Supply Chain zur Reduzierung des Bullwhip-Effektes für den Einzelhandel interessant machen und welche eher gegen ein kooperatives Engagement des Einzelhandels sprechen.

Zu diesem Zweck werden im folgenden Kapitel zunächst der Bullwhip-Effekt und seine Bestimmungsfaktoren dargestellt. Im dritten Kapitel werden dann in einem Überblick die Möglichkeiten und Ansätze eines kooperativen Supply Chain Managements präsentiert. Die Ursachen des Bullwhip-Effektes und die Lösungsansätze zu dessen Überwindung werden schließlich im vierten Kapitel auf die Situation und die Rahmenbedingungen im deutschen Einzelhandel bezogen, um die Relevanz des Bullwhip-Effektes für den Einzelhandel zu diskutieren.

2. Der Bullwhip-Effekt und seine Ursachen

Der Bullwhip-Effekt beschreibt das Phänomen, dass die Schwankungen der Nachfrage (Varianz) entlang der Lieferkette vom Kunden zum Lieferanten von Stufe zu Stufe ansteigen. Zurückzuführen ist dieser Effekt auf Verzögerungen im Informations- und Güterfluss und die daraus resultierenden Unsicherheiten über die tatsächliche Nachfrage im Absatzkanal. Der Bullwhip-Effekt ist daher umso größer,

- je mehr Stufen die Lieferkette umfasst,
- je weniger Informationen von einer Stufe der Lieferkette zur nächsten weitergegeben werden und
- je länger die Weitergabe von Informationen (oder Gütern) von einer Stufe der Lieferkette zur nächsten Stufe dauert.

Abbildung 1 zeigt exemplarisch, wie sich die Bestellmengen sowie deren Schwankungen in einer Lieferkette von Stufe zu Stufe erhöhen.

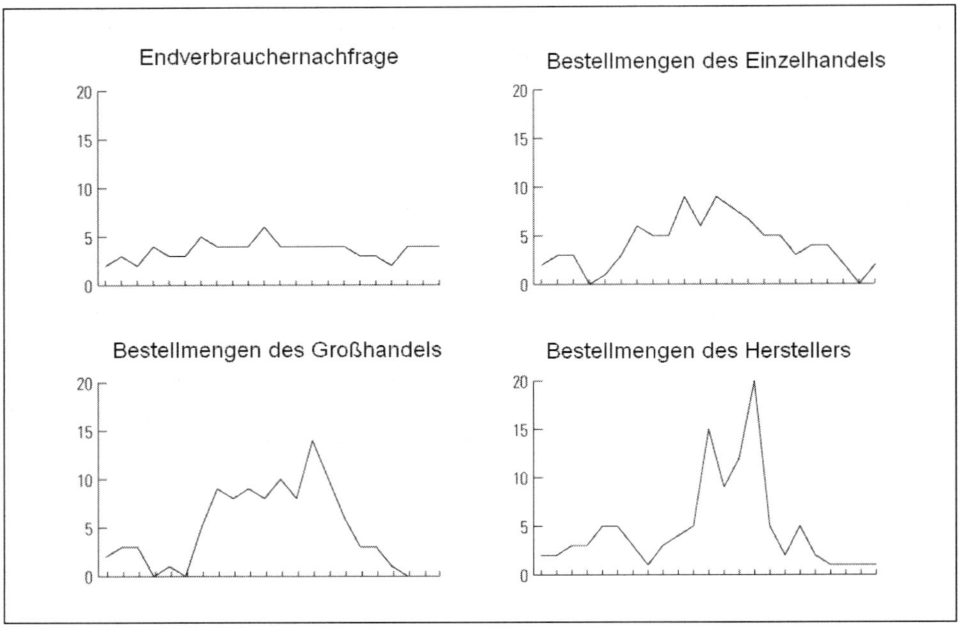

Quelle: in Anlehnung an Lee u.a, 1997
Abbildung 1: *Bestellmengen in der Lieferkette beim Bullwhip-Effekt*

In zahlreichen Studien wurden die Ursachen des Bullwhip-Effektes untersucht (Alicke 2005, S. 101 ff., Carranza Torres/Villegas Moran 2006, Croson/Donohue 2006). Im Folgenden werden die in der Literatur diskutierten Ursachen des Bullwhip-Effektes dargestellt, wobei drei Kategorien von Ursachen unterschieden werden sollen:

- Ursachen, die sich aus Unsicherheiten über die Nachfrage und die damit verbundenen Prognoseproblematik ergeben,
- Ursachen, die aus Abweichungen von Bestell- und Bedarfsmengen resultieren und damit Ergebnis der Angebotspolitik und der Lieferbedingungen sind, sowie
- das menschliche Entscheidungsverhalten unter Unsicherheit als Reaktion auf die gegebenen Beschaffungsrisiken (Fehlmengen).

2.1 Der Bullwhip-Effekt als Folge von Unsicherheit und Prognose

Die primäre Ursache für den Bullwhip-Effekt liegt in der Unsicherheit über die Nachfrage in der gesamten Lieferkette und der fehlenden Weitergabe der auf den einzelnen Stufen vorliegenden Informationen hierzu. So kann normalerweise lediglich der Einzelhandel seine Bestellmengen auf der Grundlage der tatsächlichen Nachfrage der Endverbraucher und der daraus abgeleiteten Prognosen bestimmen.

Die dem Einzelhandel nachgelagerte Stufe, also der Großhandel oder die Industrie, erhält im System autonomer Entscheidungen keine Informationen über die tatsächliche Nachfrage der Verbraucher, sondern lediglich die Nachfrage des Einzelhandels in Form der eingehenden Bestellungen. Diese beinhalten aber nicht nur die realisierte und erwartete Nachfrage, sondern darüber hinaus auch die zusätzlichen Bestellmengen zum Aufbau von Sicherheitsbeständen, um mögliche Prognosefehler bzw. Nachfrageschwankungen ausgleichen zu können. Die Varianz der Nachfrage des Einzelhandels ist daher in der Regel größer als die Varianz der Verbrauchernachfrage. Da auch die nachgelagerte Stufe, also beispielsweise der Großhandel, die Nachfrageschwankungen in Bestellmengenaufschläge umsetzt, um die Unsicherheit über die zukünftige Nachfrage in Form von Sicherheitsbeständen abfangen zu können, wird die Nachfrage bzw. Bestellmenge des Großhandels größeren Schwankungen unterliegen und damit eine höhere Varianz haben als die Nachfrage des Einzelhandels. Nach diesem Prinzip werden die Nachfrageschwankungen von Stufe zu Stufe größer und führen so zum in Abbildung 1 dargestellten Bullwhip-Effekt. Die tatsächliche (Endverbraucher-)Nachfrage wird mit jeder Stufe im Wertschöpfungsprozess weniger erkennbar, da sie mehr und mehr von den Sicherheitsmengen zur Bewältigung der Unsicherheit überlagert wird. Somit wird auch deutlich, dass der Bullwhip-Effekt umso größer wird, je mehr selbstständige Unternehmen in der Lieferkette als Lieferanten bzw. Abnehmer tätig sind.

Der Bullwhip-Effekt resultiert also aus der Bestellmengenplanung der Unternehmen, die die Unsicherheiten bezüglich der Nachfrage in Bestellmengenaufschläge zum Aufbau eines Sicherheitsbestandes umsetzen. Je genauer dabei die Bedarfsprognose ist, d. h. je geringer die Prognosefehler, umso niedriger kann auch der Bestellmengenaufschlag sein. Das Ausmaß des Bullwhip-Effekt ist also umso geringer, je niedriger der Prognosefehler ausfällt (Thonemann 2005, S. 456 ff.). Dieser wiederum ist abhängig von den Nachfrageschwankungen und von der Genauigkeit bzw. Zuverlässigkeit der Prognose. Je besser bzw. für die gegebene Datenstruktur passender also das Prognoseverfahren ist, umso geringer ist das Ausmaß des Bullwhip-Effektes (Tempelmeier 2006, S. 165). Darüber hinaus gelten für alle Verfahren die folgenden Aussagen zur Prognosequalität (Thonemann 2005, S. 78 f., Tempelmeier 2008, S. 95 f.):

- Prognosen auf der Basis umfangreicher, zeitlich weit zurückreichender Daten sind genauer als solche, die nur auf wenigen Zeitreihenwerten beruhen.

- Aggregierte Prognosen sind in der Regel genauer als detaillierte Prognosen.
- Kurzfristige Prognose liefern tendenziell zutreffendere Ergebnisse als Langfristprognosen.
- Länge der Zeitreihe

  Je besser die bisherige Entwicklung einer Datenreihe dokumentiert und bekannt ist, umso besser ist die auf solchen Daten basierende Prognose. Wenn nur für wenige Zeitpunkte bzw. nur für einen kurzen Zeitraum Daten über die Prognosegröße zur Verfügung stehen, ist es schwer oder gar unmöglich, daraus Erkenntnisse für die zukünftige Entwicklung abzuleiten. Es ist nicht möglich, Muster wie z.B. Trends oder saisonale Schwankungen zu erkennen. Auch ist es für die Initialisierung eines Prognoseverfahrens häufig erforderlich, dass ausreichend Vergangenheitswerte vorliegen. Produktneueinführungen stellen daher immer ein besonderes Prognoseproblem dar.
- Aggregierte Daten

  Die verfügbare Datenmenge ist nicht nur bezogen auf die zeitliche Komponente von Bedeutung. Die Nachfrage in einem Gesamtmarkt lässt sich besser prognostizieren als die Nachfrage in einem regionalen Teilmarkt. Gleiches gilt für die Nachfrage in einer Warengruppe (z.B. Molkereiprodukte) verglichen mit der Nachfrage nach einem einzelnen Produkt oder Artikel (z.B. Joghurt einer konkreten Marke in einer bestimmten Geschmacksrichtung). Dies liegt daran, dass durch die Aggregation von Daten Schwankungen in einzelnen Teilsegmenten ausgeglichen werden können. Außerdem liegen aggregiert größere Datenmengen vor, so dass Ausreißer weniger stark ins Gewicht fallen. Werden die Prognosen auf der Basis von Stichproben erstellt, erhält man durch den größeren Stichprobenumfang genauere Schätzwerte für die Grundgesamtheit (Schira 2005, S. 445 ff.), auf deren Grundlage dann auch eine genauere Prognose möglich ist.
- Prognosezeitraum

  Insbesondere Zeitreihenanalysen, aber auch Wirkungsprognosen gehen davon aus, dass sich die Rahmenbedingungen der Vergangenheit in Zukunft nicht oder nur unwesentlich verändern werden (Zeitstabilitätshypothese). Unter dieser Annahme können Entwicklungen der Vergangenheit fortgeschrieben und für Vergangenheitswerte ermittelte Zusammenhänge in die Zukunft übertragen werden. Aus diesem Grund sind kurzfristige Prognosen tendenziell genauer als langfristige Prognosen, da sich mit zunehmendem Prognosezeitraum die Wahrscheinlichkeit erhöht, dass Änderungen der Rahmenbedingungen eintreten, die im Prognosemodell nicht erfasst sind. Dies impliziert, dass durch lange Produktions- und Lieferzeiten der Prognosezeitraum wächst und damit die Prognose tendenziell unsicherer wird.

Je besser also die verfügbare Datenbasis für die Nachfrageprognose in der Supply Chain und je geringer der Prognosezeitraum (aufgrund geringer Lieferzeiten) ist, umso geringer ist auch tendenziell das Ausmaß des Bullwhip-Effektes. Abbildung 2 fasst die diskutierten Zusammenhänge in einer Übersicht zusammen.

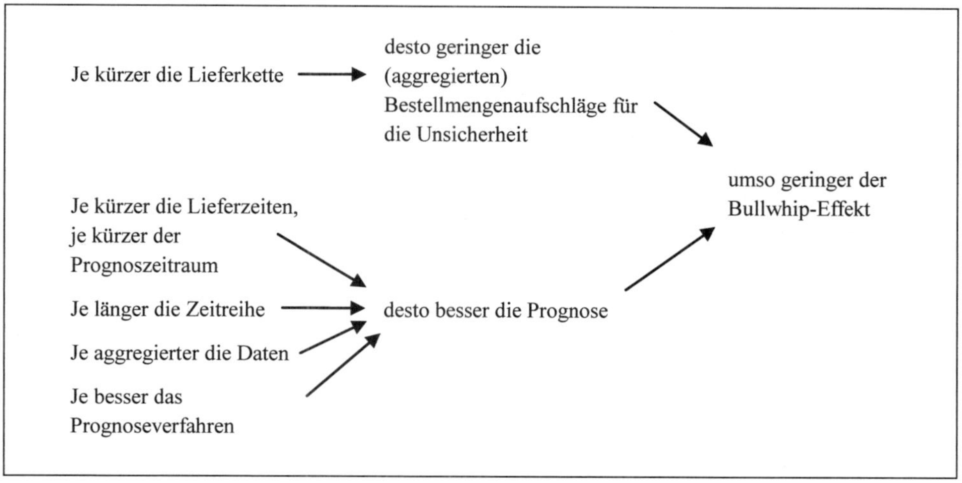

Abbildung 2: *Einfluss der Unsicherheit und der Prognosegüte auf den Bullwhip-Effekt*

2.2 Abweichungen von Bestell- und Bedarfsmengen

Die Aufnahme der Unsicherheit in die Bestellmengenplanung führt dazu, dass in der Lieferkette von Stufe zu Stufe die Ausgangsnachfrage der Verbraucher immer weniger erkennbar wird. Ein ähnlicher Effekt entsteht, wenn die Bestellmengen der Unternehmen aufgrund der gegebenen Preis- und Kostenstrukturen derart angepasst werden, dass sie nicht mehr den eigentlichen Bedarfsmengen entsprechen. Hierfür gibt es im Wesentlichen zwei Ursachen:

- Losgrößeneffekte

  Aufgrund von bestellfixen Kosten werden mehrere Periodenbedarfe oft zu einer Bestellmenge zusammengefasst. Dies kann zur Folge haben, dass nach einer größeren Bestellung über mehrere Perioden hinweg keine weitere Bestellung erfolgt. So können selbst bei einer konstanten Endverbrauchernachfrage in der Lieferkette Schwankungen in den Bestellmengen auftreten. Auch sprungfixe Transportkosten, beispielsweise durch gegebene Lkw-Kapazitäten, können eine Erhöhung der Bestellmenge zur Folge haben, wenn die Transportkostenersparnis größer ist als die zusätzlichen Lagerkosten.

- Preisschwankungen bzw. -staffelungen

  Mengenrabatte können dazu führen, dass Nachfrager ihre Bestellmengen erhöhen, um in den Genuss des Rabattes zu gelangen, vorausgesetzt, die zusätzlichen Lagerkosten übersteigen nicht die Höhe der gewährten Rabatte. Ähnlich verhält es sich mit zeitlich begrenzten Sonderaktionen mit reduzierten Preisen. Auch hier werden Bedarfe vorgezogen, um die niedrigeren Preise zu nutzen. Der durch den Sonderpreis erhöhten Bestellmenge folgt in der Folgeperiode in der Regel eine entsprechend niedrigere Bestellmenge. Dieser Effekt greift im Übrigen schon auf der Endverbraucherebene, so dass der Einzelhandel durch seine Preispolitik selbst Schwankungen in der Endverbrauchernachfrage erzeugen kann.

Sowohl die beschriebenen Losgrößeneffekte als auch die Sonderpreise und Rabattstaffeln sorgen dafür, dass die Nachfrage- bzw. Bestellmengenschwankungen in der Lieferkette erhöht werden. Die tatsächliche Nachfrage ist nicht mehr aus den Bestellinformationen ablesbar, so dass die Unsicherheit in der Lieferkette erhöht wird.

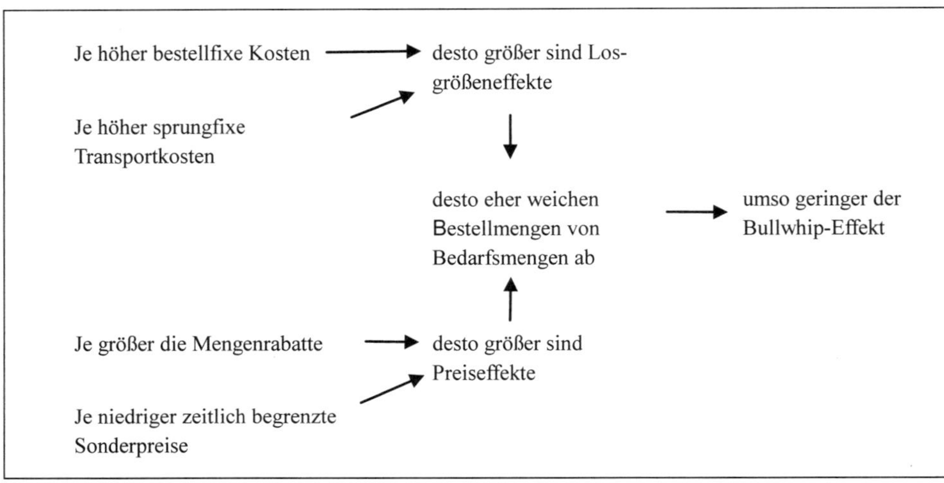

Abbildung 3: *Einfluss von Losgrößen- und Preiseffekten auf den Bullwhip-Effekt*

2.3 Menschliches Entscheidungsverhalten unter Unsicherheit

Untersuchungen zum Bullwhip-Effekt zeigen, dass die Nachfrageschwankungen innerhalb der Lieferkette über die genannten Zusammenhänge hinaus durch die Problemlösungsstrategien der Entscheidungsträger verstärkt werden können. Insbesondere Simulationen auf der Basis des Beergames ergaben, dass sich die Lösungen der Entscheider trotz identischer Informationslage und Rahmenbedingungen deutlich voneinander und von vergleichbaren Computerlösungen unterscheiden können (Nienhaus/Ziegenbein/Duijts 2003). Dies ist auf unterschiedliche Problemlösungsfähigkeiten und -strategien zurückzuführen.

So ist zunächst festzustellen, dass der Mensch über eine begrenzte Informationsverarbeitungskapazität verfügt und daher dazu neigt, Entscheidungsprozesse soweit wie möglich zu vereinfachen. Anstatt jede Entscheidung nach sorgfältiger Abwägung oder analytischer Bewertung aller vorhandenen Informationen zu treffen, werden zur kognitiven Entlastung Heuristiken zur Entscheidungsfindung herangezogen (Bettman/Zins 1977, Whittler 1994). Daneben ist jeder Entscheider durch eine individuelle Risikoneigung gekennzeichnet. Beide Aspekte führen in Bezug auf das Bestellverhalten in der Lieferkette zu Problemlösungsstrategien, die den Bullwhip-Effekt noch verstärken können und im Folgenden kurz erläutert werden.

- Antizipation von Minderbelieferungen aufgrund von Bestandsrationierung

  Wenn es durch die entstehenden Nachfrageschwankungen zu Lieferengpässen kommt, können die Lieferanten kurzfristig nicht alle Bestellungen erfüllen. In der Regel werden sie dann die vorhandenen Lagerbestände proportional zum jeweiligen Bestellvolumen auf die Kunden verteilen. Wenn die Kunden diese Rationierung antizipieren, können sie mit überhöhten Bestellungen reagieren, teilweise auch parallel bei mehreren Lieferanten. Auf diese Weise wollen sie sicherstellen, dass sie trotz der Rationierung mit der benötigten Liefermenge versorgt werden. Sobald die Liefermengen sich an die erhöhten Bestellungen angepasst haben, werden die erhöhten Bestellungen wieder zurückgenommen (storniert). Diese einfache Entscheidungsregel (Heuristik) führt zu einer Verstärkung der Nachfrageschwankungen im Absatzkanal.

- „Never out of stock“-Strategie als risikoscheue Bestellheuristik

  Bestellmengenentscheidungen in der Lieferkette sind relativ komplex. Selbst im Rahmen der Beergame-Simulation sind zahlreiche bedeutende Aspekte wie z.B. die aus der Entscheidung resultierenden Lager-, Transport- oder Fehlmengenkosten bei der Festlegung der Bestellmenge zu berücksichtigen. Angesichts der Unsicherheit über die zukünftige Nachfrage und die Verzögerungen in der Warenlieferung sind die Konsequenzen der Entscheidungen für alle genannten Kostengrößen nicht immer leicht zu überblicken. Die Entscheidungssituation lässt sich vereinfachen, indem man die Bestellpolitik auf eine der Zielgrößen fokussiert. Risikoscheue Entscheider richten ihre Bestellstrategie darauf aus, Fehlmengen zu vermeiden. Sie erhöhen bewusst ihre Bestellmengen, um Sicherheitsbestände aufzubauen und eine hohe Lieferbereitschaft auch bei starken Nachfrageschwankungen zu gewährleisten. Sie übernehmen damit bewusst oder unbewusst die Funktion eines „sicheren Hafens“ innerhalb der Lieferkette.

- Strategie „minimaler Lagerkosten“ als risikofreudige Bestellstrategie

  Die gegenteilige, risikofreudige Strategie besteht darin, die Lagerkosten zu minimieren, d. h. die Sicherheitsbestände zu reduzieren. Solange die Nachfrage relativ konstant bleibt, ergeben sich keine Probleme. Steigt die Nachfrage aber an, muss die Bestellmenge stärker angehoben werden als in einer Situation mit höheren Sicherheitsbeständen. Die Bestellpolitik scheint gekennzeichnet durch eine panikartige Reaktion. Insofern führt auch die Strategie minimaler Lagerkosten zu einer Verstärkung von Nachfrage- bzw. Bestellmengenschwankungen.

Die Bestellstrategien „Sicherer Hafen" und „Lagerkostenminimierung/Panik" wurden im Rahmen einer Beergame-Simulation abgeleitet (Nienhaus/Ziegenbein/Duijts 2003). Die Erkenntnisse sind daher im Hinblick auf die Situation in der Unternehmenspraxis zu relativieren. Entscheidungsheuristiken kommen insbesondere in Situationen mit einem niedrigen Involvement der Entscheidungsträger zum Einsatz. Dies kann für die Teilnehmer an einer spielerischen Wirtschaftssimulation durchaus angenommen werden. In der Unternehmenspraxis werden Einkaufs- und Beschaffungsentscheidungen dagegen in der Regel auf der Grundlage und mit Hilfe von Algorithmen und Modellen zur systematischen Prognose und Planung getroffen. Die Gefahr von Panikreaktionen oder der Anlegung „sicherer Häfen" ist daher vermutlich deutlich geringer als im Rahmen einer spielerischen Simulation. Dennoch verdeutlichen die Ergebnisse die Bedeutung unterschiedlicher Risikoneigungen der Entscheidungsträger insbesondere beim Abwägen der Lagerkosten und des Fehlmengenrisikos.

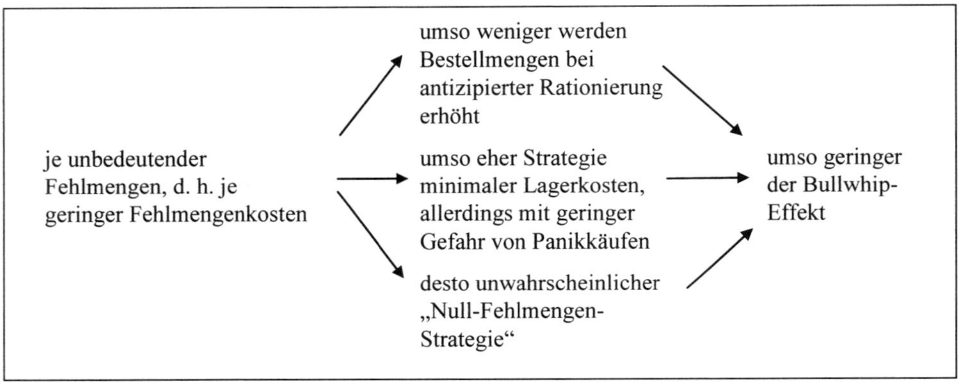

Abbildung 4: *Einfluss des Fehlmengenrisikos auf den Bullwhip-Effekt*

3. Bullwhip-Effekt und Einzelhandel

Im Folgenden soll auf der Grundlage der vorangegangenen Ausführungen diskutiert werden, welche Bedeutung die Ursachen des Bullwhip-Effektes für den Einzelhandel haben.

3.1 Generelle Bedeutung

Während die nachfolgenden Wirtschaftsstufen, also Großhandel, Hersteller und Lieferanten durch die Informationen des Einzelhandels über die Endverbrauchernachfrage ihre Reaktionszeiten verkürzen, die Nachfrageprognose verbessern, Sicherheitsbestände senken und somit die Kosten reduzieren können, sind diese Vorteile aus einer vertikalen Kooperation für den Einzelhandel innerhalb der Lieferkette nur begrenzt realisierbar. Die Prognosen der Endverbrauchernachfrage auf Einzelhandelsebene können nur bedingt durch Informationen der dem Einzelhandel vorgelagerten Stufen verbessert werden, zumal der Einzelhandel seine eigenen Abverkaufsdaten auch durch Daten aus Handels- und Haushaltspanels ergänzen kann, um ein genaueres Abbild der Marktverhältnisse zu erhalten. Die Unsicherheiten bezüglich der Nachfrage können also kaum reduziert werden, die Höhe der Sicherheitsbestände infolgedessen auch nicht. Vorteile aus einer vertikalen Kooperation auf Einzelhandelsebene im Hinblick auf den Bullwhip-Effekt können daher vor allem durch Vermeidung von Fehlmengen und durch die Reduzierung der Beschaffungskosten entstehen. Letzteres ist der Fall, wenn die Lieferanten ihre realisierten Einsparungen (teilweise) an den Einzelhandel weitergeben.

Im Weiteren sollen die Möglichkeiten des Einzelhandels, von einer Reduzierung des Bullwhip-Effektes durch Kooperation zu profitieren, detailliert für die drei diskutierten Ursachen, Unsicherheit über die Nachfrageschwankungen, Abweichungen von Bestell- und Bedarfsmenge und Planungs- bzw. Bestellstrategien, untersucht werden.

3.2 Schwankungen und Prognose der Nachfrage

Als zentrale Ursachen für den Bullwhip-Effekt wurden Schwankungen der Nachfrage und diesbezügliche Unsicherheiten in Verbindung mit Verzögerungen im Waren- und Informationsfluss benannt. In diesem Zusammenhang wurden die Länge der Lieferkette und die Möglichkeiten zur Prognose der Nachfrage als Einflussfaktoren ausgemacht, wobei Letztere von den Lieferzeiten, der Art der vorliegenden Daten und der Güte des einsetzbaren Prognoseverfahrens abhängen (vgl. Abbildung 2). Im Folgenden soll geprüft werden, welche Konsequenzen sich diesbezüglich im Einzelhandel ergeben.

- Länge der Lieferkette

  Viele Einzelhandelsbranchen sind seit Jahren durch Konzentrationsprozesse gekennzeichnet (Müller-Hagedorn 1998, S. 75 ff.). Immer weniger große Handelskonzerne vereinen einen immer höheren Umsatzanteil auf sich. Den Großkonzernen stehen häufig Einzelhändler gegenüber, die sich in Verbundgruppen zusammenschließen, um ebenfalls von Größenvorteilen profitieren zu können. Die Zentralen dieser Filial- oder Verbundgruppensysteme bündeln die Bedarfe ihrer Mitglieder und leiten sie mit den entsprechenden Einkaufsvorteilen an die Hersteller weiter. Sie übernehmen damit Großhandelsfunktionen. Faktisch bedeutet dies in vielen Bereichen eine Verkürzung der Lieferkette, da selbständige Groß- und Zwischenhändler vielfach aus der Lieferkette ausgeschlossen werden.

Eine zweite zentrale Entwicklung im Handel ist die wachsende Bedeutung von Handelsmarken (Göth/Aygün 2009, S. 48). Auch wenn der Handel seine Eigenmarken nicht immer in eigenen Produktionsstätten fertigt, bedeutet die Fertigung im Auftrag des Handels dennoch eine stärkere Verknüpfung von Produktions- und Handelsstufe (Schuckel 2002), die einer Verkürzung der Lieferkette gleichkommt.

Vor diesem Hintergrund ist festzuhalten, dass der Bullwhip-Effekt in Märkten mit hoher Konzentrationstendenz und hohem Handelsmarkenanteil insgesamt von geringerem Ausmaß sein dürfte als in eher kleinteiligen Märkten mit hohem Herstellermarkenanteil.

- Länge der Lieferzeiten

Die Prognoseproblematik entsteht aus der unsicheren Nachfragesituation, weil die Kunden im Einzelhandel in der Regel die Ware sofort mitnehmen möchten. Der Handel muss also die voraussichtliche Nachfragemenge prognostizieren und entsprechende Regal- bzw. Lagerbestände aufbauen. Eine Prognosenotwendigkeit besteht in den Branchen nicht, in denen die Ware im Einzelhandel nicht vorrätig ist, sondern vom Kunden mit entsprechenden Lieferzeiten bestellt wird. Dies ist beispielsweise im klassischen Möbelhandel oder im Automobilhandel der Fall. In anderen Branchen gibt es für Teilsortimente einen entsprechenden Bestellservice, wie z.B. bei Elektrogroßgeräten oder bei speziellen Nachfragen im Buchhandel. Solange der Konsument bereit ist, auf die Lieferung seiner Ware zu warten, und keine sofortige Mitnahme erwartet, ergeben sich in der Lieferkette keine Prognoseprobleme und der Bullwhip-Effekt dürfte von untergeordneter Bedeutung sein.

In den übrigen Branchen ist die Lieferzeit der Waren ein wichtiger Bestimmungsfaktor des Bullwhip-Effektes. Da die asiatischen Beschaffungsmärkte immer mehr an Bedeutung gewonnen haben und Ware aus Indien oder China solche aus europäischer Produktion ersetzt, sind die Transportwege entsprechend länger geworden. Der Transport per Schiff von China nach Deutschland nimmt schätzungsweise 30 bis 40 Tage in Anspruch (Wagner 2006). Das bedeutet, dass mit einer einzelnen Bestellung allein aufgrund dieser Transportzeiten zusätzlich ein Nachfragezeitraum von 40 Tagen abgedeckt werden muss. Dies verlängert den Prognosezeitraum entsprechend, was zu einer größeren Ungenauigkeit und damit zu einer Verstärkung des Bullwhip-Effektes führt. Je näher die Beschaffungsmärkte am Heimatmarkt liegen, umso kürzer sind die Lieferzeiten und umso geringer ist das Ausmaß eines möglichen Bullwhip-Effektes.

- Länge der vorliegenden Zeitreihen (Erfahrungswerte)

Weiterhin ist festzustellen, dass der Handel in der Regel aufgrund der eingesetzten Scannertechnologie über eine große Datenfülle verfügt. Das bedeutet, der Verlauf der Nachfrage ist für die Vergangenheit in der Regel sehr genau dokumentiert. Dies ermöglicht es dem Handel grundsätzlich, sehr leistungsfähige Prognoseverfahren einzusetzen, die in ihren

Möglichkeiten über die in der wissenschaftlichen Literatur zumeist dargestellten Verfahren hinausgehen (beispielsweise neuronale Netze, Backhaus/Erichson/Plinke/Weiber 2008, S. 527-534). Wenn dem Handel also hinreichend Vergangenheitsdaten und damit Erfahrungswerte vorliegen, kann er durch den Einsatz moderner Analyse- und Prognoseinstrumente im Allgemeinen zuverlässige Prognosen erstellen; Verbesserungen durch vertikale Kooperationen sind daher kaum zu erwarten. Dies belegt eine Studie der Metro zu CPFR (Collaborative Planning, Forecasting and Replenishment, Seifert 2003), die zu dem Ergebnis kam, dass sich durch eine Kooperation mit der Industrie die Verkaufsprognosen für das normale Regalsortiment kaum verbessern ließen, jedenfalls nicht in einem Ausmaß, dass der Aufwand einer kooperativen Prognose dadurch gerechtfertigt wäre. Bei Sonderaktionen (Promotions) und echten Produktneueinführungen, bei denen dem Handel weniger Erfahrungswerte vorliegen, haben sich durch die Kooperation allerdings deutliche Verbesserungen der Prognose ergeben (Rode 2005). Eine Kooperation mit Herstellerunternehmen macht im Hinblick auf eine Verbesserung der Prognosegüte vor allem dann Sinn, wenn der Handel vor einer neuen Verkaufssituation steht, für die nur wenige Daten vorliegen. Eine solche Situation könnte sich im Handel beispielsweise auch bei neuen Standorten oder (internationalen) Märkten sowie neuen Öffnungszeiten (nach 22 Uhr, 24-Stunden oder sonntags) einstellen.

- Aggregationsniveau der Daten

Von besonderer Bedeutung ist die Bullwhip-Problematik in denjenigen Branchen, in denen hohe Unsicherheit über die Nachfrage besteht und Prognosen besonders schwierig sind. Dies gilt beispielsweise für die Bekleidungsbranche. Zwar wird die Nachfrage nach Bekleidung insgesamt vergleichsweise berechenbar sein, so dass prognostizierbar ist, wie viele Hosen oder Jacken in einer Periode nachgefragt werden. Für Einkaufsentscheidungen im Handel reicht diese Information aber nicht aus. Vielmehr müssten Modetrends (Stoffe, Schnitte, Farben etc.) bekannt sein, um die richtigen Einkaufsentscheidungen treffen zu können. Prognosen für einzelne Teilsegmente eines Marktes, also z.B. für braune Cordhosen, sind wie oben dargestellt aber ungenauer als solche für Gesamtmärkte (Hosen insgesamt). Je bedeutsamer also Modeaspekte in einer Branche sind und je mehr Artikelvarianten sich daraus ergeben, umso schwieriger ist die Prognosesituation und umso größer die Gefahr eines Bullwhip-Effektes. Dies ist ein Grund dafür, dass im Bekleidungsbereich Vertikalisten, d. h. Unternehmen, die die gesamte Lieferkette direkt kontrollieren, besonders erfolgreich sind (KPMG 2003).

Die Einzelhandelsstrukturen in vielen Märkten bieten dem Handel darüber hinaus gute Rahmenbedingungen für zuverlässige Prognosen. Dies ist zunächst darauf zurückzuführen, dass es in vielen Branchen große Filialsysteme gibt. Die zahlreichen Verkaufsstellen liefern eine gute, stabile Datenbasis für Nachfrageprognosen. Darüber hinaus führt die Aggregation der Einzelnachfragen in den Filialen dazu, dass sich (zufallsbedingte) Nachfrageschwankungen insgesamt ausgleichen.

Dies verdeutlicht das folgende Beispiel.

Ermittelt man für zwei Filialen jeweils mit Hilfe eines Dreiperiodendurchschnittes einen Prognosewert für die Nachfrage, wobei die Nachfrage zufälligen, normalverteilten Schwankungen unterliegt, und bestimmt daraufhin den Zielbestand, also den Lagerbestand, den man benötigt, um die erwartete Nachfrage unter Berücksichtigung der Prognoseungenauigkeit zu decken, dann ergeben sich die in Abbildung 5 dargestellten Werte. Fasst man die in den beiden Filialen registrierte Nachfrage zusammen und ermittelt auf Basis dieser aggregierten Werte den gemeinsamen Zielbestand, so ist dieser im Durchschnitt niedriger und unterliegt geringeren Schwankungen als die Summe der für die einzelnen Filialen ermittelten Werte (letzte Spalte) (Thonemann 2005, S. 457 ff).

Periode	Filiale 1				Filiale 2				Filiale 1+2 aggr.				
	Nachfrage	Prognose	Varianz des Prognosefehlers	**Zielbestand**	Nachfrage	Prognose	Varianz des Prognosefehlers	**Zielbestand**	Nachfrage	Prognose	Varianz des Prognosefehlers	**Zielbestand aggr.**	**Zielbestand 1 + 2**
15	12	9	0,33	**29**	12	10	2,00	**36**	24	20	3,00	**67**	**65**
16	11	10	3,33	**37**	9	11	2,00	**39**	20	21	7,00	**74**	**76**
17	10	11	3,67	**41**	11	11	3,00	**40**	21	22	7,00	**77**	**81**
18	11	11	3,67	**41**	10	11	2,67	**40**	21	22	6,00	**76**	**81**
19	9	11	0,67	**36**	10	10	1,67	**35**	19	21	1,00	**67**	**71**
20	9	10	1,67	**35**	9	10	0,33	**32**	18	20	2,00	**66**	**67**
21	10	10	1,67	**35**	9	10	0,67	**33**	19	19	3,00	**64**	**68**
22	12	9	1,67	**32**	10	9	0,67	**30**	22	19	2,67	**64**	**62**
23	10	10	3,33	**37**	9	9	1,00	**31**	19	20	4,33	**68**	**68**
24	13	11	3,00	**40**	10	9	0,67	**30**	23	20	3,33	**67**	**70**
25	10	12	4,33	**44**	10	10	0,67	**33**	20	21	6,33	**73**	**77**
26	9	11	2,67	**40**	10	10	0,33	**32**	19	21	3,67	**71**	**72**
27	10	11	4,00	**41**	10	10	0,33	**32**	20	21	4,67	**72**	**73**
28	9	10	3,00	**37**	11	10	0,00	**30**	20	20	2,00	**66**	**67**
29	9	9	2,00	**33**	10	10	0,33	**32**	19	20	1,67	**65**	**65**
30	10	9	0,67	**30**	10	10	0,33	**32**	20	20	0,67	**63**	**62**
Mittelwert	10,13	10,33	2,62	**37,27**	9,87	10,00	0,98	**33,40**	20,00	20,47	3,69	**68,87**	**70,67**
Varianz	1,32	0,76	1,27	**14,20**	0,38	0,40	0,79	**11,44**	1,60	0,78	4,23	**19,72**	**34,22**

Abbildung 5: *Effekte aggregierter Nachfragedaten auf Höhe und Varianz des Zielbestandes*

Die Vorteile aggregierter Daten der Filialsysteme lassen sich in gleicher Weise auch in den Verbundgruppen des Einzelhandels realisieren, die in vielen Einzelhandelsbranchen eine große Bedeutung haben. Mit dem Ziel, artikelgenaue, zuverlässige Prognosen möglich zu machen, hat es vor einigen Jahren eine Initiative von Verbundgruppen des Schuhfacheinzelhandels zu einer horizontalen Kooperation gegeben. Durch die Zusammenfassung der Daten der beteiligten Verbundgruppen sollten zeitnahe und stabile Prognosen zu Modetrends im Schuhhandel möglich gemacht werden. Das Projekt wurde letztlich aufgrund von Vorbehalten und Bedenken im Hinblick auf die Anonymität der Daten nicht realisiert. Konkurrenzdenken und mangelndes Vertrauen stellen also nicht nur in vertikalen Kooperationen Hindernisse dar.

3.3 Bestellmengenanpassungen

Die Losgrößenproblematik in der Lieferkette aufgrund bestellfixer Kosten und sprungfixer Transportkosten ist durch zahlreiche Logistiklösungen entschärft worden (Thonemann 2005, S. 68-80, Hertel/Zentes/Schramm-Klein 2005). Auch der Handel selbst hat durch die schon angesprochene Bündelung von Nachfrage in Filial- oder Verbundsystemen seine Bestell- und Transportprozesse koordinieren und das Losgrößenproblem verringern können.

Auch ein hoher Lagerumschlag, verbunden mit dem Angebot frischer, verderblicher und damit nicht lange lagerfähiger Ware kann die Losgrößenproblematik in der Beschaffung reduzieren. In Branchen und Handelssystemen mit hohem Lagerumschlag müssen die Filialen teilweise täglich beliefert werden. Die Harddiscounter im Lebensmittelbereich fahren ihre Verkaufsstellen täglich an, um einerseits die dezentrale Lagerhaltung zu verringern und gleichzeitig die Frischware neu in die Geschäfte zu liefern. In einigen Branchen werden die Verkaufsstellen auch mehrfach täglich beliefert. So werden Apotheken in der Regel zweimal täglich von den Pharmagroßhändlern angefahren. Das Problem, die Liefermenge so weit zu erhöhen, dass die Ladekapazität eines Transportfahrzeugs voll ausgeschöpft wird, um den Liefervorgang des Folgetages zu vermeiden, besteht damit in solchen Systemen kaum.

Diesen die Losgrößenproblematik vermindernden Entwicklungen stehen auf der anderen Seite die logistischen Konsequenzen der globalen Beschaffungswege entgegen. In der Regel werden für den Transport aus asiatischen Beschaffungsmärkten Container eingesetzt (Statistisches Bundesamt 2009). Die Kosten für den Transport eines Containers sind unabhängig von der enthaltenen Warenmenge, so dass es sinnvoll sein kann, die Ladekapazität eines Containers weitestgehend auszuschöpfen.

Während also bei der Warendistribution in den Handelsnetzen in Deutschland Losgrößeneffekte durch effiziente Logistikprozesse reduziert werden können, können sie in der globalen Beschaffung verstärkt auftreten.

Preisstaffeln und Preisaktionen bestimmen die operativen Bestellvorgänge dagegen zumindest in großen Organisationen vermutlich nur in geringem Ausmaß. Die Liefer- und Zahlungsbedingungen werden in der Regel zentral und auf das gesamte Jahr bezogen ausgehandelt. Die Bestellmengenanpassungen werden daher in vielen Einzelhandelsbereichen nur von geringer Bedeutung sein und den Bullwhip-Effekt damit im Jahresablauf kaum verstärken. Allerdings kann es gegen Ende des Jahres zu Anpassungen der Bestellmengen kommen, um in die nächst höhere Staffel des Jahresrabattes zu kommen. Wenn Mindestabnahmemengen vereinbart wurden, ist es auch möglich, dass die Bestellungen erhöht werden müssen, um diese zu erreichen und Rück- bzw. Strafzahlungen zu vermeiden.

3.4 Entscheidungsverhalten und Strategien

Die in Kapitel 2.3 vorgestellten strategischen Verhaltensweisen der Einkaufsabteilungen sind im Wesentlichen davon geprägt, inwieweit sie das Auftreten von Fehlmengen verhindern. In welchem Ausmaß diese Beschaffungsstrategien für den Einzelhandel relevant sind, hängt damit davon ab, welche Bedeutung Fehlmengen in einer Branche für die Einzelhandelsunternehmen haben. Um dies abzuschätzen ist es erforderlich, die möglichen Reaktionen der Konsumenten auf Fehlmengen zu betrachten.

Findet ein Konsument einen gesuchten Artikel nicht im Regal eines Einzelhändlers, so kann er

- seinen Kauf verschieben und den Artikel bei diesem Einzelhändler kaufen, wenn er wieder verfügbar ist, gegebenenfalls nachdem der Händler den Artikel für den Kunden bestellt bzw. reserviert hat,
- auf einen anderen Artikel (Substitut) aus dem Sortiment des Einzelhändlers ausweichen,
- zu einem anderen Einzelhändler wechseln und den gesuchten Artikel dort einkaufen,
- auf den Kauf völlig verzichten.

Aus Sicht des Einzelhändlers sind die ersten beiden Alternativen eher unproblematisch, es sei denn, beim Kunden entsteht Unzufriedenheit oder der Alternativkauf ist mit einem niedrigeren Umsatz bzw. Deckungsbeitrag verbunden. Die letzten beiden Alternativen dagegen führen zu Fehlmengenkosten in Form entgangener Umsätze. Langfristig können Kunden so für einen Einzelhändler mit einer hohen Fehlmengenquote dauerhaft verloren gehen (Helnerus 2007, S. 27 ff.).

Welche Reaktion ein Kunde auf eine Out-of-Stock-Situation zeigt, ist u. a. davon abhängig, wie dringend sein Bedarf ist, wie wichtig ihm einzelne Marken sind (Markentreue) und wie sehr er sich dem Geschäft verbunden fühlt (Geschäftstreue). Je gravierender die Folgen von Fehlmengen für ein Unternehmen sind, umso eher wird eine fehlmengenvermeidende Beschaffungsstrategie gewählt.

Auf der anderen Seite führen hohe Lagerbestände nicht nur zu hohen Lagerkosten (im Sinne von Kapitalbindung), sondern sind auch mit weiteren Nachteilen verbunden. So besteht bei hohen Lagerbeständen das Risiko, dass nicht alle auf Lager befindlichen Artikel abverkauft werden. Dieses Risiko ist insbesondere bei Frischeprodukten und sonstigen Artikeln mit einem Verfallsdatum gegeben. Ansonsten besteht die Möglichkeit, die Artikel zu einem reduzierten Preis (Preisabschriften) zu verkaufen. Hohe Lagerbestände sind also vor allem dann ein Problem, wenn bei ausbleibender Nachfrage hohe Abschriften (bei Überschreiten von Mindesthaltbarkeitsfristen in Höhe von 100 %) erforderlich sind.

Sind die Fehlmengenkosten in einer Branche bzw. für ein Einzelhandelsunternehmen bedeutend, dann wird man dazu neigen, hohe Sicherheitsbestände (Strategie „sicherer Hafen") anzulegen, und damit den Bullwhip-Effekt möglicherweise verstärken. Werden bei Lieferengpässen Rationierungen der Lieferanten antizipiert, so werden die Unternehmen ihre Bestellmengen erhöhen, um trotz Belieferungsquote die benötigten Mengen zu erhalten. Ist dagegen das Abschriftenrisiko groß, wird die Minimierung des Lagerbestandes bei geringen Sicherheitsbeständen dominieren.

So hat man im Bekleidungsmarkt aufgrund der Modeeinflüsse und der vergleichsweise großen Preisspanne ein hohes Abschriftenrisiko. Die Lagerbestände müssten daher minimiert werden mit der Gefahr, dass es bei einer Nachfrage, die über den Lagerbeständen liegt, zu panikartigen Nachbestellungen kommt. Auch hierin kann ein Grund dafür gesehen werden, dass gerade im Bekleidungsmarkt Vertikalisten, die die gesamte Wertschöpfungskette integrieren und kontrollieren, besonders erfolgreich sind.

4. Fazit

Der in der Wissenschaft intensiv analysierte Bullwhip-Effekt legt es nahe, dass in der Lieferkette alle beteiligten Unternehmen kooperieren und insbesondere durch den Austausch von Informationen den Bullwhip-Effekt vermeiden oder zumindest vermindern. Dem Einzelhandel kommt dabei eine Schlüsselrolle zu, da er tagesaktuell über die Daten zur Endverbrauchernachfrage verfügt. Vor dem Hintergrund der Beobachtung, dass zurzeit die kooperativen Ansätze in der Supply Chain eher punktuell und noch als Pilot-Projekte verfolgt werden, war es das Ziel des vorliegenden Beitrags zu untersuchen, inwieweit eine solche Kooperation aus Sicht des Einzelhandels interessant ist, denn schon von der Ausgangskonstellation her scheint eine vertikale Kooperation für den Einzelhandel weniger attraktiv als für die übrigen Stufen der Lieferkette.

Im vorliegenden Beitrag wurden aus der Perspektive des Einzelhandels Faktoren benannt, die das Ausmaß des Bullwhip-Effektes beeinflussen. Danach ist der Bullwhip-Effekt umso unbedeutender,

- je größer die „horizontale" Ausdehnung der Handelssysteme ist (bessere Datenbasis für Prognosen durch Aggregation, Ausgleich zufälliger Schwankungen),
- je größer die „vertikalen" Systeme sind, mit integrierter Großhandelsfunktion und Handelsmarken (Verkürzung der Lieferkette),

- je kürzer die normalen Lieferrhythmen sind (Nähe der Beschaffungsmärkte),
- je geringer modische Einflüsse sind (stabilere Nachfrage, aggregierte Prognosen von großen Marktsegmenten),
- je höher die Erfahrungswerte (geringer Innovationsgrad),
- je unbedeutender Fehlmengen sind (Extremfall: Bestellungen),
- je geringer das Abschriftenrisiko.

Die Liste mit Rahmenbedingungen und Einflüssen, die den Nutzen einer vertikalen Kooperation im Hinblick auf den Bullwhip-Effekt zumindest aus Einzelhandelssicht einschränken können, zeigt, dass die Erkenntnisse aus theoretischen Beiträgen oder solchen, die auf der Beergame-Simulation beruhen, aufgrund der dort getroffenen Annahmen und Vereinfachungen nicht ohne Anpassungen auf die Praxis übertragen werden können. Insofern soll dieser Beitrag als Anregung dienen, sich dem Bullwhip-Effekt auch seitens der Wissenschaft stärker in einer praxisorientierten Perspektive zu nähern.

Auch wenn die Ausführungen hinsichtlich der Einsparungspotenziale in der Supply Chain insgesamt weniger euphorisch ausfallen als vielleicht in anderen Beiträgen, so darf letztlich jedoch nicht übersehen werden, dass der Handel nach wie vor einem hohen Kostendruck ausgesetzt ist und deshalb weiterhin versuchen wird, alle Möglichkeiten zu Effizienzsteigerungen und Kostensenkungen auszunutzen. So werden auch weiterhin mögliche Kooperationsfelder für eine Zusammenarbeit mit der Industrie gesucht und genutzt werden. Dabei wird die vertikale Kooperation aber keineswegs als alleinige Lösung angesehen werden; der Einzelhandel wird vielmehr selektiv an die Problematik herangehen. Der Beitrag hat versucht, Anhaltspunkte für die Selektion von Kooperationen vor dem Hintergrund des Bullwhip-Effektes zu liefern.

Literatur

ALICKE, K. (2005), Planung und Betrieb von Logistiknetzwerken. Unternehmensübergreifendes Supply Chain Management, Berlin 2005

BACKHAUS, K., ERICHSON, B., PLINKE, W., WEIBER, R. (2008), Multivariate Analysemethoden, 12., vollst. überarb. Aufl., Berlin u. a. 2008, S. 527-534

BECKER, J., ROSEMANN, M. (1993), Logistik und CIM: Die effiziente Material- und Informationsflußgestaltung im Industrieunternehmen, Berlin 1993

BECKER, J., WINKELMANN, A. (2006), Handelscontrolling, Berlin u. a. 2006

BETTMAN, J. R., ZINS, M. A. (1977), Constructive Processes in Consumer Choice, in: Journal of Consumer Research, Vol. 4, September 1977, S. 75-85

CARRANZA TORRES, O. A., VILLEGAS MORÀN, F. A. (2006), The Bullwhip Effect in Supply Chains: A Review of Methods, Components and Cases, Basingstoke 2006

CHEN, F., DREZNER, Z., RYAN, J., SIMCHI-LEVI, D. (2000), Quantifying the Bullwhip Effect in a Simple Supply Chain: The Impact of Forecasting, Lead Times, and Information, in: Management Science, Vol. 46, No. 3, March 2000, S. 436-443

CORSTEN, D., GABRIEL, C. (2004), Supply Chain Management erfolgreich umsetzen: Grundlagen, Realisierung und Fallstudien, 2. Aufl., Berlin u. a. 2004

CROSON, R., DONOHUE, K. (2006), Behavioral Causes of the Bullwhip Effect and the Observed Value of Inventory Information, in: Management Science, Vol 52, No. 3, March 2006, S. 323-336

FORRESTER, J. W. (1958), Industrial Dynamics. A major breakthrough for decision ma-kers. in: Harvard Business Review, 36 (1958) 4, S. 37-66

FORRESTER, J. (1961), Industrial Dynamics, New York 1961

GEORG, B. (2006), CPFR und elektronische Marktplätze – Neuausrichtung der kooperativen Beschaffung, Wiesbaden 2006

GÖTH, A., AYGÜN, T. (2009), Rezession verleiht Eigengewächsen Rückenwind, in: Lebensmittel Zeitung, 24. April 2009, S. 48

GRÜNBLATT, M. (2008), Kooperationen zwischen Markenartikelindustrie und Lebensmitteleinzelhandel zur Optimierung der Wertschöpfungskette – Konzepte, Status quo und Perspektiven, in: Keuper, F., Hogenschurz, B. (Hrsg.): Sales & Service: Ma-nagement, Marketing, Promotion und Performance, Wiesbaden 2008, S. 361-403

HAEHLING VON LANZENAUER, C., PILZ-GLOMBIK, K. (2000), A Supply Chain Optimization Model for MIT's Beer Distribution Game, in: ZfB, 70. Jg. (2000), H. 1, S.101-116

HELNERUS, K. (2007), Die Lücke im Regal, Stuttgart 2007

HERTEL, J., Zentes, J., Schramm-Klein, H. (2005), Supply-Chain-Management und Warenwirtschaftssysteme im Handel, Berlin u. a. 2005

JANZ, M. (2004), Erfolgsfaktoren der Beschaffung im Einzelhandel, Wiesbaden 2004

KPMG (Hrsg.) (2005), Trends im Handel 2005, Köln 2003

KUGELER, M. (2008), Supply Chain Management und Customer Relationship Management – Prozessmodellierung für Extended Enterprises, in: Becker, J., Kugeler, M., Rosemann, M. (Hrsg.): Prozessmanagement: Ein Leitfaden zur prozessorientierten Organisationsgestaltung, 6. Aufl., Berlin 2008, S. 455-491

KUMAR, S., CHANDRA, C., SEPPANEN, M.S. (2007), Demonstrating supply chain parameter optimization through beer game simulation, in: Information Knowledge Systems Management 6 (2007), S. 291-322

LAWRENZ, O., HILDEBRAND, K., NENNINGER, M., HILLEK, T. (2001), Supply Chain Management: Konzepte, Erfahrungsberichte und Strategien auf dem zu digitalen Wertschöpfungsnetzen, 2. Aufl., Braunschweig, Wiesbaden 2001

LEE, L. H., PADMANABHAN, V., WHANG, S. (1997), Information Distortion in a Supply Chain: The Bullwhip Effect, Management Science, 43 (1997) 4, S. 546-558

LEE, L. H., PADMANABHAN, V., WHANG, S. (1997), The Bullwhip Effect in Supply Chains, in: SloanManagement Review, Spring 1997, S. 93-102

LENZ, T. (2008), Supply Chain Management und Supply Chain Controlling in Handelsunternehmen, Hamburg 2008

LOUKMIDIS, G. (2006), Unternehmensübergreifendes Bestandsmanagement, in: Schuh, G. (Hrsg.): Produktionsplanung und -steuerung, 3., völlig neu bearb. Aufl., Berlin u. a. 2006, S. 833-866

MÜLLER-HAGEDORN, L. (1998), Der Handel, Stuttgart, Berlin, Köln 1998

NIENHAUS J. ET AL. (2003), Trends in Supply Chain Management – A survey among more than 200 European Companies, Centre for Enterprise Sciences (BWI), Swiss Federal Institute of Technology (ETH) Zurich, Switzerland, 2003

NIENHAUS, J., ZIEGENBEIN, A., DUIJTS, C. (2003), How human behaviour amplifies the bullwhip effect – a study based on the beer distribution game online, in: Proceedings of the 7th International Workshop of the IFIP WG 5.7 on Experimental Interactive Learning in Industrial Management, Aalborg (Denmark), 22-24 May 2003.

OBERSOJER, T. (2009), Efficient Consumer Response – Supply Chain Management für die Ernährungswirtschaft, Wiesbaden 2009

RODE, J. (2005), Metro verbessert kritische Promotions, in: Lebensmittelzeitung, 12.05. 2005, http://www.lz-net.de/archiv/lznet/mylznet/pages/show.prl?p-rams=keyword%3 D%26all%3D%26type%3D%26where%3D%26suchid%3D947699%26quelle%3D1%26laufzeit%3D&id=45919&currPage=1, zugegriffen am 30.09.2009

SALDITT, T. (2008), Netzwerkmanagement im Handel, Wiesbaden 2008

SCHECKENBACH, R., ZEIER, A. (2003), Collaborative SCM in Branchen, Bonn 2003

SCHIRA, J. (2005), Statistische Methoden der VWL und BWL, 2. Aufl., München 2005

SCHMIDT, S. (2009), Die Diffusion komplexer Produkte und Systeme: Ein systemdynamischer Ansatz, Wiesbaden 2009

SCHUCKEL, M. (2002), Formen, Gründe und Perspektiven der Vertikalisierung, in: Handel im Fokus, 54. Jg., H. III, August 2002, S. 202-215

SEIFERT, D. (2003), Collaborative Planning, Forecasting, and Replenishment, New York 2003

SIMCHI-LEVI, D., KAMINSKY, P., SIMCHI-LEVI, E. (2000), Designing and Managing the Supply Chain: Concepts, Strategies and Case Studies, New York 2000

SIMON, H. A. (1952), On the Application of Servomechanism Theory to the Study of Production Control, Econometrica 20(1952), S. 247-268

TEMPELMEIER, H. (2006), Bestandsmanagement in Supply Chains, 2. Aufl., Norderstedt 2006

TEMPELMEIER, H. (2008), Material-Logistik, 7. Aufl., Berlin u. a. 2008

THONEMANN, U., BEHRENBECK, K., KÜPPER, J., MAGNUS, K.H. (2005), Supply Chain Excellence im Handel. Trends, Erfolgsfaktoren und Best-Practice-Beispiele, Wiesbaden 2005

THONEMANN, U. (2005), Operations Management. Konzepte, Methoden und Anwendungen, München 2005

WAGNER, H. (2006), Die Bahn erschließt den Kontinent Eurasien, in: Eurasisches Magazin, 30.11.2006, www.eurasischesmagazin.de/artikel/drucken.asp?artikelID=20061105, zugegriffen am 2.10.2009

WERNER, H. (2008), Supply Chain Management: Grundlagen, Strategien, Instrumente und Controlling, 3. vollst. überarb. u. erw. Aufl., Wiesbaden 2008

WHITTLER, T. E. (1994), Eliciting Consumer Choice Heuristics: Sales Representives` Persuasion Strategies, in: Journal of Personal Selling & Sales Management, Volume XIV, Number 4, 1994, S. 41-53

ZSCHORN, L. (2007), Quantifizierung von Unsicherheiten in auftragsbezogenen Produktionsnetzen, Diss., Chemnitz 2007

Teil III

Führungsfunktion der Beschaffung

Erfolgsfaktoren des Wandels in der Beschaffung

Tossan Souchon / Miriam Hoestermann

1. Einleitung

Die zunehmende Preisvolatilität und diskontinuierliche Entwicklung der Rohstoffmärkte, der globale Wettbewerbsdruck sowie die fortschreitende technische Entwicklung üben einen gewaltigen Veränderungsdruck auf die Unternehmen der verarbeitenden Industrie aus. Die aktuelle Finanz- und Wirtschaftskrise hat diesen Druck noch verstärkt. Die inhaltliche und prozessuale Gestaltung dieser tiefgreifenden Veränderungen gehören heute zu den wichtigsten Managementaufgaben, die über die Zukunftsfähigkeit von Unternehmen entscheiden. Wandel ist zu einem permanenten und konstitutiven Merkmal geworden (Schreyögg/Noss 2000, S. 45), sowohl für international als auch für national agierende Unternehmen. Wie können sich Unternehmen also anpassen, wie können sie Wandel implementieren?

Schnelle Veränderungen der Unternehmensumwelt bedeuten nicht nur eine Herausforderung für Unternehmen und ihre Mitarbeiter, sondern auch eine Chance, die eigene Position innerhalb des Marktes zu stärken und sich durch eine bessere und schnellere Anpassung an neue Marktgegebenheiten vom Wettbewerb abzusetzen. Dabei gibt es keine Standardlösung, wohl aber Handlungsoptionen und Instrumente, die situativ und individuell angewandt werden können.

Wenngleich nach Lehrmeinung und Meinung der Autoren die strikte Trennung zwischen Strategieentwicklung und Strategieumsetzung keine optimale Gestaltung innerbetrieblicher Wandlungsprozesse erlaubt, soll dennoch zur Begrenzung des Umfangs dieses Beitrags der Schwerpunkt auf der Phase der zielgerichteten Umsetzung strategischen Wandels liegen.

Dieser Beitrag befasst sich mit den Erfolgsfaktoren einer zielgerichteten Umsetzung von Wandel in der Beschaffung von Unternehmen. Obwohl Relevanz und Anwendung strategischer Prozesse im Bereich der Beschaffung in der Theorie zumeist akzeptiert sind, ist die praktische Umsetzung in der Forschung nur unzureichend beschrieben (Stolle 2008, S. 185). Nur wenige Autoren haben das Thema Wandlungsmanagement in Bezug auf die Beschaffung untersucht, obwohl die Beschreibung von Phänomenen des organisationalen Wandels in ihrem Kontext sinnvoll erscheint (Smeltzer 1998, S. 1).

Es ist die Aufgabe des strategischen Beschaffungsmanagements, organisationale Strukturen und Fähigkeiten zu schaffen, die für die ständige Anpassung an die angrenzende komplexe, dynamische Unternehmensumwelt notwendig sind. Im Vordergrund stehen dabei die Schaffung von Wandlungsbereitschaft und Wandlungsfähigkeit. Diese Aufgabe lässt sich nur noch bewältigen, wenn Wandel zur Kompetenz der Beschaffungsorganisation auf allen Ebenen wird. Wandelmanagement bedeutet folglich ein Potenzialmanagement zur Förderung dieser Kompetenz (Schreyögg/Noss 2000, S. 54).

Um die Ansatzpunkte eines beschaffungsbezogenen Potenzialmanagements zu konkretisieren, befasst sich dieser Beitrag mit der Recherche, Gruppierung und Beschreibung von „befähigenden Faktoren" – im weiteren Verlauf des Beitrags Enabler genannt die notwendig sind, damit die Beschaffung strategischen Wandel umsetzen kann. Enabler sollen an diesem Punkt verstanden werden als Faktoren, die den erfolgreichen Implementierungsprozess von Strategien unterstützen. Dazu wurde eine umfangreiche Recherche der relevanten aktuellen Literatur durchgeführt, die im Nachfolgenden skizziert wird. Das Ergebnis dieser Analyse ist eine formale Definition und Beschreibung der Eigenschaften von Enablern (siehe dazu Kapitel 2.1). Kapitel 3.1 beinhaltet die Zuteilung der Enabler zu logischen Clustern. Diese Cluster werden erläutert, um im Anschluss die Beziehungen der Enabler untereinander zu analysieren.

2. Wandel in der strategischen Beschaffung

In der gängigen Literatur wird zwischen der inhaltlichen und prozessualen Sichtweise des strategischen Wandels unterschieden. Die prozessuale Sichtweise wird von Bamberger/Wrona wiederum in eine „inhaltsorientierte Perspektive" und eine „handlungsorientierte Perspektive" unterteilt (Bamberger/Wrona 2004, S. 422).

Der Fokus dieses Beitrags liegt auf der handlungsorientierten Perspektive des Strategieprozesses und der damit verbundenen Frage, wie Wandel in Unternehmen zustande kommt und beeinflusst werden kann. Bamberger/Wrona formulieren in diesem Zusammenhang zwei Teilfragen (Bamberger/Wrona 2004, S. 422):

- Welche Faktoren beeinträchtigen organisationalen Wandel?
- Wie sind Veränderungsprozesse zu gestalten bzw. zu führen?

Zusammengenommen ist das die Frage nach den gestaltbaren Bewegkräften des Wandels, die vorangehend bereits als Enabler benannt wurden.

Mueller-Stewens/Lechner unterteilen den handlungsorientierten, strategischen Prozess in zwei fortlaufende Phasen – Strategieentwicklung und Strategieimplementierung. Während in der Strategieentwicklung der intendierte Wandel abgeleitet wird, ist das Ergebnis der Strategieimplementierung der realisierte Wandel. Laut Mueller-Stewens/Lechner investieren Unternehmen deutlich mehr Ressourcen in den Prozess der Strategieentwicklung als in den der Strategieimplementierung, so dass häufig das intendierte Ergebnis verfehlt wird (Mueller-Stewens/Lechner 2003, S. 47). Obwohl Strategieinhalte ausführlich erklärt werden, wurde bisher kein Lösungsansatz geliefert, der zur erfolgreichen Implementierung, das heißt einer optimalen prozessualen Gestaltung von strategischem Wandel geführt hat (Raps 2004, S. 1).

Die Beschaffung liefert funktionsbezogene strategische Vorgaben für die Gesamtunternehmensstrategie, die ihrerseits den Erfolg des Unternehmens zum Ziel hat (Arnold 1995, S. 61; Large 2009, S. 32 ff.). Neben der Entwicklung von Strategievorgaben obliegt dem strategischen Beschaffungsmanagement auch die Implementierung der funktionsbezogenen Strategien. Die Forschungsfrage der diesem Beitrag zugrunde liegenden Arbeit (Hoestermann 2009, unveröffentlichtes Manuskript) bezieht sich auf die Enabler der erfolgreichen Implementierung von Strategien in der Beschaffung.

Die Identifizierung von erfolgskritischen Enablern für die Implementierung von strategischem Wandel könnte einen signifikanten Beitrag für die Entwicklung eines beschaffungsorientierten Wandlungsmanagement-Prozesses leisten. Dementsprechend muss in einem ersten Schritt der Begriff Enabler definiert werden.

2.1 Enabler: Eine definitorische Abgrenzung

In der Literatur, die sich mit dem Prozess der Implementierung von Wandel befasst, konnten verschiedene Faktoren und Beschreibungen, die zu der o. g. Definition von Enablern passen, gefunden werden. Für diese erste Sichtung der Literatur wurden Enabler als Faktoren, die den Erfolg des Implementierungsprozesses von Strategien fördern, definiert. Im Folgenden werden einige Beispiele der Literaturrecherche aufgelistet, die herangezogen wurden, um die eingangs gewählte Arbeitsdefinition weiterzuentwickeln und zu formalisieren.

„Instrumente des Wandels“ [instruments of change] (Axelsson et al. 2005, S. 11), „Schlüssel-Einflussfaktoren für den Wandel“ [key change drivers] (Carter et al. 2000, S. 1) sowie „kritische Erfolgsfaktoren für den Wandel in der Beschaffung“ [critical success factors for change in purchasing and supply] (Hughes 2001, S. 113) sind einige der Termini, die im Rahmen der Literaturrecherche gefunden wurden.

Andere Autoren benutzen den Begriff „Enabler“ selbst (Stolle 2008, S. 68; Axelsson et al. 2005, S. 5; Monczka/Markham 2007, S. 3) und beschreiben Enabler als Voraussetzung für Beschaffungsmanagement (Stolle 2008, S. 68). Dabei wird unter den Eigenschaften von Enablern besonders die Rolle als „erfolgskritische Einflussfaktoren“ [driver, critical role] ohne direkten Einfluss auf die Leistung (Stolle 2008, S. 68 ff.) oder Initiator des Wandels (Cox 1996, S. 9) hervorgehoben. Krüger (2006, S. 38 ff.) benutzt den Ausdruck „Komponente", während Cox (1996, S. 9) den Begriff „Antreiber des Wandels" [engine of change] verwendet.

Wiederum andere Autoren benennen Enabler als Herausforderungen, zukünftige Aktivitäten, Strategien, zukünftige Entwicklungen oder einfach nur als Wandel (Leenders et al. 2006, S. 17; Ogden et al. 2005, S. 1; Carter/Narasimhan 1996, S. 1). All diese genannten Faktoren können sowohl einen positiven als auch negativen Einfluss auf die Implementierung von strategischem Wandel haben.

Wie man dem kurzen Literaturüberblick entnehmen kann, benutzen verschiedene Autoren eine Vielzahl unterschiedlicher Begriffe und Erklärungen, die unter die gewählte Arbeitsdefinition von Enabler fallen. Zusammenfassend wird in diesem Beitrag der Begriff „Enabler" definiert als „logische Gruppierung von erfolgskritischen Ressourcen für die Entwicklung und Implementierung von Beschaffungsstrategien". Enabler beantworten die häufig gestellte Frage von Beschaffungsverantwortlichen: „Wir wissen, was gemacht werden muss, die Frage ist, wie können wir es umsetzen?" (Axelsson et al. 2005, S. 11).

Dazu ist zunächst im folgenden Kapitel ein Überblick über Enabler in der Beschaffung zu leisten, um diese gemäß ihrer Bedeutung für strategischen Wandel in diesem Funktionsbereich zu analysieren.

3. Enabler in der Beschaffung: Identifizierung und Clusterung

Um so viele Informationen wie möglich bezüglich potenzieller Enabler für strategisches Management in der Beschaffung zu finden, wurde die zuvor beschriebene Literaturrecherche verfeinert, um so eine formale Definition abzuleiten. Literaturquellen zu den Themen „Wandlungsmanagement", „strategische Beschaffung" etc. wurden analysiert und potenzielle Enabler nach Autoren gelistet. Bezogen auf das Thema „Wandlungsmanagement" konnte eine Vielzahl von Quellen gesichtet werden. Potenzielle Enabler wurden dann nach ihrem Kontext systematisiert. Zum Thema Wandlungsmanagement in der Beschaffung fanden sich nur wenige Quellen.

Um ein repräsentatives Ergebnis zu erzielen, wurden die potenziellen Enabler, die unter die formale Definition fallen, hinterfragt und nur mehrfach genannte Enabler weiter in Betracht gezogen. Es würde im Rahmen dieses Beitrags zu weit führen, jeden Autor und die durch ihn genannten Enabler aufzuführen.

3.1 Entwicklung eines Enabler-Clusters in der Beschaffung

Die gemäß den zuvor genannten Kriterien identifizierten Enabler wurden ihrer Bedeutungen nach in Gruppen zusammengefasst. Hierbei entstanden 13 verschiedene Gruppen von E-nablern.

Die Tatsache, dass so viele verschiedene Enabler identifiziert werden konnten, ist ein wichtiger Hinweis darauf, dass wahrscheinlich mehr als nur ein Enabler notwendig ist, um strategischen Wandel in einem Unternehmen zu implementieren.

Weiterhin konnte festgestellt werden, dass unter diesen 13 Gruppen weitere Übereinstimmungen sowie Abhängigkeiten existierten, sodass die 13 Gruppen in fünf Cluster und zwölf Untercluster gebracht werden konnten. Zu jedem Untercluster und dementsprechend auch zu jedem Cluster wurden die jeweils relevanten Enabler zugeordnet. Die fünf identifizierten Cluster sind: Messung (Measurement), Struktur (Structure), Menschen (People), Lieferantenbeziehungen (Supplier Relationships) und Technologie (Technology). Die detaillierte Zuordnung einzelner Enabler zu dem abgeleiteten Cluster kann der nachfolgenden Abbildung 1 entnommen werden.

Cluster and sub-cluster	Enabler	Author/Year
Measurement	▪ Purchasing Performance and Measurement Systems ▪ Performance Measurement ▪ Measurement and Evaluation Systems ▪ Cost control ▪ Staff – Measurement Performance ▪ Measurement	Carter et al. 1996 Carter et al. 2000 Hughes 2001 Monczka et al. 2002 Pooler et al. 2004 Axelsson et al. 2005 Leenders et al. 2006
Structure		
Cross-Function	▪ Cross-functional teams ▪ High levels of cross-business co-operation ▪ Effective cross-functional teams	Carter et al. 1996 Monczka et al. 2002 Ogden et al. 2005 Huges 2001 Monczka et al. 2007
Organization	▪ Organizational Restructuring ▪ Mission ▪ Culture ▪ Structure ▪ Organization ▪ Supply Management Organization	Smeltzer 1998 Moore et al. 2002 Monczka et al. 2002 Axelsson et al. 2005 Carter et al. 2007
Strategy	▪ Purchasing Strategy Development ▪ Agreed Purchasing Strategy	Carter et al. 2000 Hughes 2001
System	▪ Systems ▪ Purchasing Performance Measurement Systems ▪ Integrated Information System ▪ Measurement and Evaluation Systems ▪ Information Systems Development and Applications ▪ Structures and Systems ▪ Purchasing Systems and Services	Carter et al. 1996 Carter et al. 2000 Monczka et al. 2002 Stolle 2008 Odgen et al. 2005

Abbildung 1: *Logische Cluster von Enablern (Teil I)*

Cluster and sub-cluster	Enabler	Author/Year
People		
Manager	▪ Increase Involvement in Team Membership ▪ Hire a new CPO from another Organization ▪ CPO with managerial Experience ▪ Highly trained Professionals ▪ Leadership ▪ Choosing a CPO with high Management Skills rather that purchasing ▪ Leadership and Consistency with sound Understanding of Change Management ▪ Redeployment of Human Resources ▪ Mindset and Aspiration ▪ People Management ▪ New CPO/Staff from outside the Company / Function with managerial Skills ▪ Acquiring ▪ Managing a diverse, and dispersed global Workforce	Smeltzer 1998 Moore et al. 2002 Axelsson et al. 2005 Moore et al. 2002 Hughes 2001 Pooler et al.2004 Stolle 2008 Feisel et al. 2008 Carter et al. 2007
Staff	▪ Increase Involvement in Team Membership ▪ Organization restructuring (in terms of staff) ▪ Top Quality Staff ▪ Human Resource Development and Application ▪ Redeployment of Human Resources ▪ Mindset and Aspirations ▪ New CPO/Staff from outside the Company/ Function with managerial skills ▪ Acquiring	Smeltzer 1998 Hughes 2001 Monczka et al. 2002 Pooler et al. 2004 Stolle 2008 Feisel et al. 2008 Carter et al. 2007
Strategy	▪ Purchasing Strategy Development ▪ Negotiation Strategies ▪ Agreed purchasing Strategies	Carter et al. 2000 Hughes 2001
Top-Management	▪ High level of Support from Top-Management ▪ Development of internal Management ▪ Redeployment of Human Resources ▪ Executive Engagement ▪ Acquiring	Hughes 2001 Pooler et al. 2004 Monczka et al. 2007 Carter et al. 2007
Training and Development	▪ Training/Education ▪ Ongoing Training and Development ▪ Developing and retaining Talent	Carter et al. 1996 Hughes 2001 Carter et al. 2007

Abbildung 2: *Logische Cluster von Enablern (Teil II)*

Cluster and sub-cluster	Enabler	Author/Year
Supplier Relationship	▪ Buyer-Supplier Alliance ▪ Strategic Supplier Alliance ▪ Negotiation Strategy ▪ Global Partnerships and Alliances ▪ Supplier Strategic Alliances ▪ Increased Joint Planning and Development Activities between Buyers and Suppliers ▪ Increased use of Supplier Alliances ▪ Supplier Relations ▪ Collaborative Relationships	Smeltzer 1998 Monczka et al. 2000 Carter et al. 2000 Pooler et al. 2004 Ogden et al. 2005 Axelsson et al. 2005 Carter et al. 2007
Technology	▪ Information technology ▪ EDI and Procurement Cards ▪ Technology ▪ Decreasing life Cycles for Leading Edge electronic Components ▪ Information Technology ▪ Web-based Application ▪ Information and Communications Technology ▪ Electronic Data Interchange ▪ Use of Information Technology ▪ World Wide Web ▪ Technologic Opportunities ▪ Technology and Innovation	Carter et al. 1996 Smeltzer 1998 Read 2004 Pooler et al. 2004 Axelsson et al. 2005 Ogden et al. 2005 Leenders et al. 2006 Monczka et al. 2007

Abbildung 3: *Logische Cluster von Enablern (Teil III)*

4. Diskussion ausgewählter Enabler

Die fünf aufgestellten Cluster, ihre Untercluster sowie die jeweils zuzuordnenden Enabler werden im Folgenden genauer beschrieben. Es kann im Rahmen dieses Beitrags jedoch nicht auf alle Ergebnisse ausführlich eingegangen werden. Der interessierte Leser wird auf die Ergebnisse der Bachelor Arbeit „Analyzing the essential enabler towards strategic change in procurement“ (Hoestermann 2009, unveröffentlichtes Manuskript) verwiesen.

4.1 Cluster: Messung (Measurement)

Insgesamt wurden drei Arten von umsetzungsrelevanten Messungen erwähnt und in der Literatur mit Beschaffungsbezug beschrieben – Messung der Arbeitsleistung von Mitarbeitern, Messung von Kosten und Beschaffungserfolgsmessung.

Die Literaturrecherche ergab unter anderem folgende Ergebnisse: Pooler et al. (2004) nennen die umsetzungsfördernde Wirkung von Methoden der Kostenmessung. Dieser Enabler bezieht sich auf die Messung der Kostenstruktur eines Unternehmens. Aufgrund der zunehmenden Fokussierung von Kosten, Zeit und Qualität gewinnt die Transparenz der Kostenstruktur innerhalb des Unternehmens an großer Bedeutung und kann daher als Initiator oder als Einflussfaktor des Wandlungsprozesses in der Beschaffung definiert werden (Pooler et al. 2004, S. 422 ff.).

Der Enabler „Messung von Arbeitsleistung" [purchasing team performance] wurde von Hughes (2001) beschrieben, der diesen als essenziell für den Wandel innerhalb der Beschaffung identifiziert. Darüber hinaus verdeutlicht Hughes, dass die Messung von Arbeitsleistung durch eine klare Zielsetzung, zeitnahe Informationen und ein verbessertes Berichtssystem unterstützt wird (Hughes 2001, S. 114). Axelsson et al. (2005) benennen die Messung von Leistungsindikatoren [performance indicators] aufgrund ihrer allgemeinen Wahrnehmbarkeit als Enabler für den strategischen Wandel in der Beschaffung. Die vorsichtige Auswahl, Anwendung und Interpretation von wenigen aussagekräftigen Leistungsindikatoren zur Kontrolle des Fortschritts der Leistungsentwicklung wird von den Autoren als erfolgsentscheidend bewertet (Axelsson et al. 2005, S. 211).

Leenders et al. (2006, S. 17) sehen den Grund für die Bedeutung des Enablers „Messung" in dem erhöhten Interesse an verbesserten Methoden, um den potenziellen Leistungsbeitrag der Beschaffungsfunktionen nachweisbar und transparent zu machen. Messmethoden werden genutzt, um Informationen über Beiträge der Beschaffung zu erhalten sowie um die Vorteile von innovativem Beschaffungsmanagement und Beschaffungsprojekten einzuschätzen. Allerdings wird darauf hingewiesen, dass es keine Methode gibt, die für alle Unternehmen ohne weiteren, zumeist beachtlichen Anpassungsaufwand genutzt werden kann. Der Enabler muss an ein Unternehmen und dessen strategische Position angepasst werden.

Eben aus diesem Grund kann der Literatur nicht eindeutig entnommen werden, welche Indikatoren gemessen werden müssen. Daher ist eine der wichtigsten Aufgaben des Beschaffungs- und des Top-Managements, das Set von Leistungsindikatoren [key performance indicators] zu definieren, das für die Kontrolle der Entwicklung der Beschaffung eines jeweiligen Unternehmens in der individuellen Situation geeignet erscheint.

4.2 Cluster: Struktur (Structure)

Die Wichtigkeit einer adäquaten Organisationsstruktur in der Beschaffung wurde von vielen Autoren gleichermaßen betont. Darauf aufbauend wurde ein weiteres Cluster von potenziellen Enablern für die Implementierung von strategischem Wandel in der Beschaffung gebildet.

Die Analyse ergab, dass die Cluster-Struktur in verschiedene Untercluster unterteilt werden kann: Cross-Business, Organisation, Strategie und Systeme.

4.2.1 Bereichsübergreifende Aktivitäten und Teams (Cross-function)

Bereichsübergreifende Aktivitäten wurden von vier namhaften Autoren als essenzielle E-nabler genannt. Alle betonen die Wichtigkeit von effizienten cross-funktionalen Teams für den strategischen Wandel (Carter/Narasimhan 1996, S. 4; Ogden et al. 2005, S. 2).

Hughes (2001, S. 114) nennt „cross-business cooperations", die übergeordnete unternehmensübergreifende Aktivitäten beschreiben. Carter/Narasimhan (1996, S. 4), Monczka et al. (2002, S. 709), Monczka/Markham (2007, S. 3) und Ogden et al. (2005, S. 2) beziehen sich auf die Vorteile von cross-funktionalen Teams, die ihren Fokus auf interne funktionsübergreifende Aktivitäten legen.

Cross-funktionale Teams werden von Monczka et al. (2002) als Enabler für die Implementierung von modernen Beschaffungsstrategien bezeichnet. Diese Teams sind essenziell für das Beurteilen, Auswählen, Führen und Entwickeln von Lieferanten. Hervorgehoben wird die Anordnung dieser Teams auf höherer Hierarchieebene: „The right structure means using higher level cross-functional teams" (Monczka et al. 2002, S. 709). Neben der Bedeutung für die unternehmensinterne Organisation wird auch die Einbindung von Lieferanten in diese Teams empfohlen.

Laut Monczka/Markham (2007, S. 3) gehören effektive cross-funktionale Teams zu den wichtigsten Enablern in strategischen Beschaffungsprozessen.

Zusammenfassend ist festzustellen, dass alle Autoren eine hohe Bedeutung cross-funktionaler Teams in strategischen Beschaffungsprozessen beschreiben.

4.2.2 Aufbauorganisation (Organization)

Die Beschaffungsfunktion kann von verschiedenen Unternehmenseinheiten, Abteilungen, Teams oder Personen wahrgenommen werden. Dies führt zu einer Erhöhung der Komplexität in diesem Funktionsbereich. Unternehmen unterscheiden sich hinsichtlich ihres strukturellen

Aufbaus und damit auch bezüglich des Einflusses, den strategischer Wandel auf diese Strukturen hat. Auch hier wird besonders deutlich, dass Wandel unternehmensspezifisch gemanagt werden muss. „Organisation" ist aus diesem Grund als ein weiteres Untercluster aufgeführt.

Verschiedene Aspekte konnten in der Literatur identifiziert werden, die für das Untercluster „Organisation" relevant sind. Einige Beispiele werden im Folgenden genannt.

Monzcka et al. (2002) sowie Rozemeijer/Wynstra (2005) identifizieren „Organisation" als einen wichtigen Enabler für den Funktionsbereich Beschaffung.

Die „richtige" Organisationsstruktur ist wichtig für die effiziente Unterstützung der Firmenstrategie (Monczka et al. 2002, S. 710). Rozemeijer/Wynstra (2005, S. 86) fügen hinzu, dass der Ausgangspunkt von tiefgreifenden strategischen Wandlungsprozessen oft ein initialer Wandel im Unternehmensdesign ist. Es ist zusätzlich festzustellen, dass jeder größere Wandel in einem Unternehmen meist automatisch einen Wandel in der Unternehmensstruktur bedingt.

Carter et al. (2007, S. 1 ff.) erläutern, dass sich das Organisationsmanagement im Funktionsbereich Beschaffung externen Entwicklungen anpassen muss. Hierbei ist besonders die Anpassung an einen verstärkten Wettbewerb hervorzuheben. Unternehmen können sich diesen Veränderungen nur durch ein Re-Design ihrer Strukturen, Methoden sowie Strategien anpassen.

Wiederum ist festzustellen, dass die meisten der genannten Autoren auf ein ähnliches Ergebnis kommen bei der Beantwortung der Frage, was für die Implementierung von strategischem Wandel wichtig ist. Einigkeit besteht, dass Organisation, meistens mit Bezug auf den strukturellen Aufbau der Beschaffungsfunktion, ein essenzieller Enabler ist.

4.2.3 Strategie (Strategy)

Die Art und Weise, wie Strategien zustande kommen, hat Einfluss auf den Verlauf strategischer Prozesse und damit letztendlich auch auf den Unternehmenserfolg (Bamberger/Wrona 2004, S. 409 ff.). Aus situativ auftretenden Umweltfaktoren lassen sich keine allgemeingültigen Handlungsoptionen für die Implementierung von strategischem Wandel ableiten. Die Kenntnis um interne Einflussgrößen im Kontext der Beschaffung kann dagegen hilfreich sein.

Hughes (2001, S. 114) nennt gemeinschaftlich ausgearbeitete, vereinbarte und umgesetzte Beschaffungsstrategien [agreed purchasing strategies] im Sinne einer Selbstverpflichtung des Unternehmens, um eine gesteigerte Einflussnahme der Beschaffung auf wesentliche Beschaffungsaktivitäten nachhaltig zu gewährleisten.

Carter et al. (2000, S. 4 ff.) führen die Top-down-„Entwicklung von Beschaffungsstrategien" [Purchasing strategy development] an. Die Autoren halten es für erfolgsentscheidend, dass die Gesamtunternehmensstrategie zunehmend auch Beschaffungsstrategien beinhaltet, um weitere Erfolgspotenziale aufzubauen und zu nutzen, um sich somit vom Wettbewerb zu differenzieren. Beschaffungsstrategien sind deshalb auch ein wichtiges Thema für die Führung eines Unternehmens.

4.2.4 Systeme (Systems)

Das abgeleitete Untercluster „Systeme" wird von mehreren Autoren als wichtig für den Prozess der Implementierung von Strategien innerhalb der Beschaffungsfunktion angesehen. Unter Systemen werden an dieser Stelle strategische Planungs- und Kontrollsysteme verstanden. Sie unterstützen die Führungsfunktionen in Unternehmen (Bamberger/Wrona 2004, S. 233). Auch hier findet sich eine enge Verzahnung zu weiteren Unterclustern und Enablern, wie z. B. zur Ergebnismessung. Im Folgenden wird eine Auswahl der Rechercheergebnisse dargestellt.

Laut Carter et al. (2000, S. 6) können integrierte Informationssysteme die Nutzung von einheitlichen, industrieübergreifenden Leistungsindikatoren von Versorgungsketten fördern.

„Messung und Auswertungssysteme" [measurement and evaluation systems] werden von Monczka et al. (2002, S. 709 ff.) als Enabler in Bezug auf die Kontrolle der Effektivität der Beschaffung wie auch der Leistung von Lieferanten genannt. Diese Nennung kann also sowohl den Systemen an sich als auch dem Cluster „Messung" zugeordnet werden, was wiederum die enge Verbindung zwischen den Clustern verdeutlicht. Neben „Messung und Auswertungssystemen" nennen die Autoren die Entwicklung und Anwendung von „Informationssystemen" als kritischen Enabler. Systeme werden verstanden als Enabler der Integration von Prozessen im Sinne eines effektiven und effizienten Informationsaustausches, sowohl innerhalb des Unternehmens als auch mit anderen Unternehmen. Dieser Enabler lässt sich auch dem Cluster „Technologie" zuordnen.

4.3 Cluster: Menschen (People)

Die Menschen in einem Unternehmen stehen im Mittelpunkt von Wandlungsprozessen. Enabler im Zusammenhang mit „Menschen" wurden in Bezug auf Wandel in der Beschaffung am häufigsten genannt. Das Cluster „Menschen" wurde in fünf verschiedene Untercluster unterteilt: Manager, Mitarbeiter, Strategie, Top-Management sowie Ausbildung & Entwicklung.

Viele Enabler werden mehr als einmal genannt, da sie nicht ausschließlich nur einem der Untercluster zugeordnet werden können. Dies wird deutlich, wenn man sich diesem Cluster detaillierter zuwendet.

4.3.1 Manager (Manager)

Dieses Untercluster umfasst alle Managementpositionen bis zur oberen Führungsebene und schließt den „Chief Purchasing Officer" (CPO) ein. Dies erscheint sinnvoll, da der „CPO" in vielen Fällen kein Mitglied der Geschäftsführung ist (Smeltzer 1998, S. 7). Das Untercluster weist die größte Zahl an genannten Enablern auf, was die Bedeutung unterstreicht. Dem Top-Management (Geschäftsführung, Vorstand) wird ein eigenes Untercluster gewidmet.

Smeltzer beschreibt als Ergebnis einer Studie den starken Zusammenhang zwischen erfolgreichem Wandel in der Beschaffung und der Neueinstellung eines CPO. Dabei sollte dieser CPO hauptsächlich Führungsqualitäten und Erfahrungen in der Umsetzung von Veränderungsprozessen haben. Spezifische Kenntnisse der Beschaffung sind von untergeordneter Bedeutung (Smeltzer 1998, S. 5 ff.).

Moore et al. vertreten ebenfalls diese Ansicht und stellen die Rekrutierung einer Spitzenkraft mit Managementerfahrung für die Rolle des CPO als wichtigen Enabler heraus, der die Bedeutung der Beschaffung sichtbar unterstreicht (Moore et al. 2002, S. 12). Feisel et al. (2008, S. 13) deuten die Rekrutierung eines Fachfremden für die Aufgabe des CPO als Indikator für die mangelnden Fähigkeiten von Beschaffungsverantwortlichen, den strategischen Wandel ihrer Funktion zu gestalten.

In diesem Cluster wurde darüber hinaus häufig der Einfluss von Führung und hoch professionellen Beschaffungsmitarbeitern diskutiert. Moore et al. (2002, S. 3) betonen die Wichtigkeit von gut ausgebildeten Experten für das strategische Management von Wandlungsprozessen in der Beschaffung.

4.3.2 Mitarbeiter (Staff)

Das Untercluster „Mitarbeiter" bezieht sich auf alle Mitarbeiter der Beschaffung eines Unternehmens, die nicht die Position eines Managers oder Top-Managers innehaben.

Smeltzer untersuchte in einer Studie Initiativen für Wandel in der Beschaffung. Häufigste Nennung waren organisationale Restrukturierungen verbunden mit der Einstellung von qualifizierterem Personal und der Versetzung weniger kompetenter Mitarbeiter (Smeltzer 1998, S. 3). Hughes spricht vom Einsatz [appointment] hoch qualifizierten Personals als kritischem Erfolgsfaktor für den Wandel [Hughes 2001, S. 113). Feisel et al. betonen, dass die Leistung der Beschaffung ganz wesentlich von den Fertigkeiten und Fähigkeiten der Mitarbeiter abhängt. Diese haben sich im Vergleich zum Fortschritt in der Profession häufig nicht ausreichend weiterentwickelt. Gutes Personal wird zum Engpassfaktor (Feisel et al. 2008, S. 15). Carter et al. beschreiben die Notwendigkeit der Mitarbeiter, sich auf wandelnde Verhaltensmuster und Formen der Zusammenarbeit am Beschaffungsmarkt einzustellen (Carter et al. 2000, S. 9).

Pooler et al. (2004, S. 423) erläutert die Wichtigkeit der dynamischen Anpassung von Personal an ständig neue Herausforderungen. Dynamische Anpassung wird verstanden als Reduzierung von Personal, Umschulung und gesteigerte Flexibilität von Mitarbeitern.

Die Trennung zwischen „Manager“ und „Mitarbeiter“ erscheint sinnvoll – auch wenn eine sehr ähnliche Struktur von Enablern erkannt wurde – um die Bedeutung der Personalentwicklung im Funktionsbereich Beschaffung deutlich hervorzuheben.

4.3.3 Strategie (Strategy)

Das Untercluster „Strategie” wurde bereits im Zusammenhang mit dem Cluster „Struktur” erläutert und soll aus diesem Grund nicht erneut betrachtet werden.

4.3.4 Top-Management (Topmanagement)

Tiefgreifender Wandel ist ohne Unterstützung des Top-Managements nicht denkbar, wenngleich die Initiative auch an anderer Stelle entstehen kann. Das Top-Management ist idealerweise aktiv an dem Veränderungsprozess beteiligt oder schafft die Voraussetzungen hierfür. Wie bereits oben ausgeführt, gilt es, entsprechende organisationale Strukturen und Fähigkeiten zu schaffen und permanent aufrechtzuerhalten. Smeltzer (1998) hat sich mit dem Führungsverhalten der Geschäftsführung in Veränderungsprozessen der Beschaffung befasst und Empfehlungen für eine erfolgreiche Umsetzung formuliert (Smeltzer 1998, S. 7 ff.) Die Studie von Hughes aus dem Jahr 2001 belegt die Wichtigkeit von sichtbarer Zustimmung [visible buy-in] und Unterstützung durch den Vorstand und das Top-Management (Hughes 2001, S. 113). Besonders deutlich wird diese Zustimmung, wenn der Vorstandsvorsitzende [CEO] die strategische Neuausrichtung der Beschaffung selbst öffentlich ankündigt (Smeltzer 1998, S. 3). Hughes (2001) nennt auch die innere Einstellung des Managements als kritischen Erfolgsfaktor (Hughes 2001, S. 113).

Das Engagement des Top-Managements ist schon deshalb entscheidend, weil dieses die notwendigen Ressourcen für die Umsetzung strategischer Prozesse freigibt (Monczka/Markham 2007, S. 3, Smeltzer 1998, S. 3). Smeltzer (1998) beobachtet einen starken Zusammenhang zwischen erfolgreichem Wandel und der Neueinstellung eines CPO durch den Vorstandsvorsitzenden. Dieser demonstriert damit zugleich eine veränderte Erwartungshaltung (Smeltzer 1998, S. 3).

Eine wichtige Verbindung besteht zu dem Enabler „Messung”. Nur wenn es gelingt, die Ziele der Beschaffung ausreichend zu abstrahieren, wird das Top-Management diese verstehen und den Wandel unterstützen.

4.3.5 Training & Entwicklung (Training and Development)

Lernen und Wandel sind eng miteinander verbunden. Wenn Menschen neue Informationen aufnehmen und verarbeiten und im Ergebnis ihr Verhalten ändern, hat dieser Lernprozess zu Wandel geführt (Schreyögg/Noss 2000, S. 45, Bamberger/Wrona 2004, S. 361). „Training”

(Carter/Narasimhan 1996, S. 8) und „Ausbildung" [education] (Carter/Narasimhan 1996, S. 8) sind entscheidend, um die Möglichkeiten und das Wissen der Mitarbeiter zu erweitern. Dabei wird sowohl technischer Fachkenntnis als auch Managementskills gleiche Bedeutung beigemessen.

Sowohl individuelle Trainingsmaßnahmen als auch die Schulungssystematik einer Organisation können Ausgangspunkt für strategische Veränderungen in der Beschaffung sein (Axelsson et al. 2006, S. 135).

Feisel et al. (2008) betrachten das Training der Mitarbeiter als unabdingbare Voraussetzung für eine strategische Entwicklung der Beschaffung. Dabei ist nicht eindeutig, welche Fähigkeiten bevorzugt und systematisch geschult werden sollen und in welchem Maße sie zur Leistungssteigerung beitragen (Feisel et al. 2008, S. 15). Axelsson et al. empfehlen die Entwicklung von konzeptionellen Fähigkeiten. Wenn Mitarbeiter die strategischen Ziele und Herausforderungen besser verstehen, sinkt der Widerstand gegen Wandel und die Motivation steigt (Axelsson et al. 2006, S. 161).

Hughes (2001) nennt in seiner Analyse kontinuierliches Training und Weiterbildung, um die Fähigkeiten von neu eingesetztem, hochqualifiziertem Personal auf Best-Practice-Niveau zu bringen, als kritischen Erfolgsfaktor für Wandel (Hughes 2001, S. 114).

Die Autoren vertreten die Meinung, dass, obwohl „Personalentwicklung" an sich nichts Neues darstellt, die Bedeutung dieses Enablers besonders im Kontext der Implementierung von strategischem Wandel in der Beschaffung nicht unterschätzt werden darf. Diese These wird auch gestützt durch die starke Verbindung dieses Unterclusters mit anderen Clustern und Enablern. Es ist die Frage aufzuwerfen, ob die Wirksamkeit von Enablern nicht durch einen Verzicht auf „Training & Entwicklung" abgeschwächt werden könnte.

4.4 Cluster: Lieferantenbeziehungen (Supplier Relationships)

Das Cluster „Lieferantenbeziehungen" wurde nicht weiter unterteilt, da es sich um ein Cluster mit eindeutig zuordenbaren Enablern handelt. Durch die Einbeziehung der Lieferanten umschließt das Cluster den Teil des Umfelds der Unternehmung, der noch direkt durch die Beschaffung beeinflusst werden kann. Je intensiver die Bindung zwischen Lieferanten und der Unternehmung, umso mehr führt ein Wandel innerhalb der Beschaffung ebenfalls zu einem Wandel bei den Lieferanten. Lieferanten werden dann gleichermaßen von dem strategischen Wandel beeinflusst.

In diesem Kontext werden hauptsächlich die Effekte von Zusammenschlüssen zwischen Lieferanten und Beschaffern jedweder Art zur Entwicklung und Implementierung von Beschaffungsstrategien diskutiert. Ein wesentlicher Enabler sind Lieferanten-Abnehmer-Beziehungen, die in der Analyse von Smeltzer (1998, S. 1 ff.) eine zentrale Rolle spielen.

Ogden et al. (2005) nennen in diesem Kontext zwei Enabler, die beide als Allianzen zwischen Beschaffer und Lieferant beschrieben werden: „strategische Partnerschaften mit Lieferanten" [supplier strategic alliances] sowie die zunehmende Etablierung solcher Partnerschaften (Ogden et al. 2005, S. 2). Die vorgenannten Enabler sind bisher nur eine Art Trendaussage, sie sollen dennoch in die Überlegungen mit aufgenommen werden, um die zukünftige Bedeutung von Lieferanten-Beschaffer-Beziehungen für die Generierung von Wettbewerbsvorteilen in der Beschaffung nicht aus den Augen zu verlieren.

Auch Dubois/Wynstra (2005, S. 61 ff.) nennen Lieferantenbeziehungen als wichtigen Enabler. Sie heben die externe Seite der Beschaffungsfunktion hervor, wie dies bereits zu Beginn des Kapitels beschrieben wurde. In den letzten Jahren lag die Aufmerksamkeit eher auf dem klassischen Ansatz des Lieferantenmanagements. Neuere Ansätze fokussieren den Partnerschaftsgedanken in Beschaffer-Lieferanten-Beziehungen, was wiederum die Wichtigkeit eines gemeinsamen Netzwerks hervorhebt. Dementsprechend steht die Beschaffung vor der Herausforderung, Teams zwischen Beschaffungsmitarbeitern und Mitarbeitern des Lieferanten zu schaffen. Die Fähigkeit, solche Teams zu bilden und zur Arbeit zu befähigen, wird als ein zukünftig essenzieller Enabler für die Implementierung von strategischem Wandel bewertet.

Die „Verhandlungsstrategie" [negotiation strategy] ist als Enabler maßgeblich für die Etablierung von Win-Win-Beziehungen mit Lieferanten und daher dem Cluster „Supplier Relationships" zuzuordnen.

Zusammenfassend kann festgehalten werden, dass aufgrund der zunehmenden Bedeutung dieser „neueren Ansätze" des Lieferantenmanagements Wandel innerhalb der Beschaffung zu Wandel innerhalb der Lieferantenbeziehungen führt. Daher sind das allgemeine Cluster „Lieferantenbeziehung" sowie die dazugehörigen Enabler als grundlegend für die Implementierung von Wandel in der Beschaffungsfunktion anzusehen.

4.5 Cluster: Technologie (Technology)

„Technologie" wurde oben bereits im Zusammenhang mit anderen Enablern respektive Unterclustern genannt. Unter Technologie wird in diesem Beitrag moderne computergestützte Informations- und Kommunikationstechnologie verstanden. Sie dient der Informationsgewinnung, -verarbeitung und der Informationsübertragung und ist elementarer Bestandteil von strategischen Prozessen, die in ihrem Kern Informationsverarbeitungsprozesse darstellen (Bamberger/Wrona 2004, S. 240 ff.). Betrachtet werden sowohl umweltbezogene Systeme (z. B. E-Procurement) als auch unternehmensbezogene Systeme (z. B. Messung der Beschaffungsleistung). Aufgrund seiner Trennschärfe wird dieses Cluster nicht in weitere Untercluster untergliedert.

Moderne Informationstechnologie ist eine der Hauptantriebskräfte für die Entwicklung von Organisationen zu effektiven, flexiblen, hoch verknüpfungsfähigen Netzwerken (Schreyögg/Noss 2000, S. 43). Der Zugang zu Netzwerken erfolgt zunehmend über das Internet.

Hultman/Axelsson (2005) betrachten Netzwerke und die Einführung neuer Informations- und Kommunikationstechnologien als festen Bestandteil von strategischem Wandel in der Beschaffung. Oftmals ist die Einführung solcher Technologien der Ausgangspunkt für tiefgreifende Veränderungen. Im Umkehrschluss besteht die Gefahr für Unternehmen, auf Jahre hinaus den Anschluss an den Wettbewerb zu verlieren, wenn solche technologischen Neuerungen verworfen werden (Hultman/Axelsson 2005, S. 181).

Pooler et al. (2004) beschreiben Informationstechnik und internetbasierte Applikationen als Entwicklungen, deren Anwendung in der Beschaffung zwar bereits fortgeschritten ist, die Weiterentwicklung der Funktion aber auch zukünftig ganz wesentlich beeinflussen wird. Beide Technologien fördern das Zusammenspiel zwischen Beschaffern und Lieferanten in erheblichem Maße und führen zu einer Leistungssteigerung (Pooler et al. 2004, S. 422). Auch Leenders et al. (2006) heben den Einfluss von elektronischen „Business-to-Business"-Anwendungen auf die Entwicklung der Beschaffung hervor. Sie sehen in neuen Technologien jedoch auch eine signifikante Herausforderung für Unternehmen bei der Auswahl und Einführung derselben (Leenders et al. 2006, S. 17).

Read (2004) stellt fest, dass informationstechnologische Entwicklungen den Beschaffungsprozess revolutioniert haben und die Mehrheit der Beschaffungsabteilungen heutzutage vollständig an das Internet angeschlossen ist. Somit spielt Technologie eine wichtige Rolle in der Beschaffung und ermöglicht und fördert schon heute in erheblichem Maße den Wandel in der Beschaffungsfunktion. Read sieht die Bedeutung neuer Technologien in der Beschaffung konkret in der Unterstützung, Prozessschritte transparenter zu gestalten, sowie in der Möglichkeit, entscheidungsrelevante Informationen zu generieren (Read 2004, S. 19).

Hultman/Axelsson (2005) unterscheiden zwei grundsätzlich verschiedene Technologieanwendungen [applications] je nach strategischer Ausrichtungen der Beschaffung. Technologieanwendungen können die Beziehungen zu Lieferanten intensivieren oder eingesetzt werden, um die Transaktionen zu optimieren (Hultman/Axelsson 2005, S. 186).

5. Wechselwirkung von Enablern

Wie bereits oben angedeutet, existieren vielfältige und sehr enge Beziehungen zwischen Enablern bzw. Unterclustern. Dennoch vertreten die Autoren die Ansicht, dass die identifizierten Gruppen nicht weiter zusammengelegt werden können, da sie eigenständige Aspekte des Wandlungsprozesses repräsentieren. Im Folgenden werden einige dieser Zusammenhänge näher erläutert.

Eine sehr starke Verbindung kann zwischen dem Untercluster „Training & Entwicklung" und verschiedenen anderen Unterclustern gesehen werden. Die engsten Verbindungen bestehen zu dem Cluster „Menschen" sowie zu den Unterclustern „Technologie" und „Strategie".

Die starke Verbindung zwischen „Training und Entwicklung" und den Menschen in einem Unternehmen ist offensichtlich, da Personalentwicklungsmethoden der Besserqualifizierung von Mitarbeitern dienen. Das Wissen der Mitarbeiter ist zu erweitern, um ein so genanntes „Best Practice Level" zu erreichen (Carter/Narasimhan 1996, S. 8; Hughes 2001, S. 114). An diesem Punkt wird auch die Verbindung zwischen „Training & Entwicklung" und „Ergebnismessung" sichtbar, da nach erfolgreicher Implementierung von Trainingsmaßnahmen Messmethoden eingeführt werden müssen, um den erzielten Fortschritt zu dokumentieren (Carter, P./Carter, J. 2007, S. 5).

Die Beziehung zum „Technologie"-Cluster besteht darin, dass bei der Einführung neuer Systeme oder Technologien innerhalb eines Unternehmens oder eines Funktionsbereichs die Mitarbeiter, die mit diesen neuen Systemen oder Technologien arbeiten werden, auch entsprechend geschult werden müssen. In Abhängigkeit der sozialen Randbedingungen und des Umfangs der Maßnahme kann es sinnvoll sein, vorhandene, ungeschulte Mitarbeiter durch neue, geschulte Mitarbeiter zu ersetzen. Eine weitere Beziehung kann zwischen „Training & Entwicklung" und „Strategie" gesehen werden.

Ohne an dieser Stelle tiefer auf die beispielhaft skizzierten Zusammenhänge einzugehen, kann zusammenfassend festgehalten werden, dass gerade diese gegenseitigen Abhängigkeiten äußerst bedeutsam für den Implementierungsprozess von strategischem Wandel in der Beschaffung sind. Um jedoch empirisch nachzuweisen, in welchem Maße die Wirksamkeit der unterschiedlichen Enabler und Untercluster bei gleichzeitiger Anwendung sich gegenseitig positiv beeinflusst, sind weitere Untersuchungen notwendig.

6. Zusammenfassung

Unternehmen müssen sich ständig an Veränderungen in ihrem Umfeld anpassen. Wandel als fortlaufenden Prozess zu verstehen und ihn als solchen umzusetzen, ist als eine der wichtigsten unternehmerischen Kompetenzen zu definieren. Das Portfolio strategischer Möglichkeiten in der Beschaffung ist in der relevanten Literatur inhaltlich genauestens beschrieben. Die Herausforderung liegt in der erfolgreichen Implementierung dieser Strategieoptionen. Das Hauptaugenmerk erfolgreichen unternehmerischen Handelns liegt dabei auf dem Prozess, externe, dynamische Konditionen in internen, strategischen Wandel zu überführen.

Fehlende theoretische Leitlinien, diesen Implementierungsprozess von Wandel in der Beschaffung zu managen, lässt Beschaffungsverantwortliche häufig fragen: „Wie sollen wir es machen?" Obwohl die meisten Autoren die Wichtigkeit eines integrierten Strategieentwicklungs- und Implementierungsprozesses erkannt haben, liegt der Hauptfokus der theoretischen Erläuterungen immer noch auf der Strategieentwicklung. Die entwickelte systematische Struktur möglicher Enabler vereinfacht die Umsetzung strategischen Wandels innerhalb eines Unternehmens und macht somit den Weg frei für einen hochqualitativen Strategieprozess in der Beschaffung. Dabei wurden fünf Hauptcluster „Messung", „Struktur", „Menschen", „Lieferantenbeziehungen" und „Technologie" gemäß ihrer häufigsten Nennung identifiziert. Ähnlich wurde bei den Unterclustern und Enablern verfahren. Die Autoren dieses Beitrags sind davon überzeugt, dass die erarbeitete Struktur essenzieller Enabler für die Implementierung von strategischem Wandel in der Beschaffung alle wesentlichen Aspekte enthält. Belege dazu finden sich auch in der ausgiebigen Literaturrecherche.

Literatur

ARNOLD, U. (1995), Beschaffungsmanagement, Stuttgart 1995

AXELSSON, B., ROZEMEIJER, F., WYNSTRA, F. (2005), The case for change, in: Developing Sourcing Capabilities, hrsg. v. Axelsson, B., Rozemeijer, F. und Wynstra, F., West Sussex, 2005

AXELSSON, B., ROZEMEIJER, F., WYNSTRA, F. (2005), Supporting change through performance measurement, in: Developing Sourcing Capabilities, hrsg. v. Axelsson, B., Rozemeijer, F. und Wynstra, F., West Sussex, 2005

BAMBERGER, I., WRONA, T. (2004), Strategische Unternehmensführung, München 2004

CARTER et al. (2000), The Future of Purchasing and Supply: A Ten-Year Forecast, in: Journal of Supply Chain Management, 2000, S. 1-9

CARTER, P., CARTER, J. (2007), The Future of Supply Management Part III: Organization + Talent, in: Supply Chain Management Review, 2007, S. 1-6

CARTER, J.R., NARASIMHAN, R. (1996), Purchasing and Supply Management: Future Directions and Trends, in: International Journal of Purchasing and Materials Management, 1996, S. 1-8

COX, A. (1996), Innovations in Procurement Management, London 1996

DUBOIS, A., WYNSTRA, F. (2005), Developing the supply base by changing supplier relations, in: Developing Sourcing Capabilities, hrsg. v. Axelsson, B., Rozemeijer, F. und Wynstra, F., West Sussex, 2005

FEISEL et al. (2008), Purchasing Skills – Developing the Purchasing Professional of the Future, Supply Management Institute, Wiesbaden 2008

HOESTERMANN, M. (2009), Analyzing the essential enabler towards strategic change in procurement, unveröffentlichte Bachelorarbeit, Köln 2009

HUGHES, J. (2001), From Ideology to Action: Options, Issues, Roadblocks and Realities of Driving Change in Purchasing and Supply, hrsg. v. Erridge, A., Fee, R. & Mcllroy, J., Farnham 2001

HULTMANN, J., AXELSSON, B. (2005), Change through leveraging information and communication technology, in: Developing Sourcing Capabilities, hrsg. v. Axelsson, B., Rozemeijer, F. und Wynstra, F., West Sussex, 2005

KRÜGER, W. (2006), Excellence in Change, 3. Aufl., Wiesbaden 2006

LARGE, R. (2009), Strategisches Beschaffungsmanagement, 4. Aufl., Wiesbaden 2009

LEENDERS et al. (2006), Purchasing and Supply Management, 13. Aufl., Irwin 2006

MONCZKA, R., TRENT, R., HANDFIELD, R. (2002), Purchasing and Supply Chain Management, Cincinnati 2002

MONCZKA, R., MARKHAM, W. (2007), The future of supply management Part I: category strategies and supplier management, in: Supply Chain Management Review, 2007, S. 1-5

MOORE, N. et al. (2002), Implementing best purchasing and supply management practices, in: Rand, 2002, S. 3-12

MUELLER-STEWENS, G. LECHNER, C. (2003), Strategische Prozessforschung – Grundlagen und Perspektiven, in: Perspektiven der Strategischen Unternehmensführung, hrsg. v. Ringlstetter, M. J., Henzler, H. A, Mirow, M., Wiesbaden, 2003

OGDEN, J. et al. (2005), Supply Management Strategies for the Future: A Delphi Study, in: Journal of Supply Chain Management, 2005, S. 1-2

POOLER, V., POOLER, D., FARNEY, S. (2004), Global Purchasing and Supply Management, Amsterdam 2004

RAPS, A., (2004), Erfolgsfaktoren der Strategieimplementierung, Wiesbaden 2004

READ, D. (2004), Jahrbuch der Beschaffung 2003/2004: Beschaffung gestalten – Erfolge messen, Lohmar 2004

ROZEMEIJER, F., WYNSTRA, F. (2005), Organizing for strategic sourcing, in: Developing Sourcing Capabilities, hrsg. v. Axelsson, B., Rozemeijer, F. und Wynstra, F., West Sussex 2005

SCHREYÖGG, G., NOSS, C. (2000), Von der Episode zum fortwährenden Prozess – Wege jenseits der Gleichgewichtslogik im Organisatorischen Wandel, in: Organisatorischer Wandel und Transformation, hrsg. v. Schreyögg, G. und Conrad, P., Wiesbaden 2000

SMELTZER, L. R. (1998), Executive and Purchasing Leadership in Purchasing Change Initiatives, in: International Journal of Purchasing and Materials Management, 1998, S. 1-5
STOLLE, M. (2008), From Purchasing to Supply Management, Wiesbaden 2008

Nachhaltige Leistungssteigerung in Einkauf und Beschaffung durch konsequente Strategiearbeit

Adrian Seeger / Kerstin Seeger

1. Herausforderungen für Einkauf und Beschaffung

In wirtschaftlichen Krisenzeiten kommt es für Unternehmen darauf an, Kostensenkungspotenziale zu identifizieren und – soweit sinnvoll – zu realisieren. Dies macht auch vor der Funktion Einkauf und Beschaffung nicht halt. Gerade hier sind häufig schnell Einsparungen (zusammen mit den Zulieferern) realisierbar, die die Qualität der Produkte und Prozesse nicht negativ beeinflussen.

Besonders in Industrien mit großen Beschaffungsvolumina steigt die Bedeutung von Einkauf und Beschaffung. Jedoch wird hier der mögliche Erfolgsbeitrag häufig unterschätzt. Eine nachhaltige Professionalisierung der Einkaufs- und Beschaffungsfunktion findet nur selten statt. Vielmehr beschaffen die Bedarfsträger eigenständig die benötigten Produkte, oder der Einkauf wird nur in den Abschlussverhandlungen eingeschaltet. Der Grund hierfür liegt – insbesondere in der Prozessindustrie – an der hohen Fokussierung auf die Beschaffung von Rohstoffen, die etwa 90 % des Einkaufsvolumens ausmachen. Die wenigen internationalen Zulieferer mit vergleichsweise homogenen Produkten wie z. B. Kohle, Erze, Öl und Gas werden oft direkt durch das Management betreut. Dieses Vorgehen resultiert schließlich darin, dass der Einkauf und die Beschaffung – für die Vielzahl an benötigten Produkten und Dienstleistungen – nur noch selten im Fokus des Top-Managements steht und damit seine interne Positionierung untergeordnet ist. Auch die Bedeutung des Einsatzes hochqualifizierter Mitarbeiter wird in dieser Situation unterschätzt. Somit wird der Wert des Einkaufs als strategisches Werkzeug nicht vollständig realisiert (Arnold 2007, S. 17 ff.).

Die Konsequenzen aus dieser Ausgangssituation werden zunehmend transparenter und stellen Unternehmen vor große Herausforderungen. Die konkrete Ausgangssituation ist oft ähnlich: Es existiert eine unüberschaubare Anzahl von Lieferantenbeziehungen, die vielfach über die gesamte Prozesskette hinweg nicht durchgängig effizient bearbeitet werden. Auch ist Transparenz über die Aktivitäten von Einkauf und Beschaffung über die reine Beschaffung hinaus kaum vorhanden. Selbst die Ergebnisbeiträge sind eher von Zufälligkeiten des Marktes geprägt anstatt von langfristig angelegter, strukturierter Bearbeitung und Nachhaltigkeit – ein Ergebnis der fehlenden Managementorientierung.

In dieser Realität findet sich nahezu jede Einkaufs- und Beschaffungsabteilung in mehr oder weniger ausgeprägter Form wieder. Sie in eine zukunftsfähige, den sich ändernden Anforderungen entsprechende schlagkräftige Einheit zu transformieren, bedingt eine Neuausrichtung, die Einkauf und Beschaffung in die Lage versetzt, zukünftige Herausforderungen nachhaltig annehmen und gestalten zu können (Pechek 2003, S. 28).

Dazu ist zunächst die strategische Ausrichtung von Einkauf und Beschaffung zu definieren. Darauf aufbauend ist die Strategie in der bestehenden Struktur umzusetzen und ggf. die Struktur anzupassen. Schließlich ist zur nachhaltigen Erfolgssicherung ein strategieorientiertes Steuerungssystem aufzubauen, das konsequent eingesetzt wird (Seeger/Kiepen 2005, S. 77). Die hier dargestellten Beispiele entstammen einem Projekt aus der Prozessindustrie – konkret aus der stahlerzeugenden Industrie. Strategische Zielsetzung des Unternehmens ist es, zum einen Kostenführerschaft zu erreichen und zu halten sowie zum anderen Prozesseffizienz nachhaltig umzusetzen. Aus dieser Zielsetzung heraus entsteht die Anforderung an die Einkaufs- und Beschaffungsabteilung, sich strategisch und prozedural entsprechend aufzustellen und die Ergebnisse nachhaltig sicherzustellen. Die dazu eingesetzten Elemente und Methoden werden im Folgenden dargestellt.

2. Strategische Analyse des Einkaufs

Die strategische Ausrichtung der Einkaufsfunktion ist die Basis für die nachhaltige Leistungssteigerung, denn eine gute Strategie und ihre konsequente Umsetzung sind Voraussetzungen für den langfristigen Erfolg eines Unternehmens. Dabei muss sich die Strategie über alle unternehmerischen Funktionen erstrecken, da das Unternehmen nur durch das abgestimmte Zusammenspiel aller Prozesse erfolgreich agieren kann. Dies bedeutet, dass eine strategieorientierte Ausrichtung der Prozesse und Funktionen unabdingbare Voraussetzung zur Umsetzung der Strategie ist.

Daraus folgt, dass auch die strategische Ausrichtung der Abteilung Einkauf und Beschaffung unabdingbare Voraussetzung für den Erfolg des Unternehmens ist. Die Strategie der Einkaufs- und Beschaffungsabteilung muss folglich unmittelbar aus der Unternehmensstrategie abgeleitet sein und gleichberechtigt neben den anderen Unternehmensfunktionen stehen.

Doch die Entwicklung einer guten Strategie ist nur ein erster Schritt hin zu einem erfolgreichen Unternehmen. Erst die Kombination einer geeigneten Strategie mit einer konsequenten

Umsetzung der Strategie ermöglicht es dem Unternehmen, die Erfolgspotenziale der Strategie auszuschöpfen (Seeger/Seeger 2008, S. 39 ff.).

Diese Strategie muss im nächsten Schritt im Unternehmen „zum Leben“ gebracht werden. Zum einen muss die Strategie allen Mitarbeitern bekannt sein, zum anderen müssen alle Aktivitäten im Unternehmen auf die Strategie hin ausgerichtet werden.

Ein Instrument, das für eine erfolgreiche Umsetzung der Strategie essenziell ist, ist ein regelmäßiges Strategie-Reporting. Analog zu dem bekannten Zitat „What get's measured, get's done“, unterstützt das Strategie-Reporting bei der konsequenten Arbeit an der Umsetzung der Strategie. Dabei umfasst ein vollständiges Berichtswesen sowohl Aussagen zum Erreichungsgrad der strategischen Ziele als auch zum Erreichungsgrad der Zielwerte, die zu allen Kennzahlen festgelegt worden sind (Seeger/Seeger 2008, S. 64 ff.).

Für den Einkauf ist die Beschaffungsnavigation ein geeignetes Instrument. Kennzeichnende Merkmale einer derartigen Beschaffungsnavigation sind ein mehrdimensionales Steuerungssystem, ein tagesaktuelles Beschaffungscontrolling sowie eine Verknüpfung mit dem Führungssystem hin zum strategischen Lieferanten.

Das Herunterbrechen der Unternehmensstrategie auf die einzelnen Funktionsbereiche ist Voraussetzung, um das Unternehmen strategieorientiert auszurichten (Horváth & Partners 2007, S. 238). Dadurch wird die Abstimmung zwischen den Funktionsbereichen entscheidend verbessert und die strategieorientierte Ausrichtung der Prozesse sichergestellt.

Ausgangspunkt ist die Strategie des Unternehmens. Diese sollte nicht nur aus den Elementen des strategischen Rahmens wie der Vision, der Mission und dem Geschäftsmodell bestehen. Vielmehr sollte sie – beispielsweise mit Hilfe der Balanced Scorecard – in eindeutig formulierte strategische Ziele konkretisiert sein (Kaplan/Norton 1996).

Aus diesen strategischen Zielen des Unternehmens kann im nächsten Schritt die Strategie des Einkaufs abgeleitet werden. Dabei wird systematisch überprüft, welchen Beitrag der Einkauf zu den strategischen Unternehmenszielen leisten kann (Horváth & Partners 2007, S. 248). Dazu werden die noch eher abstrakten Unternehmensziele in konkrete Ziele für den Einkauf überführt, die den Strategiebeitrag des Einkaufs klar herausstellen und damit als Leitlinie für die Mitarbeiter im Einkauf dienen.

In der praktischen Umsetzung dieses Vorgehens treten verschiedene Fälle auf:

- Ein Ziel der Unternehmensstrategie wird identisch für den Einkauf übernommen, wenn dieses ausschließlich im Verantwortungsbereich des Einkaufs liegt. Z. B. „Senkung der Einkaufspreise“ als Beitrag zur Sicherstellung einer gewünschten Kostenführerschaft als Ziel für das Unternehmen und für Einkauf und Beschaffung.
- Ein Ziel der Unternehmensstrategie wird für den Einkauf konkretisiert, wenn der Einkauf neben anderen Funktionsbereichen seinen Beitrag zur Realisierung dieses Ziels leisten muss. Z. B. „Realisierung einer marktgerechten Kostenstruktur“ auf Unternehmensebene und „Senkung der Materialeinsatzkosten“ als Ziel für den Einkauf.

- Ein Ziel der Unternehmensstrategie wird für den Einkauf in mehreren Zielen konkretisiert, wenn zur Realisierung dieses Ziels verschiedene Aktivitäten im Einkauf erforderlich sind. Z. B. „Ausweitung elektronisch bestellter Artikel über E-Kataloge“ als Basis für eine „nachhaltige Reduzierung der Total Cost of Ownership“ als Ziele für Einkauf und Beschaffung zur Konkretisierung „optimal ausgestalteter Prozesse“ auf Unternehmensebene.
- Für den Einkauf werden neue Ziele formuliert, die die Ziele der Unternehmensstrategie nur mittelbar unterstützen, jedoch unabdingbar für bereits formulierte Ziele des Einkaufs sind, oder auf individuelle Stärken, Schwächen, Chancen oder Risiken des Einkaufs abzielen. Z. B. „Bündelung der Einkaufsvolumina“ als unterstützendes Ziel für das Ziel „Senkung der Einkaufspreise“ oder „Ausweitung der Schulungstage mit Fokus auf Business-Englisch“ zur „Verbesserung der Chancen auf Global Sourcing“.
- Daneben existieren Ziele der Unternehmensstrategie, für die der Einkauf keinen Beitrag leisten kann, die somit nicht in der Einkaufsstrategie verankert werden. Beispielsweise ist hier die „Steigerung der Produktionsprozessinnovationen“ als Ziel für die Fertigung zu nennen.

Ausgangspunkte der Formulierung der strategischen Ziele für Einkauf und Beschaffung sind neben dem Zielsystem des Unternehmens eine detaillierte strategische Analyse der Einkaufsfunktion und -prozesse. Hierzu bieten sich die Instrumente an, wie sie auch für die strategische Analyse auf Unternehmensebene bekannt sind: zum einen die externe Analyse im Sinne der Umfeldanalyse, zum anderen die interne Analyse von Einkauf und Beschaffung (Bea/Haas 2005, S. 86 ff.). Ziel der externen Analyse ist es, die sich aus dem Umfeld ergebenen Chancen und Risiken für Einkauf und Beschaffung zu identifizieren. Ziel der internen Analyse ist, die gegenwärtig vorhandenen und zukünftig prognostizierten Stärken und Schwächen von Einkauf und Beschaffung aufzuzeigen (Seeger/Seeger 2008, S. 45 ff.). Im vorliegenden Praxisfall ist das aus der Unternehmensstrategie abgeleitete übergeordnete Ziel für Einkauf und Beschaffung die nachhaltige Leistungssteigerung der Einkaufsprozesse. Zur weiteren Konkretisierung der strategischen Ziele wird im nächsten Schritt eine strategische Analyse durchgeführt, die auf die Besonderheiten des Einkaufs abgestimmt ist.

Diese untersucht die beiden elementaren Dimensionen in Einkauf und Beschaffung: die zu beschaffenden Güter/Leistungen und die in Frage kommenden Lieferanten. Die erforderlichen Informationen sind häufig bereits im Unternehmen vorhanden. Daher werden in den Einkaufsgruppen Interviews durchgeführt, um möglichst detaillierte und konkrete Informationen zu erhalten.

Im *ersten* Schritt wird eine Güter-/Leistungsanalyse mit dem Ziel durchgeführt, das Versorgungsrisiko des betrachteten Gutes/der Leistung zu analysieren. Wesentliche Analysedimensionen sind z. B. die Anforderung an die Lieferzeit, der Standardisierungsgrad, die Komplexität, die Entwicklung des Beschaffungsmarktes und die Entwicklung des Bedarfs nach dem Gut/der Leistung. Neben der Bewertung geht der Ergebniseinfluss (beispielsweise gemessen am prozentualen Anteil des Gutes am gesamten Einkaufsvolumen) des entsprechenden Gutes als ökonomische Gewichtung in die Ermittlung des Resultates ein.

Im *zweiten* Schritt wird eine Lieferantenanalyse mit dem Ziel durchgeführt, die Angebotsmacht und das Entwicklungspotenzial des Lieferanten zu bewerten. Hierbei werden ebenfalls strukturierte Fragebögen eingesetzt – jetzt bei den Kunden des Einkaufs – mit Kriterien wie z. B. der Anzahl der Konkurrenzlieferanten, den Referenzen des Lieferanten (in der Branche) oder dem Abnahmeanteil am Umsatz des Lieferanten als ökonomische Gewichtung. Bei der Bewertung des Entwicklungspotenzials des Lieferanten spielen Kriterien wie beispielsweise Technologieführerschaft des Lieferanten, Logistikfähigkeit des Lieferanten oder die wirtschaftliche Stabilität des Lieferanten eine Rolle. An dieser Stelle sind auch Umweltkriterien wie z. B. das lieferantenseitig vorhandene Umweltmanagement, die Erfüllung von Voraussetzungen im Rahmen von REACH, Arbeitssicherheitsaspekte etc. zu berücksichtigen.

Im *letzten* Schritt werden die Ergebnisse der beiden Analysen im Beschaffungsportfolio zusammengeführt. Dieses ist Ausgangspunkt für die Ableitung von Strategien, da es ein sehr genaues Abbild der aktuellen Einkaufssituation bietet. In Abbildung 1 wird das Ergebnis dieser Bottom-up-Analyse am Beispiel der Warengruppe Hilfs- und Betriebsstoffe exemplarisch im Beschaffungsportfolio dargestellt. In diesem Beispiel wird eine Überbewertung von Gut-/Lieferantenbeziehungen deutlich und eine erheblich zu hohe Zahl an Lieferanten.

Beispiel: Hilfs- und Betriebsstoffe / Verbrauchsmaterial

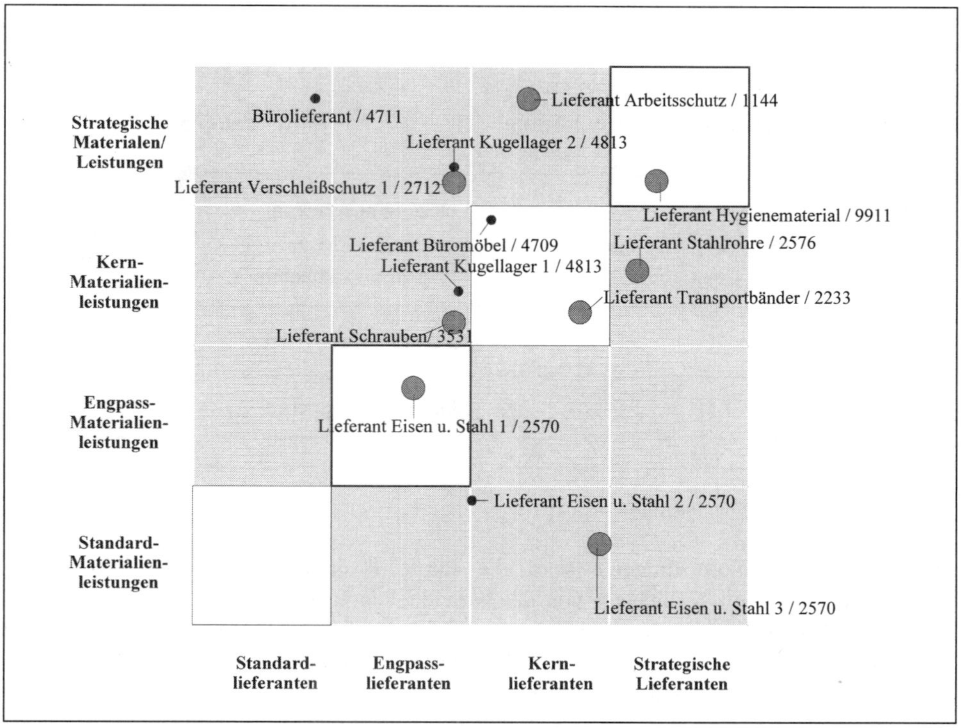

Abbildung 1: *Das Beschaffungsportfolio – Ist-Situation*

3. Ableitung der Normstrategie

Nach der Analyse des Einkaufs erfolgt im nächsten Schritt die Ableitung der Strategie. Ausgangspunkt hierzu ist das im vorangegangenen Schritt aufgestellte Beschaffungsportfolio. Dabei gilt folgende Idealsituation zur Strategieformulierung: Nur solche Kombinationen werden als ideal eingestuft, bei denen z. B. ein Standardmaterial mit einem Standardlieferanten oder strategisches Material mit einem strategischen Lieferanten verbunden sind. Dieses Prinzip folgt streng dem ökonomischen Prinzip. Andere als die genannten Kombinationen sind nicht effizient. In Abbildung 1 wird beispielsweise das Standardmaterial Schläuche beim strategischen Lieferanten unwirtschaftlich eingekauft. Anstatt für diesen Fall nach einer effizienten Abwicklung des Beschaffungsprozesses zu suchen, wird aufwändig über Einzelbestellungen beschafft.

Aus dem Beschaffungsportfolio lassen sich sogenannte „Normstrategien" ableiten, die die Basis für die konkrete Ableitung der Strategie bilden. Derartige Normstrategien werden für jeden strategischen Zielquadranten entwickelt (den hell unterlegten Feldern der Abbildung 1, die den Zusammenhang zwischen Bedeutung des Gutes und Anforderungen an den Lieferanten beschreiben) (Seeger/Kiepen 2005, S. 78).

Bedeutung Beschaffungsgut/-leistung	Normstrategie
Standard	effizient beschaffen
Engpass	Versorgung sicherstellen
Kern	Marktpotenzial nutzen
Strategisch	Lieferant integrieren

Abbildung 2: *Normstrategien*

Mit Hilfe dieser Normstrategien wird die ideale Position für jede Gut/Lieferantenkombination bestimmt – abhängig von der individuellen Bedeutung für das Unternehmen. Abbildung 3 zeigt dies an dem gewählten Beispiel des Beschaffungsportfolios Hilfs- und Betriebsstoffe exemplarisch auf. Als Resultat dieser Neupositionierung ergibt sich oft eine Anpassung vieler Beschaffungsaktivitäten.

Beispiel: Hilfs- und Betriebsstoffe / Verbrauchsmaterial

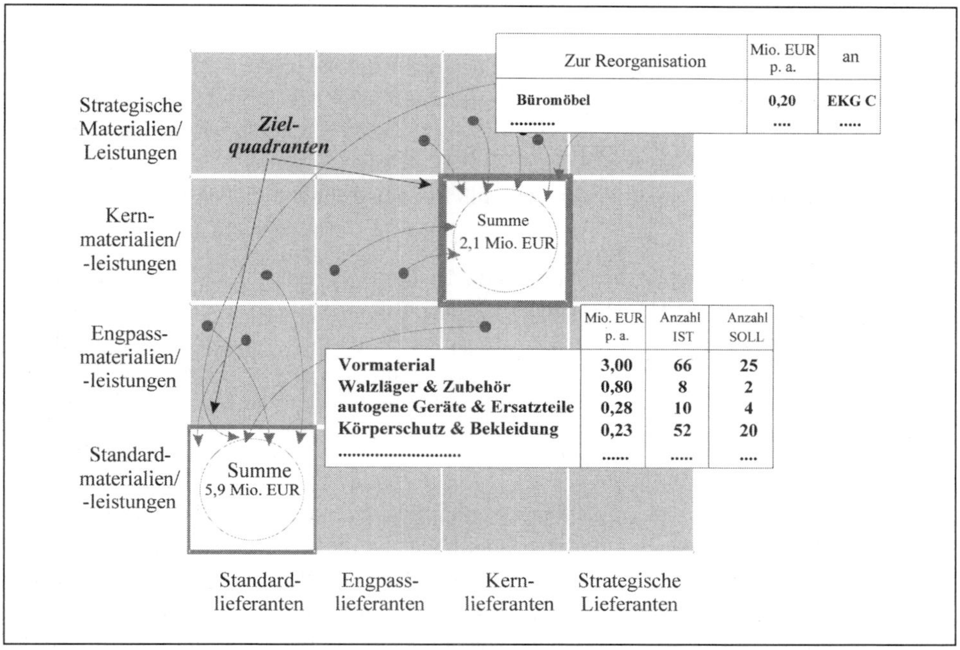

Abbildung 3: *Das Soll-Portfolio als Basis zur Neustrukturierung der Beschaffungsprozesse*

Für jede Normstrategie werden nun geeignete Aktivitäten festgelegt. Im Einzelfall kann der Neuausrichtung eine Reorganisation folgen. Beispiele, die in jeder Materialwirtschaft zum Ansatz kommen, werden in Abbildung 4 aufgezeigt.

Normstrategie	Aktivitäten (Beispiele)
Effizient beschaffen	Forcierung von Händleransätzen, Ausbau elektronische Beschaffung, Logistikkonzepte
Versorgung sicherstellen	Prüfung der Substituierbarkeit des Gutes/Technologie oder Kooperation mit dem Lieferanten zur Weiterentwicklung
Marktpotenzial nutzen	Strukturierte, intensive Marktbearbeitung mit dem Ziel der Bildung von Konkurrenzsituationen (E-Plattformen/Global Sourcing)
Lieferanten integrieren	Wertschöpfungspartner aufbauen (Prozessintegration z. B. von Web-EDI bis Gutschriftenverfahren etc./ Produktoptimierung z. B. durch Kompetenzaustausch, Aufbau von Betreibermodellen, Outsourcing etc.)

Abbildung 4: *Normstrategien und deren Aktivitäten in der Beschaffung (Beispiele)*

Aus den Normstrategien lassen sich im nächsten Schritt konkrete strategische Ziele – in Analogie zu den Unternehmenszielen – für Einkauf und Beschaffung ableiten. Für den dargstellten Fall sind dies:

- die Optimierung der Lieferantenanzahl,
- die Verbesserung der Beschaffungskonditionen und
- die Realisierung nachhaltig optimaler Prozesse.

Diese Ziele sind im Weiteren auszugestalten. Für das aufgezeigte Beispiel sehen diese Detaillierungen wie folgt aus:

1. Erstes strategisches Ziel ist die Optimierung der Lieferantenanzahl. Die Anzahl der Lieferanten wird für jede Gut-/Lieferantenkombination definiert (vgl. Abbildung 3). Dies basiert auf der strategischen Dimension des Beschaffungsgutes, wie sie im Beschaffungsportfolio abgebildet ist. Erfahrungsgemäß sind Reduzierungen im Bereich des Standardmaterials schnell realisierbar, im Bereich der Kern- und strategischen Materialien kurzfristig schwer realisierbar, auf mittlere und insbesondere langfristige Sicht jedoch durch weitere Maßnahmen möglich.

2. Zweites strategisches Ziel ist die Verbesserung der Beschaffungskonditionen. Grundlage für die Verbesserung der Beschaffungskonditionen ist die aus dem erstgenannten Ziel resultierende Optimierung der Lieferantenanzahl. Daneben bilden die daraus abzuleitenden Effekte wie Bündelung im Fall der Normstrategie „Marktpotenzial nutzen" oder der Prozessverbesserung im Fall der Normstrategie „Lieferanten integrieren" die wesentliche Basis zur Konditionenverbesserung. Erfahrungen zeigen hierbei jedoch, dass durch Bündelung der Einkaufsvolumina bei wenigen, leistungsfähigen Lieferanten nur im Standardbereich eine Preissenkung realisierbar ist. Im Kernbereich muss eine Optimierung der Total Cost of Ownership angestrebt werden, indem Nebenprozesse berücksichtigt werden (beispielsweise Bereitstellungskosten bei der Beschaffung von Schlosserleistungen). Im strategischen Bereich sind Einsparungspotenziale ausschließlich über Prozessverbesserungen, wie beispielsweise die logistische Integration, zu erreichen. Diese wirken erst mittel- bis langfristig – sie sichern jedoch ein nachhaltig geringes Preisniveau.

3. Drittes strategisches Ziel ist die Realisierung nachhaltig optimaler Prozesse. Analog zu dem bekannten Zitat von Alfred Chandler „Structure follows strategy!" (Chandler 1962, S. 14), werden aufbauend auf den bisher abgeleiteten strategischen Zielen die Ablauf- und Aufbauorganisation innerhalb der Einkaufs- und Beschaffungsabteilung angepasst. Die dabei notwendige systematische Zuordnung der einzelnen Gut-/Lieferantenkombination zu den relevanten Beschaffungsfeldern erlaubt es, die Organisation zu optimieren, indem das Profil der organisatorischen Einheit deutlicher fokussiert und hierdurch eine optimale Marktbearbeitung und Realisierung der aufgezeigten strategischen Alternativen ermöglicht wird. Beispielsweise sollte die Beschaffung von Produktionsanlagen (Investitionen) nicht von deren Instandhaltungsleistungen getrennt werden, da dies durch die Duplizierung von spezifischem Einkaufs-Know-how zusätzlichen Aufwand erzeugt und Ineffizienzen in der Organisation schafft. Gleichzeitig bleibt Bündelungspotenzial ungenutzt.

Die lokalisierten Beschaffungsfelder, die nicht spezialisiert beschafft werden sollen, sind im Rahmen der Reorganisation der Beschaffung denjenigen Einkaufsgruppen zuzuordnen, die über eine notwendige angrenzende Spezialisierung verfügen. Üblicherweise findet in diesem Schritt ein bilateraler Tausch von Beschaffungsfeldern zwischen den Einkaufsgruppen statt. Als Ergebnis entsteht ein nachhaltig gestärkter Beschaffungsprozess, da eine reibungslosere, von internen Abstimmungen freiere Beschaffung, realisiert wird. Insgesamt wird es damit möglich, das One-Face-Prinzip durchgängig über die gesamte Supply Chain zu realisieren: Gegenüber dem Beschaffungsmarkt gibt es nun einen Ansprechpartner zum Lieferanten, gegenüber dem „Einkaufskunden" (dem internen Nachfrager) gibt es nun nur noch einen verantwortlichen Ansprechpartner. Die relevanten Marktinformationen und spezifischen Anforderungen vom Kunden werden in einer Einheit informatorisch gebündelt und ermöglichen eine lineare und effiziente Kommunikation und Bearbeitung der Gut-/Lieferantenkombinationen.

Diese drei strategischen Ziele haben für die Einkaufs- und Beschaffungsabteilung längerfristig Relevanz. Im Rahmen der jährlichen Prüfung der Realisierung (Review) werden Anpassungen an die aktuelle Situation vorgenommen und insbesondere neue notwendige Maßnahmen zur Realisierung der Ziele vereinbart. Die grundsätzliche strategische Ausrichtung bleibt bestehen.

4. Konzeption eines strategieorientierten Steuerungssystems

Nach der strategischen Analyse im ersten Schritt sowie der Ableitung der Strategie im zweiten Schritt erfolgt als dritter Schritt die Konzeption eines strategieorientierten Steuerungssystems. Dieses unterstützt die konsequente Verfolgung der Strategie.

In der Vergangenheit und auch bis heute besteht Nachholbedarf im Einkaufscontrolling vieler Unternehmen. Vielfach bleibt es bei der Messung von Einsparungen – das Zustandekommen dieser Einsparungen wird selten hinterfragt. Genauso werden Maßnahmen für zukünftige Optimierungen nur für ausgewählte Projekte entwickelt, eine umfassende Betrachtung und Steuerung aller Maßnahmen endet meistens nach dem Projekt (Pointek 1999, S. 34).

Die strategische Bedeutung von Einkauf und Beschaffung für das Unternehmen und die damit verbundene Notwendigkeit, die formulierten strategischen Ziele konsequent zu verfolgen, erfordern ein Einkaufscontrolling, das diesen Anforderungen gerecht wird.

Hierzu ist die Beschaffungsnavigation entwickelt worden, die ein ausgewogenes, viele Einflüsse abdeckendes Controlling zur optimalen Steuerung sowie ein ganzheitliches Management im Einkauf ermöglicht. Basis für den Aufbau der Beschaffungsnavigation sind die aus dem Beschaffungsportfolio abgeleiteten strategischen Ziele des Einkaufs. Das Ziel dabei ist, den Wirkungszusammenhang zu erfassen und die abzuleitenden Konsequenzen für die Beschaffung offenzulegen. Konkret heißt das, nicht allein das Thema Einsparungen in das Zentrum zu stellen, sondern vielmehr deren Zustandekommen zu fokussieren, zu messen und damit zu steuern.

In der Beschaffungsnavigation werden die Kennzahlen in vier Perspektiven erfasst (Seeger 2003, S. 32). Dabei werden unterschieden:

- die Perspektive „Beschaffungsvolumen und -ergebnis"
- die Perspektive „Kunde/Lieferant"
- die Perspektive „Beschaffungsprozesse"
- die Perspektive „Innovation/Mitarbeiter"

Die Steuerung erfolgt über spezifische Kennzahlen in den einzelnen Perspektiven, die den Anforderungen des ganzheitlichen Überblicks über die Funktion Einkauf und Beschaffung genügen. Die Perspektiven und Kennzahlen sind als nicht gleichgewichtig zu verstehen – ihr Beitrag zur Zielrealisierung kann entweder direkt oder indirekt sein. Die Implementierung der Perspektiven über Kennzahlen in der Beschaffungsnavigation erfordert operative Klarheit über ihr Zustandekommen, um die strategischen Überlegungen schnell und einfach in Handlungsempfehlungen überführen zu können. Mit diesem Fokus werden die Kennzahlen in den beschriebenen Perspektiven entwickelt: das System zügig einzuführen, die Ziele zu realisieren und nachhaltig Erfolge zu generieren.

- Perspektive Beschaffungsvolumen und -ergebnis

  Die Perspektive Beschaffungsvolumen und -ergebnis, die die Entwicklung und den Potenzialbeitrag des Einkaufs zum Unternehmenserfolg fokussiert, hat einen rein quantitativen Charakter. Sie umfasst Elemente wie die Entwicklung des Beschaffungsvolumens und den Beschaffungserfolg als Ergebnisbeitrag von Einkauf und Beschaffung. Die Perspektive zielt darauf ab, die Sensibilität für die Konsequenzen des eigenen Handelns transparenter zu machen und Innovationsprozesse zu starten. Kennzahlen sind „Einkaufsvolumen", „Verhandlungsergebnis" und „Materialpreisveränderung".

- Perspektive Kunde/Lieferant

  Die Perspektive Kunde/Lieferant integriert die Lieferantenqualität und die Kundenbedürfnisse in die Beschaffungsaktivitäten. Sie fokussiert damit eine im Einkauf kaum betrachtete Dimension. Denn die Zufriedenheit der internen Kunden bleibt häufig unberücksichtigt. Diese im Vertrieb übliche Sichtweise hat sich im Einkauf noch nicht durchgesetzt und ist oft auf persönliche Kontakte reduziert. Ziel ist die ganzheitliche Optimierung der Supply Chain im Sinne des Einkaufskunden. Eine Integration von Lieferanten kann dabei notwendig sein. Die Konsequenz hieraus sind eine systematischere Kommunikation zwischen dem Einkauf und anderen Abteilungen sowie ein zielgerichteter Informationsfluss vom Lieferanten in die Organisation. Diese Perspektive aktiviert das Bindeglied zwischen

Markt und Kunde und wertet die strategische Bedeutung des Einkaufs deutlich auf. Kennzahlen sind „Anzahl Kundenbesuche", „Kundenzufriedenheit" und „Lieferantenqualität".

- Perspektive Beschaffungsprozesse

  Die Perspektive Beschaffungsprozesse, die Veränderung der Beschaffungsvorgänge nach Menge und Struktur sowie deren Abwicklung darstellt, konzentriert sich auf die Verbesserung der Strukturen und Prozesse als Grundvoraussetzung für Veränderungen in der Marktbearbeitung und der aktiven Lieferantenentwicklung. Hier werden Prozesskennzahlen administrativer Vorgänge gemessen. Die optimale Ausgestaltung ist Ausgangspunkt für eine zukünftig erfolgreiche Lieferantenentwicklung und strategische Marktbearbeitung. Diese Perspektive zielt darauf ab, das Verständnis für den Wirkungszusammenhang im komplexen Gebilde Beschaffung deutlich zu steigern und hierdurch frühzeitig Selbststeuerungsmechanismen zu starten. Kennzahlen sind „Anzahl reduzierter Lieferanten", „Anzahl Lieferanten", „Rahmenvertragsquote", „Kleinstbestellmengenquote" und „E-Procurement-Quote".

- Perspektive Innovation/Mitarbeiter

  Die Perspektive Innovation, die alle Aktivitäten zur Verbesserung der Qualität in der Beschaffung von innen und außen zusammenfasst, legt den Schwerpunkt auf den konsequenten und permanenten Auf- und Ausbau der Qualifikation im Einkauf, um auch zukünftig den komplexeren Kundenanforderungen gerecht zu werden und Marktentwicklungen (z. B. mit elektronischen Medien, zur Berücksichtung umweltrelevanter Themen oder zur Entwicklung eines neuen ausländischen Beschaffungsmarktes) adaptieren zu können. Die Innovation ist Basis für individuelle Weiterentwicklung im Gleichklang fachlicher, methodischer und sozialer Ziele des Mitarbeiters und gleichsam die Keimzelle des Wandels von Einkauf und Beschaffung zur schlagkräftigen Einheit im Unternehmen. Kennzahlen sind „Anzahl Lieferantenbesuche" und „Anzahl Schulungstage".

Zur Implementierung der Beschaffungsnavigation stehen die Anforderungen an ein funktionsfähiges Berichtswesen im Fokus:

- Aktualität der Daten,
- Empfängerbezogenheit und Entscheidungsorientierung sowie
- Praktikabilität, d. h. Einfachheit der Datenerhebung und Pflege des Systems.

Aktuelle Daten sind Grundvoraussetzung für ein aktives Controlling. Nur wenn die Daten – insbesondere über Abweichungen – zeitnah vorliegen, kann das Management rechtzeitig Gegensteuerungsmaßnahmen ergreifen. Eine Nutzung von Business-Intelligence-Systemen (oft als Teil bestehender ERP-Systeme) ist in diesem Zusammenhang zu prüfen.

Die Anpassung an die Informations- und Steuerungsbedürfnisse der Hierarchiestufen macht es erforderlich, die Darstellung der Navigation für die verschiedenen Empfänger zu differenzieren. Die Aggregation der Daten nimmt über die Hierarchieebenen hinweg zu. Je weiter unten in der Hierarchie sich das Management befindet, desto detaillierter müssen die Daten sein. Dabei werden nicht nur Ist-Werte dargestellt, sondern diese den Soll-Werten gegenübergestellt, idealerweise unterstützt durch grafische Darstellungen in Form von geeigneten Diagrammen.

Das Top-Management benötigt neben diesen Detailausführungen vor allem eine Darstellung der Entwicklung von Kennzahlen in aggregierter Form für den schnellen Überblick über die Performance der einzelnen Ebenen, die Entwicklungstendenzen und Quervergleiche zwischen den Einheiten. Hier hat sich als Darstellungsform die „Ampelfunktion“ bewährt.

Schließlich muss festgelegt werden, an welche Personengruppen und über welche Wege die Kennzahlen kommuniziert werden. Die Möglichkeiten reichen von den klassischen Controllingberichten über Cockpit-Charts bis hin zu Auszügen der Beschaffungsnavigation als Aushänge in Schaukästen, das Intranet oder die Mitarbeiterzeitschrift. Diese Darstellungen sind wesentliches Element zur Verstärkung des Motivationsprozesses der Mitarbeiter und das Grundelement zur Realisierung von Veränderungsprozessen hin zu einer Professionalisierung der Funktion Einkauf und Beschaffung. Abbildung 5 zeigt eine Perspektive der Beschaffungsnavigation exemplarisch.

PERSPEKTIVE BESCHAFFUNGSPROZESSE – AUGUST 2008

Organisationseinheit	MAWI	MAT	RT	ED	HB	TECH	PRO	RLB	BAU
Kenngrößen									
2.1 Anzahl Lieferanten									
SOLL	2.766	2.185	659	687	839	316	183	110	24
IST	2.916	2.273	740	668	865	398	260	110	28
Zielereichungsgrad	95%	96%	89%	103%	97%	79%	70%	100%	87%
2.2 Rahmenvertragsquote									
SOLL	40%	31%	10%	50%	40%	28%	5%	60%	60%
IST	46%	37%	23%	47%	51%	33%	8%	55%	55%
Zielereichungsgrad	115%	119%	230%	94%	128%	118%	160%	92%	92%
2.3 Kleinstbestellquote									
SOLL	18%	25%	20%	20%	30%	3%	4%	3%	3%
IST	16%	24%	14%	22%	30%	1%	3%	0%	0%
Zielereichungsgrad	113%	104%	143%	91%	100%	300%	133%	100%+	100%+

Abbildung 5: *Die Perspektive „Beschaffungsprozesse“ in der Beschaffungsnavigation*

5. Erfahrungen und Ausblick

Die steigende Bedeutung von Einkauf und Beschaffung für den Unternehmenserfolg geht mit einem Wandel zum ganzheitlichen Management der Supply Chain einher. Hierdurch steigt die Verantwortung, nachhaltig positive Beiträge zum Unternehmensergebnis zu erbringen.

Dieser Wandel ist gekoppelt an steigende Komplexität auf Kunden- und Lieferantenseite, d. h. klassisches Einkaufen mit einseitigem Fokus reicht nicht mehr aus. Es sind vielmehr differenzierte Beschaffungsstrategien zu realisieren, die es dem Unternehmen ermöglichen, langfristig eine zielorientierte, qualitätsgerechte, zeitgerechte und preislich optimale Versorgung sicherzustellen und dabei Einsparpotenziale aus bisher ungenutzten Strategiefeldern zu realisieren. Die dargestellte Optimierungsmethode schafft hierzu die Basis, denn sie fokussiert die Organisation auf wesentliche strategische Ziele, die mit konkreten Maßnahmen hinterlegt werden.

Diese Strategie nachhaltig umzusetzen, d. h. auch nach kurzfristig positiven Ergebnissen weiterhin konsequent an den Zielen zu arbeiten, wird durch die Beschaffungsnavigation unterstützt. Sie macht es auch möglich, bei steigender Komplexität weiterhin positive Ergebnisentwicklungen sicherzustellen. Die Identifikation der Mitarbeiter und das Verständnis der ganzheitlichen Bedeutung der Beschaffung in der Supply Chain werden hierdurch nachhaltig entwickelt.

Zudem wird es möglich, den Mitarbeiter durch strategieorientierte Zielvereinbarungen einzubinden und damit das Verhalten des Mitarbeiters im Sinne der Strategie auszurichten. Dies erzeugt motivatorische Effekte und ermöglicht die Nutzung kreativer Potenziale der Mitarbeiter. Insgesamt wächst die Identifikation mit den Aufgaben, die Motivation, neue Wege zu gehen, steigt – die Erfolge und ihre Kommunikation im Unternehmen stützen dies nachhaltig.

Die zukünftigen Herausforderungen, denen sich Unternehmen stellen müssen, liegen gänzlich in der Optimierung der Supply Chain – dem Management der Wertschöpfung zwischen Kunde und Lieferant. Sie ist die notwendige Voraussetzung für eine auf Langfristigkeit angelegte Leistungsbeziehung zwischen den Partnern und leitet sich aus der Unternehmensstrategie ab. Ohne dieses Fundament kann die Zusammenarbeit nicht optimal ausgestaltet werden.

Die Basis hierzu ist ein systematisches Lieferantenbewertungssystem als Teilelement der Beschaffungsnavigation, um eine einheitliche Kommunikation zwischen Kunde und Lieferant sicherzustellen. Hierauf aufbauend rückt zukünftig der Wertschöpfungsprozess in das Zentrum der Betrachtung, um Potenziale zu realisieren. Konkret geht es darum, die Zusammenarbeit gemeinsam mit den Beteiligten in einem Prozess der ständigen Verbesserung zu prüfen und zu optimieren. Dieser Effekt des Single-Sourcings, d. h. der Konzentration auf einen Wertschöpfungspartner, erfordert neue Methoden der Zusammenarbeit, da Unternehmensgrenzen verschwimmen (Präuer 2007, S. 547 ff.). Mit der Beschaffungsnavigation ist hierzu bereits die Basis geschaffen, die Verbindung zum Partner zu gestalten und optimal durch die Verknüpfung der Steuerungssysteme zu realisieren. Parallel sind Methoden zu entwickeln und zu implementieren, die die verbundenen Wertschöpfungsstrukturen optimieren. Ansätze finden sich dazu beispielsweise in der Produktion mit der FMEA, der Wertstromanalyse oder den Kostenstrukturanalysen. Alle Tools sind für diese Herausforderungen auszuformulieren und zu operationalisieren.

Diese Entwicklung wird das klassische Selbstverständnis von Einkauf und Beschaffung nachhaltig ändern. Denn zukünftig sind nicht nur Kosten- und Logistikfunktionen nach Bedarfsfeststellung wahrzunehmen, sondern zusätzlich Entwicklungsaufgaben im Vorfeld der

Beschaffung zu unterstützten. Mit dem dargestellten Vorgehen hat sich das Projektunternehmen für diese Herausforderungen eine solide Ausgangsposition geschaffen, um auch zukünftig gefragter Partner in komplexen Projekten und bei herausfordernden Veränderungen im Unternehmen zu sein.

Literatur

ARNOLD, U. (2007), Strategisches Beschaffungsmanagement, in: Arnold, U., Kasulke, G., Praxishandbuch innovative Beschaffung, Weinheim 2007, S. 13-46

ARNOLD, U., KASULKE, G. (2007), Praxishandbuch innovative Beschaffung, Weinheim 2007

BEA, F. X., HAAS, J. (2005) Strategisches Management, Stuttgart 2005

BOUTELLIER, R., WAGNER, S., WEHRLI, H. (2003), Handbuch Beschaffung, München 2003

CHANDLER, A.D. (1962), Strategy and Structure, Cambridge 1962.

HORVÁTH & PARTNERS (Hrsg.), Balanced Scorecard umsetzen, Stuttgart 2007

KAPLAN, R., NORTON, D. (1996), The Balanced Scorecard. Translating Strategy into Action, Boston 1996

PECHEK, H. (2003), Paradigmenwechsel im Einkauf, in: Boutellier, R., Wagner, S., Wehrli, H., Handbuch Beschaffung, München 2003, S. 23-35.

PIONTEK, J. (1999), Beschaffungscontrolling, München 1999

PRÄUER, A. (2007), Solution Sourcing, in: Arnold, U., Kasulke, G., Praxishandbuch innovative Beschaffung, Weinheim 2007, S. 543-574

SEEGER, A. (2003), Performance Measurement, in: Beschaffung Aktuell, Heft 11/2003, S. 32-36

SEEGER, A., KIEPEN A. (2005), Procurement Performance – ganzheitlicher Ansatz zur nachhaltigen Reduzierung des Einkaufsvolumens, in: Eisen und Stahl 2005, Heft 10, S. 76-81

SEEGER, K., LIMAN, B. (Hrsg.) (2008), Zielorientierte Unternehmensführung, Wiesbaden 2008

SEEGER, K., SEEGER, A. (2008), Zielorientierte Strategieentwicklung für einen Logistikdienstleister, in: Seeger, K., Liman, B. (Hrsg.), Zielorientierte Unternehmensführung, Wiesbaden 2008, S. 39-68

Der Einkauf auf dem Weg zum Wertbeitragsmanagement

Kenneth Sievers / Martin Kruschel

1. Einleitung

Der Einkauf hat in den letzten Jahren wie kaum ein anderer Bereich industrieller Unternehmen an Bedeutung gewonnen. Globaler Wettbewerb, technischer Fortschritt und die zunehmende Wertorientierung des Top-Managements führen zu einer Konzentration auf die eigenen Kernkompetenzen, wodurch eine Reduzierung der Wertschöpfungstiefe hervorgerufen wird. Dies hat Auswirkungen auf die Beschaffung: Das Einkaufsvolumen steigt, die Spezialisierung auf den Beschaffungsmärkten erhöht sich, strategische Allianzen gewinnen an Bedeutung und die Beschaffungstätigkeiten befinden sich zunehmend auf globalem Niveau.

Dieser Bedeutungszuwachs wird auch in Zukunft weiter zunehmen. Die Autoren vertreten die Meinung, dass in Zeiten, in denen die externe Wertschöpfung immer wichtiger und die Grenzen zwischen interner und externer Wertschöpfung immer stärker verschwimmen, jemand die Wertschöpfung und damit die Wertbeiträge ganzheitlich steuern muss. Diese Aufgabe wird hier dem Einkauf zugeordnet – wie später gezeigt wird, sprechen einige Punkte für diese Entscheidung.

Zunächst wird aber in Kapitel 2 der Entwicklungspfad des Einkaufs aufgezeigt, bevor sich das 3. Kapitel dem Wertbeitragsmanagement widmet. Das 4. Kapitel diskutiert anhand von ausgesuchten Praxisbeispielen, warum die Implementierung eines Wertbeitragsmanagements in der Praxis schwierig ist. Die erkannten Punkte werden in Kapitel 5 aufgenommen, um die Voraussetzungen zu definieren, die für eine erfolgreiche Umsetzung des Wertbeitragsmanagements notwendig sind. Im 6. Kapitel wird anhand eines Praxisbeispiels bei der CLAAS KGaA mbH aufgezeigt, wie ein übergreifendes „Value Management" gestaltet werden kann.

2. Quo vadis Einkauf

Obwohl die Beschaffung zu den betriebswirtschaftlichen Realgüterprozessen gehört, führte sie lange Zeit ein Schattendasein (Koppelmann 2000, S. 16 ff.). Dies ist vor allem auf die absatzwirtschaftlichen Engpässe nach dem Zweiten Weltkrieg zurückzuführen. Zwar blieb die Beschaffung nie gänzlich unberücksichtigt, jedoch standen vor allem Fragen der Beschaffungstechnik und -disposition im Mittelpunkt der Überlegungen (Bogaschewsky 2003, S. 15 ff.). Durch diese operative Problemverengung schaffte es die Beschaffung nicht, an Bedeutung zu gewinnen. Die Einkaufsabteilung war meist als Teilfunktion in der Materialwirtschaft oder Logistik verankert. Das vorwiegende Ziel war, das Unternehmen mit Gütern in der richtigen Qualität, in der richtigen Menge, vom richtigen Lieferanten, am richtigen Ort und zum richtigen Preis zu versorgen (Lysons & Gillingham 2003, S. 5). Dieses Ziel impliziert, dass die Freiheitsgrade der Beschaffung nicht groß waren, wodurch der Beschaffungsmitarbeiter schnell als Bestellschreiber oder Befehlsempfänger abgestempelt wurde. Die lange Zeit bestehende Grundhaltung kommt in dem bekannten Zitat „Everyone can do purchasing" zum Ausdruck (Kaufmann 2002, S. 5 ff.).

Ab Mitte der 80er Jahre wurde diese operative Grundhaltung langsam durch eine stärker strategisch orientierte Betrachtungsweise abgelöst (Large 2006, S. 4 f.). Diese resultierte aus der zunehmenden Einsicht, dass im Zuge ökonomischer Veränderungen auf den Weltmärkten die Herausforderungen auf den Beschaffungsmärkten nicht mehr mit der traditionell administrativen Beschaffungsfunktion zu bewältigen sind (Koppelmann 1998, S. 277 ff.) und dass durch die Beschaffung nachhaltige Wettbewerbsvorteile zu erzielen sind (Ramsay 2001, S. 38 ff.; Kaufmann 2002,: S. 8). Dies gilt insbesondere für die Unternehmen, die, getrieben durch eine Konzentration auf die eigenen Kernkompetenzen, heute eine hohe Zukaufquote aufweisen. Die einst als Bestellschreiber deklassierte Beschaffung avanciert zum kritischen Erfolgsfaktor. Die Unternehmen und ihre Wettbewerbsfähigkeit hängen zunehmend von der Leistungsfähigkeit der Beschaffung ab. Als Konsequenz ist der Einkauf zu einer eigenständigen Funktion herangewachsen, die klar in die Unternehmenshierarchie eingeordnet ist. Aus „Beschaffung" wurde u. a. „strategischer Einkauf" oder „Forward Sourcing". In vielen Unternehmen hat sich ein Category Management bzw. Warengruppenmanagement etabliert, um eine optimale Versorgung im Sinne der Unternehmensziele und -strategien zu erreichen. Trotz dieses Fortschritts in der Betrachtung des Einkaufs muss den Unternehmen vielerorts immer noch ein zu starkes Bereichsdenken attestiert werden. Zu oft geht es lediglich um die Optimierung der einzelnen Teilsysteme (z. B. Vertrieb, Konstruktion, Fertigung, Einkauf etc.), wodurch suboptimale Lösungen für das Gesamtsystem erreicht werden.

Die Zukaufvolumina der Unternehmen liegen heute oft bei 50 bis 80 % des Umsatzes. Neben dieser Verschiebung von interner zu externer Wertschöpfung verschwimmen zudem die Grenzen zwischen intern und extern. Durch zunehmende M&A-Aktivitäten, durch Unternehmensbeteiligungen, wie z. B. Joint Ventures, und durch Out- und Insourcing-Entscheidungen verändern sich die Unternehmensgrenzen permanent. Diese Entwicklungen stellen die Unternehmen vor neue Herausforderungen. Die internen Unternehmensbereiche müssen sich mit den Konsequenzen ihres Handelns auf die gesamte Wertschöpfung auseinandersetzen. Das „Bereichsdenken" muss zugunsten einer integrierten Denkweise aufgegeben werden. Nur dann lassen sich die Wertbeiträge maximieren. Letztlich bedarf es einer einheitlichen und ganzheitlichen Steuerung der internen und externen Wertschöpfung. Es werden die Unternehmen überleben, die es am besten verstehen, ihr Gesamtsystem der internen und externen Wertschöpfung optimal auf die Anforderungen der Absatz- und Beschaffungsmärkte abzustimmen. Der Einkauf wird in Zukunft, nach Auffassung der Autoren, zum Gestalter der Wertschöpfungskette (extern und intern). Ihm wird das ganzheitliche Wertbeitragsmanagement obliegen.

Das nächste Kapitel widmet sich dem Wertbeitragsmanagement als neue Herausforderung des Einkaufs und beschreibt die wesentlichen Implikationen.

3. Wertbeitragsmanagement als neue Herausforderung des Einkaufs

Im vorherigen Kapitel wurde dargestellt, dass sich der Einkauf hin zu einem Wertbeitragsmanagement entwickeln wird. Die Notwendigkeit, dass die Wertschöpfung ganzheitlich gesteuert werden muss, ist vor dem Hintergrund der sich permanent verändernden Unternehmensgrenzen einleuchtend. Warum diese Aufgabe dem Einkauf zugeordnet werden sollte dagegen nicht. Hier seien ein paar Gründe aufgeführt, die eine solche Zuordnung sinnvoll erscheinen lassen:

- Die Zukaufsvolumina vieler Unternehmen betragen heute bereits oft zwischen 50 % bis 80 % vom Umsatz. Der Einkauf ist somit derjenige Bereich, der sich heute bereits für die Optimierung des größten Anteils der Wertschöpfung verantworten muss. Hierin liegt ein Hauptargument, warum die ganzheitliche Steuerung der Wertschöpfung dem Einkauf zugeordnet werden sollte.
- Ein weiterer Grund liegt in der Tatsache, dass sich die größten Wertbeitragspotenziale aufgrund hoher Anteile externer Wertschöpfung auf den Beschaffungsmärkten befinden werden. Der Einkauf wird daher gegenüber Vertrieb, Fertigung und Entwicklung weiter an Bedeutung gewinnen. Die Unternehmen werden nicht umhinkommen, die Anforderungen der Lieferanten stärker in die eigenen Überlegungen einzubinden, um die oft geforderte Win-Win-Situation zu erreichen. Da der Zugang der Lieferanten zum Unternehmen auch weiterhin der Einkauf sein wird, wird auch diese Aufgabe bei ihm liegen.

- Die zunehmenden Mergers & Acquisitions, Outsourcing- und Insourcing-Aktivitäten der Unternehmen verändern permanent die eigene Wertschöpfungstiefe, wodurch die Koordination zwischen externer und interner Wertschöpfung wichtiger wird. Der Einkauf fungiert als Schnittstelle zwischen externer und interner Wertschöpfung und muss sich daher mit deren Koordination auseinandersetzen.

Ein Wertbeitragsmanagement im Einkauf aufzuhängen impliziert, dass sich der Einkauf zunehmend in seinen Aktivitäten und Entscheidungen am Beitrag zum Unternehmenswert ausrichten muss. Im Zentrum der Überlegungen muss nicht die Frage nach dem günstigsten Preis, sondern nach dem größten Wertbeitrag stehen. Hierbei ist sowohl die externe Wertschöpfung als auch die interne Wertschöpfung zu betrachten.

Der Einkäufer wird zum Wertbeitragsmanager und wird für die Erschließung nicht genutzter Wertbeiträge verantwortlich sein. Klassischerweise werden dem Einkauf drei Wertbeitragsfelder zugewiesen: Wertbeiträge aus Material, Leistungen in den Einkaufsprozessen und Kapitalumschlag über die Kapitalbindung im Anlage- und Umlaufvermögen (Zahlungsbedingungen und Bestände). Eine Ausrichtung auf diese Kostengrößen reicht allerdings nicht aus und würde der hier vertretenden Ansicht eines Wertbeitragsmanagements nicht gerecht werden. Zum einen muss diese Kostenbetrachtung ausgedehnt werden. Wertbeiträge werden im ganzen Unternehmen geschaffen und nicht nur in den Einkaufsprozessen. Die Kostensteuerung und die Kostenoptimierung müssen bereits vorne in der Prozesskette beginnen, angefangen bei Vertrieb über Entwicklung und Fertigung bis hin zu den Vorlieferanten. Das Wertbeitragsmanagement muss die verschenkten Wertbeiträge in allen Prozessen identifizieren und heben. Hierbei bedarf es einer ganzheitlichen Betrachtung aller Einflussfaktoren.

Zum anderen reicht die Fokussierung auf nur einen Maßstab, wie etwa das Kostenziel, bei weitem nicht aus und würde leicht zu Fehleinschätzungen führen. Unter den Wertbeitragsbegriff müssen vielmehr alle Faktoren zusammengefasst werden, die das Betriebsergebnis beeinflussen – auf der Aufwands- und Ertragsseite. Umsatzsteigerungen können auch auf Einkaufsaktivitäten zurückgeführt werden, wenn z. B. durch die Einbindung innovationsstarker Lieferanten Produkte früher auf den Markt gebracht werden können. Auch die Reduzierung der Einkaufskosten kann sich in Umsatzsteigerungen widerspiegeln, wenn die Kostenreduzierung an den Kunden weitergegeben wird. Erfolgt dies nicht, kommt es zu entsprechenden Margeneffekten. Unter den Wertbeitragsbegriff gehören aber auch Kostenvermeidungen. Wettbewerbsvorteile können daraus entstehen, dass angedrohte Preiserhöhung selbst abgewehrt werden können, während die Konkurrenz diese hinnehmen muss (Sievers 2009, S. 97 ff. und 288 ff.).

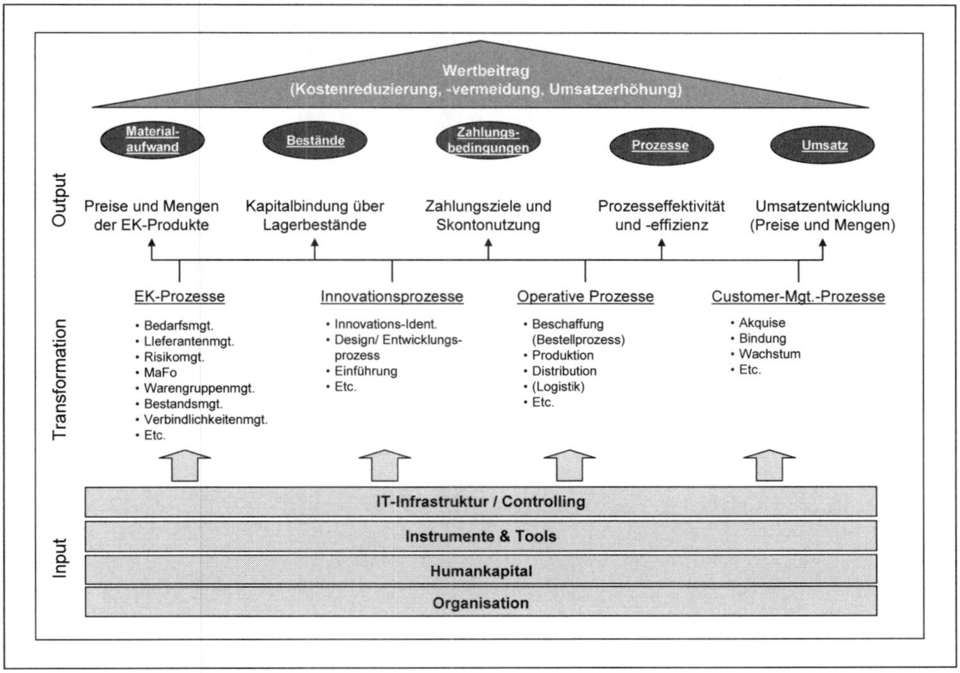

Quelle: Eigene Darstellung BERODE, 2009
Abbildung 1: *Wertbeitragsfelder*

Übergreifend sehen die Autoren zwei Ausprägungsmöglichkeiten für das hier beschriebene Wertbeitragsmanagement: Zum einen kann es stärker in Richtung eines übergreifenden Kostenmanagements tendieren, z. B. durch Schaffung von Einkaufskostentransparenz, Optimierung des Produktdesigns und Reduzierung der gesamten Prozesskosten über Unternehmensgrenzen hinweg, und zum anderen kann es stärker Richtung einer zunehmenden Integration des Innovations-Know-hows der Lieferanten tendieren. Welche Richtung überwiegt, wird abhängig sein von der Komplexität und dem Innovationsgrad der hergestellten Güter des jeweiligen Unternehmens.

Aber unabhängig davon, in welche Richtung sich das Wertbeitragsmanagement bei den Unternehmen entwickeln wird, der Einkauf wird sich viel stärker als in der Vergangenheit mit Make-or-Buy-Entscheidungen, Überlegungen, wie die Wertschöpfung global verteilt werden kann und wo die größten Wertbeiträge erzielt werden können, auseinandersetzen müssen. Daneben sind kontinuierlich die Wertbeiträge zu identifizieren, die nicht genutzt und verschenkt werden. Hierfür muss sich der Wertbeitragsmanager sowohl intern als auch extern stark vernetzen. Intern muss er zum Dienstleister und Berater anderer Funktionsbereiche werden. Extern muss er das Lieferantennetzwerk managen, Lieferanten entwickeln und gezielt Partnerschaften aufbauen. Nur so lassen sich Wertbeiträge identifizieren und realisieren.

Der Erfolg eines Wertbeitragsmanagements hängt dabei von den Inputfaktoren ab. Diese bilden die Voraussetzungen, dass die Idee eines Wertbeitragsmanagement realisiert werden kann, und werden in Kapitel 5 erläutert. Zunächst werden mögliche Umsetzungsbarrieren diskutiert.

4. Umsetzungsbarrieren in der Praxis

In der Praxis zeigt sich, dass diese neue übergreifende und integrierende Einkaufssicht vielerorts nicht oder nur langsam umgesetzt wird. Dies liegt nach Meinung der Autoren zum einen an neuen Kompetenzanforderungen an die Profession Einkäufer und zum anderen an einem zu starken Bereichsdenken anderer Funktionsbereiche.

4.1 Neue Personalanforderungen

Die Personalanforderungen im Einkauf entwickeln sich in gleichem Zuge, wie die Bedeutung des Einkaufs wächst. Die bereits oben angeführten Veränderungen und Herausforderungen münden in neuen Anforderungen. Jedoch findet dieser Wandel vom verwaltungsorientierten zu einem gestaltungsorientierten Einkauf nur langsam im Tätigkeitsverständnis und somit im Berufsbild des Einkäufers statt (Fröhlich-Glantschnig 2004: S. 33 ff.). Zwar werden heute zunehmend Absolventen von Fach- und Hochschulen, meist Betriebswirte, im Einkauf nachgefragt, doch sind vielerorts noch Einkäufer mit Lehrausbildung, z. B. zum Industriekaufmann, anzutreffen. In Zukunft wird der Trend zu höher qualifiziertem Personal weiter zunehmen. Insbesondere für innovationsgetriebene Unternehmen werden stärker Wirtschaftsingenieure und Ingenieure im Einkauf von Interesse sein.

Zudem stellt sich die Frage nach konkreten Einkaufskompetenzen. Wenn der Einkäufer als Wertbeitragsmanager agieren soll, muss er insbesondere ein Integrator und Motivator an den Schnittstellen im Unternehmen und zu den Lieferanten sein. Hierzu bedarf es nicht nur geeigneter Fach- und Methodenkompetenz, sondern auch entsprechender Sozial- und Selbstkompetenz. Diese Kompetenzen müssen gezielt ausgebildet und weiterentwickelt werden. Ein Blick in die Praxis zeigt allerdings, dass sich die Personalabteilungen der Unternehmen nur selten mit spezifischen Anforderungen an die Profession Einkäufer auseinandersetzen. Dies wird auch dadurch verschärft, dass einkaufspezifische Aus- und Weiterbildung kaum oder nur sehr vereinzelt angeboten wird.

Neben dieses qualitative Problemfeld stellt sich ein quantitatives. Die Unternehmen sind in den letzten Jahren dem „Lean“-Gedanken gefolgt und haben Personalabbau betrieben. Der Wandel des Einkaufs fordert allerdings eine Aufstockung des Personals im Einkauf, da die Aufgaben und Tätigkeiten nicht weniger, sondern mehr wurden – eine logische Entwicklung, wenn bedacht wird, dass das Einkaufsvolumen steigt und globaler verteilt wird. Zudem bedarf auch das Management interner Schnittstellen ein Mehr an Ressourcen.

Abschließend ist zu konstatieren, dass es heute noch erhebliche Personaldefizite gibt sowohl in qualitativer als auch in quantitativer Hinsicht, die den Einkauf hemmen, seine neue Rolle zu spielen.

4.2 Bereichsdenken anderer Funktionen

Fehlende Personalkompetenzen sind allerdings nur ein Grund, warum sich der Wandel des Einkaufs langsam vollzieht. Ein anderer Grund liegt im Bereichsdenken anderer Funktionsbereiche. Hier handelt es sich meistens um das klassische Spannungsfeld zwischen Einkauf, Vertrieb, Konstruktion und Fertigung. Zum einen lassen sich in der Praxis immer wieder nicht abgestimmte Zielsysteme zwischen den Bereichen beobachten, zum anderen ist die Bedeutung des Einkaufs noch nicht bis in die anderen Funktionsbereiche vorgedrungen.

Die Konsequenzen des eigenen Handelns für den Einkauf sowie für die Erreichung eines Gesamtoptimums werden zu wenig bedacht. Hier ist natürlich der Einkauf gefragt, um ein Gesamtoptimum herbeizuführen. Jedoch fällt dies schwer, insbesondere wenn die Akzeptanz bei anderen Funktionsbereichen nicht gegeben ist. Dies ist nicht verwunderlich, waren es doch in der Vergangenheit genau jene Bereiche – Vertrieb, Entwicklung, Produktion – die den Takt angegeben haben. Zurückzustecken fällt vielerorts schwer. Die Konsequenzen sind allerdings verheerend und münden meist darin, dass der Einkauf die von ihm geforderten oder möglichen Wettbewerbsvorteile nicht erzielen kann.

Erfolgt beispielsweise keine Vertriebsplanung, bedeutet dies für den Einkauf, dass eine Bedarfsplanung fast unmöglich ist. Das Zeitfenster für den Einkauf wird entsprechend klein. Bündelungsmöglichkeiten können meist nicht genutzt werden. Diese werden allerdings auch in anderen Unternehmensbereichen verschenkt. In den Entwicklungsabteilungen fällt immer wieder auf, dass z. B. die Verwendung von Gleichteilen nicht gelebt wird.

Konstruktion und Entwicklung besitzen erheblichen Einfluss auf die Wettbewerbsposition eines Unternehmens. In der Praxis zeigt sich, dass die Schnittstelle zwischen Entwicklung und Einkauf nicht optimal gesteuert wird. So wird der Einkauf bei Neuentwicklungen oft zu wenig eingebunden und infolgedessen das beste Lieferanten-Know-how nicht genutzt. Dies gilt für die Innovationskraft als auch für den besten Preis. Zu oft bindet die Konstruktion bekannte Lieferanten ein und schließt den Einkauf aus. Eine optimale Steuerung kann an dieser Stelle nicht erfolgen. Ein anderes Beispiel stellen Überschreitungen von Freigabeterminen dar. Hierdurch reduziert sich das zeitliche Handlungsfenster des Einkaufs ebenfalls, wodurch suboptimale Gesamtlösungen zustande kommen. Gerade im Projekteinkauf ist darauf zu achten, dass sich alle Funktionsbereiche an die Planzeiten halten.

Auch die Schnittstelle zwischen Einkauf und Produktion kann bei einer fehlenden Kommunikation zu erheblichen Ineffizienzen führen. Produktionsprogrammänderungen, über die der Einkauf nicht rechtzeitig informiert wird, können nicht nur zu Fehlteilen aufgrund von Beschaffungszeiten führen, sondern auch zu unnötigen Kapitalbindungskosten, die aufgrund von Abnahmeverpflichtungen entstehen können.

Das Management des klassischen Spannungsfeldes zwischen den Funktionsbereichen ist mehr als notwendig. Wichtig ist, dass sich die Funktionsbereiche aufeinander zubewegen. Dies gilt für den Einkauf, aber auch für die anderen Funktionsbereiche. Das Miteinander der Funktionsbereiche zu fördern und zu steuern, ist Aufgabe des Wertbeitragsmanagements.

5. Voraussetzungen für ein erfolgreiches Wertbeitragsmanagement

Wie oben gezeigt, schafft es der Einkauf heute noch nicht, die Rolle eines Wertbeitragsmanagements zu spielen. Hieraus lässt sich die Notwendigkeit ableiten, den Einkauf im Unternehmen anders aufzustellen. Grundvoraussetzung ist, dass die Geschäftsführung die Bedeutung und das Potenzial eines querschnittlichen Wertbeitragsmanagements erkannt hat und dieses in vollem Umfang unterstützt. Darüber hinaus bedarf es zur aktiven Steuerung der internen und externen Wertbeiträge einer leistungsstarken Organisation, gut ausgebildeter Mitarbeiter, passender Instrumente und Methoden sowie eines professionellen Wertbeitragscontrollings.

5.1 Organisation

Wertbeitragsmanagement heißt auch, mit den sich verändernden Rahmenbedingungen Schritt zu halten. Das bedeutet, dass sich die Einkaufsorganisationen wesentlich flexibler und dynamischer aufstellen müssen. Die Organisation bildet den Rahmen, in dem sich die Einkäufer bewegen. In der Praxis zeigt sich, dass die heutigen Organisationsstrukturen des Einkaufs oft zu starr und unflexibel gestaltet sind. Die Rahmenbedingungen müssen es dem Wertbeitragsmanager möglich machen, die Schnittstellen intern und extern gezielt und global managen zu können. Dies zu ermöglichen, ist Aufgabe des Top-Managements. Das Wertbeitragsmanagement sollte hierarchisch als Querschnittsfunktion möglichst an der Geschäftsführung angesiedelt sein und direkt an sie berichten. Diese Position unterstreicht die Wichtigkeit der Funktion und schafft auch Akzeptanz bei anderen Funktionsbereichen. Innerhalb dieses Funktionsbereiches wird sich zukünftig eine stärkere projektorientierte Organisation durchsetzen. Dabei haben die Projekte unterschiedlichste Aufgaben: von der globalen Suche nach neuen Lieferanten bis hin zu Redesign-to-Cost-Projekten oder der Post-Merger-Integration von Unternehmensteilen.

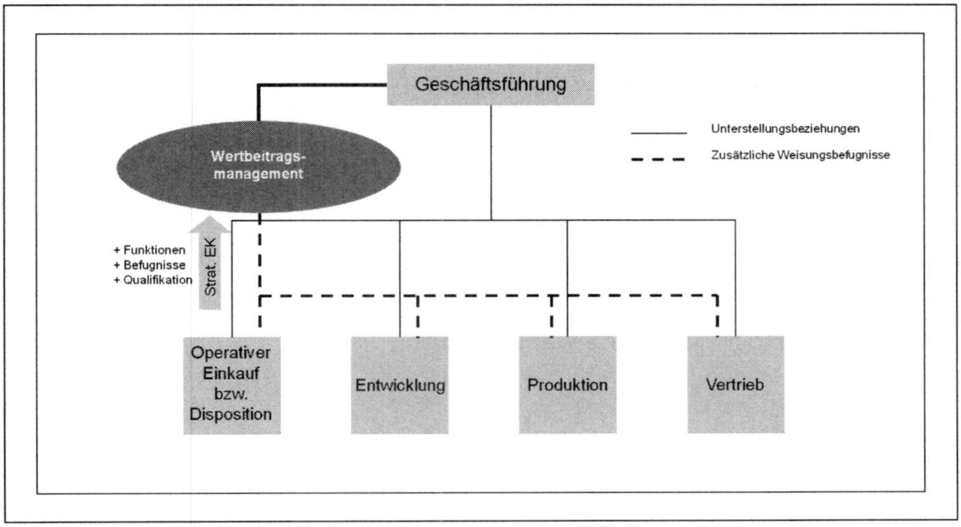

Quelle: Eigene Darstellung BERODE, 2009
Abbildung 2: *Organisatorische Einordnung des Wertbeitragsmanagements*

Eine andere oft gestellte Frage ist, was zentralisiert wird und welche Aktivitäten dezentralisiert werden. In der Regel wird mit einer Mischform geantwortet. Es empfiehlt sich, die Wissensbasis zu zentralisieren und die operativen Prozessabläufe zu dezentralisieren (Arnold 2004, S. 131 ff.). Eine Zentralisierung der Wissensbasis ist notwendig, um sie gezielt zu steuern und einzusetzen. Insbesondere die zentralen Einheiten sollten nach Auffassung der Autoren an der Geschäftsführung angesiedelt werden, da hier die Fäden eines Wertbeitragsmanagements zusammenlaufen. Neben der Aufbauorganisation ist auch die Ablauforganisation auf die Generierung von Wertbeiträgen auszurichten. Dies betrifft grundsätzlich den Formalisierungsgrad und die Entscheidungsprozesse.

Es bedarf also zur Umsetzung eines Wertbeitragsmanagements einer grundlegenden organisatorischen Neupositionierung des Einkaufs. Um die dann erwarteten Wertbeiträge zu generieren, muss das Wertbeitragsmanagement mit entsprechenden Kompetenzen besetzt sein.

5.2 Kompetenzen

Im Zentrum aller Prozesse und Tätigkeiten stehen die Mitarbeiter. Ein erfolgreiches Wertbeitragsmanagement ist daher vor allem von qualifizierten und motivierten Mitarbeitern abhängig. Akzeptanz im Unternehmen wird man nur schwer durch Autorität erreichen. Es kommt hier insbesondere vor dem Hintergrund des Wandels auf Fach-, Selbst-, Sozial- und Methodenkompetenz an (Fröhlich-Glantschnig 2004, 127 ff.). Der Wertbeitragsmanager muss fähig sein, eine globalisierte Wertschöpfung über Unternehmensgrenzen hinweg zu steuern. Die Fähigkeit zum Kommunikationsmanagement und Konfliktmanagement sind zwei wesentliche Voraussetzungen, um nachhaltige Wertbeiträge zu schaffen. Es gilt, die Interessen und Ziele der beteiligten Funktionsbereiche und der Lieferanten zu einem Gesamtoptimum zusammenzuführen. Dies schafft der Wertbeitragsmanager nur als Integrator, Motivator und Berater. Hierzu bedarf es vor allem der Fähigkeit, „über den Tellerrand hinaus zu gucken". Die Bedeutung von Aus- und Weiterbildung der in diesem Umfeld Tätigen kann daher nicht genug betont werden.

5.3 Instrumente und Methoden

Die bereits angesprochene Zentralisierung der Wissensbasis bezieht sich ebenfalls auf das Methoden-Know-how und die Methodenentwicklung. Ein erfolgreiches Wertbeitragsmanagement bedarf eines umfangreichen Methodenpools, der einheitlich und stringent eingesetzt werden muss. Im Folgenden sollen wesentliche Methoden und Instrumente aufgeführt werden, ohne einen Anspruch auf Vollständigkeit zu erheben.

Um Wertbeitragspotenziale zu identifizieren, ist vor allem Kostentransparenz notwendig. Mit „Performance Pricing Models" (linear und non-linear) können beispielsweise die Einkaufspreise unterschiedlicher Produkte innerhalb einer Produktklasse anhand geeigneter Leistungsparameter (z. B. Komplexitätsgrad oder Gewichte), die in einem Zusammenhang mit den Kosten eines Produktes stehen, verglichen werden. Das „Purchase Cost Estimating" geht über Pricing Models hinaus und ist detaillierter. Es werden in dem Sinne keine Preise verglichen, sondern die tatsächlichen Produktkosten im Detail kalkuliert. Beide Ansätze eignen sich, dem Lieferanten aufzuzeigen, welche Produktpreise nicht den Kosten entsprechen.

Würde der Einkäufer hier aufhören, nach Kostensenkungspotenzialen zu suchen, wäre das Wertbeitragsmanagement nicht richtig verstanden worden. Der Wertbeitragsmanager muss über diese Preis-Kosten-Vergleiche auch den Produktoptimierungsprozess in Gang setzen, moderieren und Ideen einbringen. Hierzu eignet sich die Wertanalyse, die der Frage nachgeht, wie sich Produkte so gestalten lassen, dass sie kostengünstiger werden. Dieser Gedanke lässt sich auch auf Prozesse, Methoden und Funktionen ausweiten. Internes und externes Benchmarking oder das Heranziehen von Best-Practice-Ansätzen machen ungenutzte Wertbeiträge transparent.

Neben diesen Methoden sind aber natürlich auch Instrumente der Lieferantensteuerung erforderlich. Hierzu gehört zum Beispiel eine professionelle Lieferantenbewertung. Neben der üblichen Bewertung der aktuellen Leistung, bedarf es einer Bewertung des Lieferantenentwicklungspotenzials. Dieses kann sich auf die Logistik-, Entwicklungs-, Fertigungs- oder Einkaufspotenziale beziehen. In Zeiten, in denen das Supplier Relationship Management immer wichtiger wird, ist es erforderlich, das Instrument eines Lieferantenentwicklungsprogrammes einzusetzen, um zukünftig höhere Wertbeiträge zu erzielen. Diese können sich auf die Kostensituation beziehen oder auf den Innovationsgrad. Der Wertbeitragsmanager muss nicht nur die Lieferanten anbinden, sondern ihn auch oft motivieren und aktiv integrieren. Gerade die Motivation stellt vielfach ein Hindernis bei der erfolgreichen Umsetzung des Lieferantenentwicklungspotenzials dar - auch auf Lieferantenseite.

Die Instrumente und Methoden sollten zentral angesiedelt werden und durch entsprechende IT-Systeme der Einkaufsorganisation zugänglich gemacht werden. Dies ist die Voraussetzung für die einheitliche Verwendung relevanter Tools.

5.4 Wertbeitragscontrolling

Um ein nachhaltiges Wertbeitragsmanagement sicherzustellen, bedarf es auch eines entsprechenden Controllings. Zum einen muss die Transparenz der Aktivitäten für eine ziel- und strategiegerichtete Steuerung gewährleistet sein und zum anderen muss der Wertbeitrag zum Unternehmenserfolg aufgezeigt werden.

Zur zielorientierten Steuerung empfiehlt es sich, die einzelnen Aktivitäten messbar zu machen und in ein Steuerungskonzept zu integrieren. Dieses Konzept sollte den Anforderungen der Wirkungstransparenz, der Unterstützung der Strategieumsetzung sowie der Kommunikation der Strategie gerecht werden. Als geeignetes Instrument wird hier die Balanced Scorecard gesehen, da sie finanzielle und nicht-finanzielle Kennzahlen beinhaltet und somit eine ganzheitliche wertorientierte Steuerung ermöglicht. Zum einen kann die klassische Balanced Scorecard auf das Wertbeitragsmanagement zugeschnitten werden, z. B. durch die Erweiterung der Finanz-, Prozess-, Kunden- und Entwicklungsperspektive um eine Lieferantenperspektive. Zum anderen kann die Strategie mit Hilfe der Balanced Scorecard auf die Mitarbeiter- und die Lieferantenebene kaskadiert werden (Sievers 2009, 244 ff.). Insbesondere die Verankerung der Wertschöpfungsstrategien im Zielsystem der Mitarbeiter, auch in anderen Funktionsbereichen, ist eine wesentliche Voraussetzung zur zielgerichteten Steuerung der Aktivitäten.

Das Wertbeitragsmanagement berichtet an die Geschäftsführung. Ein professionelles Berichtswesen ist hierfür unabdingbar. Der Wertbeitragsmanager muss in der Lage sein, zu jeder Zeit über die Aktivitäten und ihren Status zu berichten. Dabei sind die Wertbeiträge differenziert nach Nettoeinsparungen, Kostenvermeidungen und -kompensationen sowie den Margeneffekten auszuweisen. Notwendig sind hierfür entsprechende Informationssysteme, die eine Daten- und Informationstransparenz ermöglichen. Der Informationsvorsprung, der über ein solches System erzeugt werden sollte, nützt dann auch der Akzeptanzschaffung im Unternehmen.

Im Folgenden wird anhand eines Praxisbeispiels aufgezeigt, wie die Neuausrichtung des Einkaufs hin zu einem Wertbeitragsmanagement gestaltet werden kann.

6. Praxisbeispiel: Neuausrichtung Einkauf bei CLAAS KGaA mbH

Die Landmaschinenbranche ist neben vielen mittelständischen Unternehmen durch einige große multinationale Konzerne gekennzeichnet, die starke internationale Verflechtungen aufweisen. CLAAS ist bestrebt, sich den Herausforderungen eines sich konsolidierenden und globalisierenden Marktes zu stellen. Dies führte nicht nur zu Werkseröffnungen in Europa, Asien und Nordamerika, sondern auch zu einer Produktportfolioerweiterung um eigene Traktoren durch die Mehrheitsbeteiligung an dem französischen Traktorenhersteller Renault Agriculture in 2003.

Zur Bewältigung der Herausforderungen einer komplexen Post-Merger-Integration und um sich auf veränderte Marktbedingungen einzustellen, hat CLAAS 2004 seine Unternehmensstrategie neu ausgerichtet und die Agenda 2014 verabschiedet. Diese beruht auf den Säulen Wachstum, Profitabilität, Internationalität und Kundenzufriedenheit.

Dies war die Geburtsstunde des systematischen Value Managements. CLAAS und Renault Agriculture hatten sich, trotz der auf den ersten Blick völlig unterschiedlichen Produkte, auf denselben Zulieferermärkten bewegt und hatten vergleichbare Zuliefererstrukturen. Im Rahmen der fortschreitenden Professionalisierung des Einkaufs wurden wichtige Grundlagen für die Umstellung von der reinen Teilebeschaffung hin zu einem Technologieeinkauf gelegt. Die Einkaufsfunktion geht somit weit über eine reine Kostenoptimierung hinaus. Der Einkauf nimmt durch seine Marktkenntnisse, Kontakte zu potenziellen und bestehenden Lieferanten sowie neuen Impulsgebern eine Schlüsselposition für das Unternehmen ein: Globale Transparenz in Beschaffung, Wissen und Zusammenspiel von Lieferant und Fachabteilungen sind die Basis der Wertschöpfung und der Innovation. Um das neue Verständnis des Einkaufs als wesentlichen Werttreiber des Unternehmenserfolgs Realität werden zu lassen, wurde die Master Purchasing Strategy entwickelt.

6.1 Master Purchasing Strategy

Um die Agenda 2014 in der ganzen CLAAS Gruppe mit Leben zu füllen, wurde sie auf einzelne Funktionsbereiche heruntergebrochen und es wurde, wie auch im Einkauf, eine eigene Bereichsstrategie abgeleitet. Somit wurde die aktuell gültige Master Purchasing Strategy geboren, die für das ganze Unternehmen Gültigkeit besitzt. Mit den folgenden fünf Elementen wird die Steigerung der Profitabilität und Wettbewerbsfähigkeit verfolgt:

- Systematisches Lieferantenmanagement – Optimierung der Lieferantenanzahl und Konzentration auf die leistungsfähigsten Lieferpartner.
- Standardisierung – Reduzierung von Spezifikationen und Komplexität zur Kostenoptimierung.
- Optimierung der Wertschöpfungstiefe – Konzentration auf die Kernkompetenzen von CLAAS durch Make-or-Buy-Entscheidungen sowie Outsourcing-Aktivitäten.
- Lieferantenintegration – Ausbau der Zusammenarbeit mit System-Lieferanten mit früher und enger Einbindung in den Produktlebenszyklus.
- Best Cost Country Sourcing – Internationalisierung und Globalisierung. Aufbau eines internationalen Produktions- und Liefernetzwerks.

Zur gruppenweiten Realisierung der Master Purchasing Strategy und um der durch den Merger gestiegenen Komplexität des Einkaufsvolumens Rechnung zu tragen, wurde der Einkauf neu organisiert und positioniert.

6.2 Die *pro*FIT-Organisation und das CLAAS Einkaufssystem

Die historisch gewachsene, dezentrale Struktur von CLAAS, bestehend aus autonomen Produktgesellschaften, hatte zur Folge, dass jede Gesellschaft sich auf das Erreichen ihrer eigenen Wachstumsziele konzentrierte und weniger auf die Realisierung gruppenweiter Synergien. Um die Master Purchasing Strategy gruppenweit und fachübergreifend umsetzen zu können, musste die Einkaufsfunktion strategisch neu ausgerichtet werden. Der Einkauf wurde dazu in Form einer mehrdimensionalen Matrix aufgebaut und mit anderen Funktionsbereichen vernetzt. Er besteht aus dem gruppenweiten Konzerneinkauf, den Einkaufsorganisationen der jeweiligen Standorte sowie standortübergreifend agierenden Materialgruppen-Teams, den sogenannten *pro*FIT-Teams. Der Konzerneinkauf besteht aus den vier Kernbereichen Produktionsmaterial, Nicht-Produktionsmaterial inkl. Investitionen und Dienstleistungen, Supplier Integration und Best Cost Country Sourcing. Wesentliche Elemente des *pro*FIT-Organisationskonzepts sind:

- Initiatoren, die für die Umsetzung von strategischen Aufgaben der CLAAS Gruppe verantwortlich sind, wie z. B. Durchführung von Wertanalysemaßnahmen,
- *pro*FIT-Teams, die sich aus je einem Mitarbeiter des Einkaufs, der Entwicklung, des Qualitätsmanagements und der Produktion zusammensetzen und dadurch fach- und standortübergreifend agieren,
- Lead Buyer, die die *pro*FIT-Teams führen und die Warengruppen-Strategie umsetzen,
- Corporate Supply Council (CSC), das Lenkungsgremium, das sich aus den Einkaufsleitern und den gruppenweit Verantwortlichen der vernetzten Funktionen (Entwicklung, Qualität, Produktion, Controlling, Logistik) zusammensetzt.

Mit den *pro*FIT-Teams werden Vorteile bezüglich Produkt-, Markt- und Lieferantenwissen im Sinne der Warengruppenstrategie genutzt und durch gruppenweite Zusammenarbeit Synergien in allen Bereichen erzielt.

Die Aktivitäten und Fortschritte der *pro*FIT-Teams werden durch ein fest installiertes Kennzahlensystem überprüft und verfolgt. Durch dieses regelmäßige Performance Measurement werden Abweichungen zu den Zielvorgaben rechtzeitig erkannt und frühzeitig abgestellt. Gesteuert werden die *pro*FIT-Teams durch das Corporate Supply Council. Der Sprecher des CSC berichtet direkt an die Geschäftsführung. In enger Zusammenarbeit bestimmt das CSC in regelmäßigem Turnus alle strategischen Aktivitäten, die im Einkaufsumfeld anfallen und die gruppenweite Wertschöpfung wesentlich beeinflussen. Zu den Aufgaben gehören unter anderem die Synchronisation und Priorisierung von Einkaufsaktivitäten über alle Funktionsbereiche hinweg, die Entwicklung von globalen Einkaufsstrategien und das Eskalationsmanagement. Die neu ausgerichtete Einkaufsorganisation führt auf diese Weise zielgerichtet die zentralen und dezentralen Elemente von CLAAS zusammen. Funktionsübergreifend verzahnt zeigt sich die Organisation als Träger und Umsetzer der gruppenweiten Einkaufsstrategie.

Da die Mitarbeiter als Treiber und Umsetzer der Einkaufsziele der zentrale Faktor in jedem Prozess sind, wurden die Erwartungen und Leistungsprofile auf jeden einzelnen Einkäufer heruntergebrochen. Zusätzlich wurde ein breit angelegtes Trainingsprogramm zur Performancesteigerung entwickelt. Hierbei werden Fach-, Sozial- und Methodenkompetenz kontinuierlich und nachhaltig durch einen Verbesserungsprozess gefördert.

Die operative Umsetzung der Master Purchasing Strategy wurde zusätzlich durch das CLAAS Einkaufssystem unterstützt, welches ein Methoden-Portfolio mit mehr als 20 leistungsfähigen Einkaufswerkzeugen beinhaltet. Die Einkaufswerkzeuge sind zielgerichtet in drei Hauptinitiativen um das Supplier Relationship Management gruppiert worden: das CLAAS Produktionsnetzwerk, Best Cost Country Sourcing und die Lieferantenintegration.

Die Integration in die CLAAS Supply Chain hat nicht nur zum Ziel, Lieferanten den Zugang zu wettbewerbsfähigen Logistikkonditionen zu gewähren, sondern auch den Lieferanten als Systempartner gegebenenfalls mit eigener Produktion in das CLAAS Produktionsnetzwerk zu integrieren.

Best Cost Country Sourcing bedeutet, dort zu beschaffen, wo unter Sicherstellung der hohen Qualitäts-, Innovations- und Serviceansprüche die besten Einkaufsbedingungen zu realisieren sind.

Über das Supplier Relationship Management werden innovative und hochmotivierte Lieferanten identifiziert, die in gemeinsamen Kooperationsprojekten qualifiziert und weiterentwickelt werden. Die Lieferantenintegration bündelt alle Methoden und Vorgehensweisen zur Integration der Entwicklungs- und Lieferpartner in die Wertgestaltungs-, Wertschöpfungs- und Logistikkette.

Bei der Entwicklung neuer Produkte werden die Lieferanten frühzeitig über sogenannte Konzepttage integriert. Dabei bringen sie ihr Entwicklungs- und Produktions-Know-how mit ein, um CLAAS bei seiner Technologieführerschaft zu stärken. In dem sich daran anschließenden Partnerentwicklungsprozess (CLAAS und Lieferant) lässt der Einkauf nicht, wie in anderen Branchen üblich, den Lieferanten auf sich allein gestellt, sondern optimiert gemeinsam die Produkt-, Prozess- und Kostenstrukturen des Lieferanten. Dabei werden die Methoden des Value Managements angewandt. Ziel ist es, den Kundenwünschen mit optimalen Herstellkosten zum Serienstart in jeder Hinsicht gerecht zu werden.

6.3 Value Management – gemeinsam Werte schaffen

Als die Initiative Value Management gruppenweit eingesetzt werden sollte, musste zunächst geklärt werden, wo die Methodenkenntnis organisatorisch eingegliedert werden sollte. Grundsätzlich ist das Value Management eine funktionsübergreifende Methodik, die Erkennt-nisse aus Konstruktion, Produktion, Arbeitsvorbereitung, Einkauf, Kostenrechnung und Verkauf nutzt. Es stellte sich somit die Frage, bei welcher dieser Funktionen das Value Management verankert werden sollte.

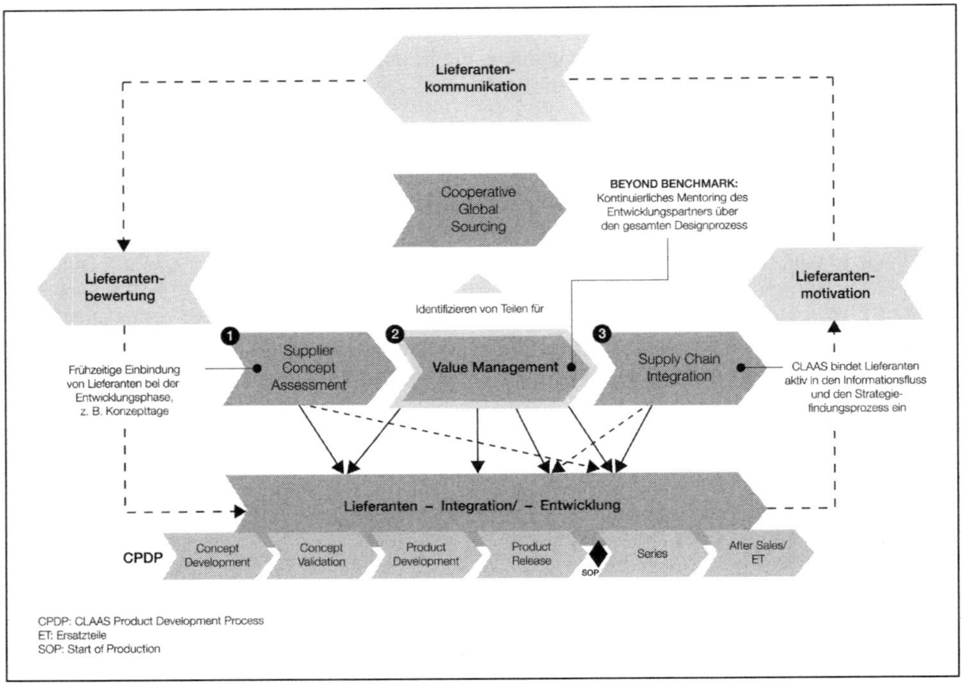

Quelle: Eigene Darstellung CLAAS, 2009
Abbildung 3: *Einbindung des Value Managements*

Eine Betrachtung der Wertschöpfungsverteilung innerhalb der CLAAS Gruppe zeigt, dass ca. 70 % der gesamten Herstellkosten von CLAAS zugekauft werden: Der Einkauf verantwortet den größten einzelnen Kostenblock. Aus diesem Grund wurde festgelegt, das Value Management im Einkauf einzugliedern und Spezialisten mit Erfahrung aus den Bereichen Konstruktion, Arbeitsvorbereitung, Produktion und Kostenrechnung einzusetzen. Das Value Management stellt heute eine eigene Abteilung im Zentraleinkauf dar, die dem Finanzvorstand direkt unterstellt ist. Die Mitarbeiter setzen sich zu 20 % aus Betriebswirten, 30 % aus Wirtschaftsingenieuren und 50 % aus Ingenieuren zusammen.

Ziel des Value Managements bei CLAAS ist die nachhaltige Optimierung von Kosten und nicht von Preisen. Das Value-Management-Team fungiert dabei als „interner Berater" für alle relevanten Bereiche der CLAAS Gruppe, wie z. B. den Einkauf, die Entwicklung und die Produktion. Während beispielsweise über die Entwicklung und die Produktion die Optimierung von eigengefertigten Produkten fokussiert wird, werden über den Einkauf gemeinsame Optimierungsprojekte mit Lieferanten initiiert.

Grundsätzlich lassen sich drei verschiedene Projekttypen unterscheiden. Wert- und Kostenoptimierungen von Bauteilen und Systemen innerhalb einer Gesellschaft der CLAAS Gruppe, über mehrere Gesellschaften der CLAAS Gruppe hinweg (interne Kunden-/Lieferantenbeziehung) und mit Lieferanten.

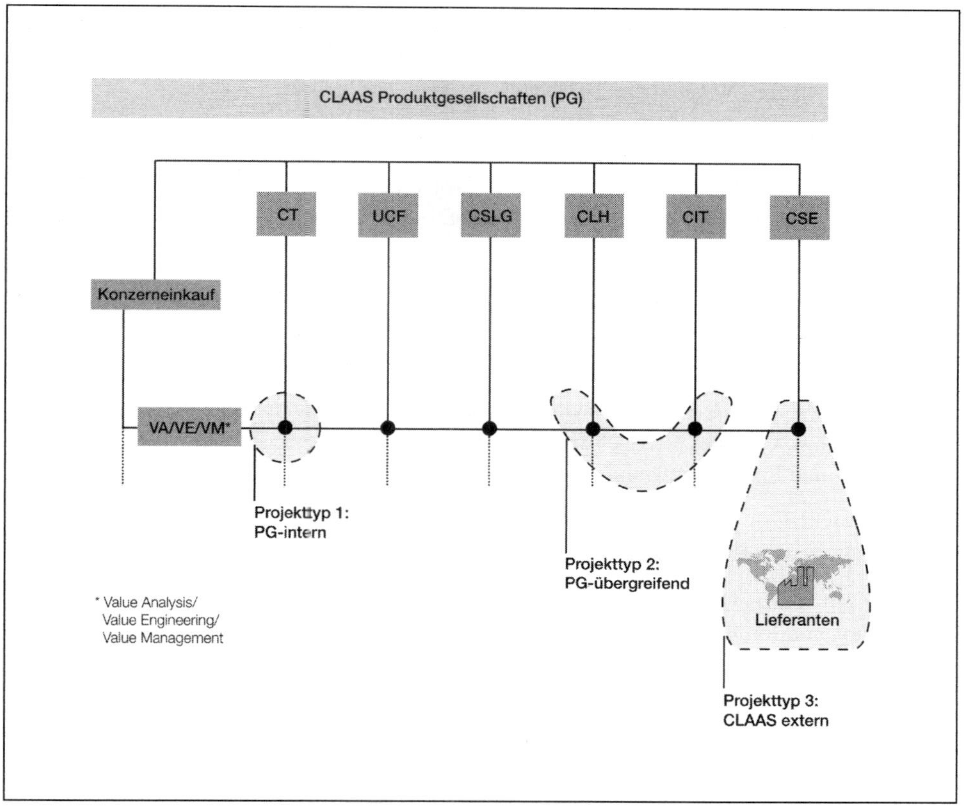

Quelle: Eigene Darstellung CLAAS, 2009
Abbildung 4: *Organisation Value Management*

In allen Projekttypen finden die Methoden des Value Managements Anwendung. Im Besonderen unterscheidet CLAAS drei wesentliche Werthebel zur Beeinflussung von Produktkosten:

1. *Wertanalyse – Werthebel Technik*
   Die Wertanalyse hat zum Ziel, Optimierungspotenziale bzgl. Design, Konstruktion und technischen Aufbau eines Produktes zu identifizieren.

2. *Zielpreisanalyse – Werthebel Einkauf*
   Die Zielpreisanalyse hat zur Aufgabe, die wesentlichen Kostentreiber eines Produktes zu erfassen und so den „wirklichen" Wert eines Bauteils aufzuzeigen bzw. daraus Optimierungspotenziale abzuleiten.

3. *Wertstroman*alyse – *Werthebel Prozess*
   Die Wertstromanalyse verfolgt das Ziel, den gesamten Wertschöpfungsprozess vom Lieferanten des Lieferanten bis zum Verbau-Ort bei CLAAS zu hinterfragen und Optimierungspotenziale zu identifizieren.

Die drei Methoden werden mit unterschiedlichen Schwerpunkten in den Phasen des Produktentstehungsprozesses eingesetzt. Auch wenn das Produkt in der Serie ist, kann und wird es mit wertanalytischen Werkzeugen bearbeitet.

Das Vorgehen bei CLAAS weist dabei folgende Besonderheiten aus:

- Da CLAAS sehr häufig Wertanalysen und Projekte mit Externen (Lieferpartnern) durchführt, wird auf die Bereiche Projektanbahnung, -organisation und Incentivierung sehr großer Wert gelegt.
- Das Wertanalyseobjekt wird neben der klassischen Funktions-Kostenanalyse (Handlungsfeld Technik) auch ergänzend auf den beiden Handlungsfeldern Einkauf und Prozess analysiert. Diese Vorgehensweise stellt die Anwendung aller drei Werthebel sicher.
- Bei Projekten mit Lieferanten wird grundsätzlich eine Zielpreisanalyse des Produktes durchgeführt, Gleiches gilt auch für Kaufteile in einem internen Projekt. Dadurch wird ein Produkt- und Kostenverständnis im Team sichergestellt.
- Die Projektworkshops finden grundsätzlich vor Ort beim produzierenden Unternehmen statt, so ist das Analyseobjekt immer greifbar.
- Die Einbindung von Projektbeteiligten aus unterschiedlichen Firmen, Standorten und Funktionen erfordert eine sehr detaillierte, ergebnisorientierte Protokollführung und Realisierungsplanung.

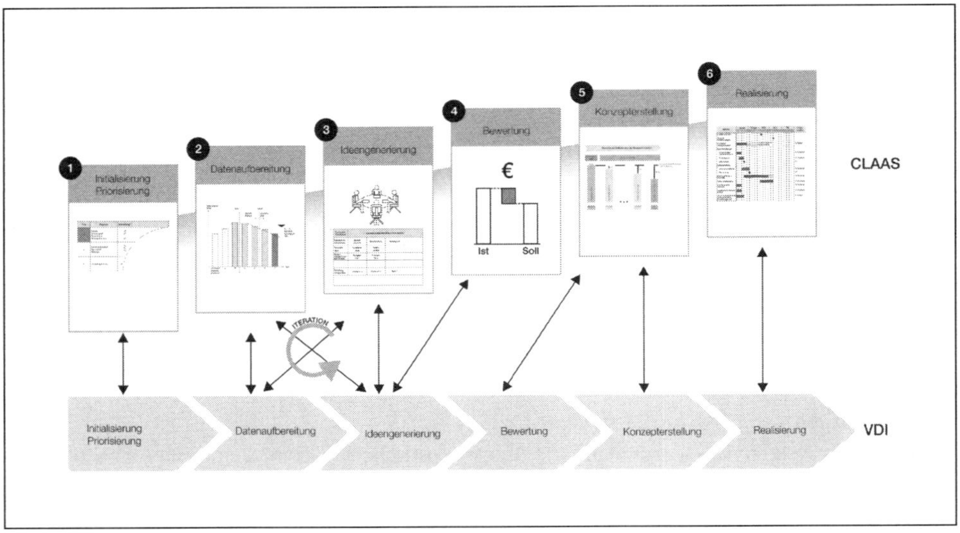

Quelle: Eigene Darstellung CLAAS, 2009
Abbildung 5: *Vorgehensweise des Value Managements*

Das Value-Management-Team ist durch die Konzernleitung der CLAAS KGaA mbH aufgefordert, permanent die Wirtschaftlichkeit der Aktivitäten aufzuzeigen. Aus diesem Grund wird im Rahmen der Projekte eine sehr detaillierte Bewertung durchgeführt. Hierfür hat sich eine zweistufige Vorgehensweise bewährt.

In der ersten Stufe werden alle Ideen aus den Brainstormings anhand der Kriterien technische Machbarkeit (Ausschlusskriterium), Potenzialerwartung, Realisierungsaufwand und Realisierungsgeschwindigkeit qualitativ bewertet. Die letzten drei Kriterien bilden die Prioritätskennzahl, die über die weitere Bearbeitung entscheidet.

In der zweiten Stufe werden basierend auf dem Pareto-Prinzip die priorisierten Ideen entsprechend ihrem Einsparpotenzial, ihrer Wirtschaftlichkeit und ihrem Risiko im Detail bewertet. Die Detailbewertung wird fortgesetzt, bis genügend Potenzial in der Bearbeitung ist und das definierte Projektziel durch ein Realisierungskonzept sicher erfüllbar ist. Darüber hinaus versteht sich das Value-Management-Team als CLAAS-interner „Umsetzungsberater“. Ein Projekt wird erst beendet, wenn alle Ideen realisiert sind oder sicher durch die Linienorganisation realisiert werden können.

6.4 Projektbeispiel CIT Lenkachse

Als führender Hersteller von Traktoren und selbstfahrenden Erntemaschinen (z. B. Mähdreschern) benötigt CLAAS eine Vielzahl an Lenkachsen zum Steuern der Produkte. Lenkachsen stellen ein signifikantes Beschaffungsvolumen für die CLAAS Gruppe dar. Grundsätzlich lässt sich das Lenkachsspektrum anhand der Kriterien „Einbauort“ und „angetrieben/nicht angetrieben“ unterscheiden und wird von wenigen internationalen Lieferanten an die CLAAS Gruppe geliefert.

Die CLAAS Industrietechnik GmbH (CIT) repräsentiert dabei den wichtigsten Systempartner für nicht angetriebene Lenkachsen von selbstfahrenden Erntemaschinen. Im Werk Paderborn werden Lenkachsen im Sinne eines System-Lieferanten gemeinsam mit dem Kunden der CLAAS Selbstfahrenden Erntemaschinen konzipiert, lösungsorientiert entwickelt, getestet und produziert.

Die Herstellkosten der Lenkachsen sind in den vergangenen Jahren permanent gestiegen, weitere Kostensteigerungen waren absehbar. Dies lag im Wesentlichen an steigenden Kosten für Material und Lohn. Durch die somit sinkenden Deckungsbeiträge sah sich die Geschäftsführung der CIT veranlasst, die Wertanalyse als innovatives Instrument zur Kostensenkung einzusetzen.

Das Value-Management-Team wurde im Januar 2007 beauftragt, in einem gemeinsamen Projekt mit den wesentlichen Funktionsbereichen der CIT das gesamte Lenkachsspektrum auf Kostensenkungspotenziale zu untersuchen. Alle Handlungsfelder (Technik, Prozess und Einkauf) waren Projektgegenstand.

6.4.1 Projektinitialisierung

In einer der ersten Analysen zur Auswahl des Wertanalyseobjekts wurden alle von der CIT produzierten Lenkachsen aufgelistet und analysiert. Das umsatzstärkste Produkt wurde gemeinsam als Repräsentant für das Projekt ausgewählt. Ziel des Projekts war es, durch nachhaltige Maßnahmen die Kostensteigerungen mindestens auszugleichen, um somit wieder attraktive Deckungsbeiträge zu erzielen.

Zur Durchführung des Projektes wurde als erster Schritt eine Projektorganisation installiert. Die Projektleitung wurde durch einen Vertreter des Value-Management-Teams wahrgenommen, der ein funktionsübergreifendes Projektteam leitete, in dem alle relevanten Funktionsbereiche (Konstruktion, Einkauf, Vertrieb, Produktion etc.) beteiligt waren. Durch die Einbeziehung von weiteren, externen Experten wurde im Bedarfsfall auch der unternehmensübergreifende Know- how-Transfer sichergestellt.

Für wesentliche Entscheidungen berichtete die Projektleitung an den Lenkungskreis, bestehend aus der Geschäftsführung der CIT sowie den disziplinarischen Verantwortlichen aus den beteiligten Funktionsbereichen. Die Projektorganisation beinhaltete somit für alle Entscheidungen zusätzlich zur Arbeitsebene zwei Eskalationsebenen.

6.4.2 Datenaufbereitung

Die Lenkachse befindet sich bei den selbstfahrenden Erntemaschinen im Gegensatz zum Traktor oder zum Pkw im hinteren Bereich des Fahrzeugs. Um die Anforderungen der Endkunden erfüllen zu können, vereint die Lenkachse folgende Funktionen: Tragen des Maschinengewichts, Ausgleich von Bodenunebenheiten, Ermöglichen von Richtungswechseln, Aufnehmen der Räder, Ermöglichen der Fortbewegung.

Zur zielgerichteten Analyse wurden alle notwendigen Informationen, wie z. B. das Lasten- und Pflichtenheft, die Stückliste, DIN- und Werksnormen, Konstruktionszeichnungen, der Cost Breakdown und die Lieferantenstruktur, zusammengetragen.

Zunächst wurde die Lenkachse in ihre einzelnen Elemente zerlegt. Um sicherzustellen, dass alle Bereiche zur Potenzialgenerierung betrachtet werden, wurde für jedes Handlungsfeld eine spezifische Analyse durchgeführt:

- Handlungsfeld TECHNIK – Funktions-/Kostenanalyse
- Handlungsfeld PROZESS – Prozess-/Kostenanalyse
- Handlungsfeld EINKAUF – Einkaufspotenzialanalyse

Die Analyseergebnisse stellten die Grundlage für die Generierung von Potenzialideen dar. Nach dem Pareto-Prinzip wurden in den einzelnen Handlungsfeldern die Projektprioritäten identifiziert und systematisch auf Kostenreduzierungen untersucht.

6.4.3 Ideengenerierung

Kern der Ideengenerierung war die aktive Demontage der Lenkachse (Repräsentant) durch das Team. Flankiert wurde diese Vorgehensweise durch das Benchmarking von eigens zu diesem Zweck beschafften Wettbewerbsachsen. Darüber hinaus wurden durch das Spezifikationsbenchmarking die Anforderungen aus dem Lasten- und Pflichtenheft mit der konstruktiven Umsetzung verglichen, um übererfüllte Funktionsmerkmale zu identifizieren. Durch das Design for Manufacturing & Assembly (DFMA) wurden abschließend alle Bauteile auf Substitutions- und Entfeinerungsmerkmale untersucht.

Über den Einsatz der beschriebenen Methoden wurde sichergestellt, dass alle technischen Details jedes Bauteils der Lenkachse hinterfragt wurden. Der Kreativität des Teams waren bei der Generierung von alternativen Ideen, um dieselbe Funktion kostengünstiger zu erfüllen, keine Grenzen gesetzt. Insgesamt wurden über 100 Ideen aus den Handlungsfeldern TECHNIK, PROZESS und EINKAUF entwickelt. Mehr als 70 % erwiesen sich als technisch realisierbar. In der Detailanalyse des Handlungsfeldes TECHNIK ergab sich, dass lediglich 30 % der Ideen sinnvoll bei einem Serienprodukt eingesetzt werden können.

Im Anschluss an diesen Prozess wurden alle Potenziale auf ihre Übertragbarkeit auf das gesamte Lenkachsspektrum untersucht. Dadurch vervielfachten sich die Einsparpotenziale für die CIT.

6.4.4 Bewertung und Konzepterstellung

Zur Bewertung der Ideen wurde die zweistufige bereits erwähnte Vorgehensweise herangezogen. Im ersten Schritt wurde mittels der Kriterien Potenzialerwartung, Realisierungsaufwand und Realisierungsgeschwindigkeit jede Idee bewertet. Diese Kriterien sind durch einen CLAAS-weiten Standard spezifiziert. Das Ergebnis führte zu einer Ideenpriorisierung. Gemäß dieser Priorisierung wurden im zweiten Schritt alle Ideen in der Reihenfolge ihrer Wertigkeit detailliert auf ihr Einsparpotenzial in Euro, Wirtschaftlichkeit und technisches Risiko untersucht.

Fokus war der Aufbau eines Realisierungskonzeptes zur Erreichung des Projektziels. Aus sich widersprechenden Ideen wurde diejenige mit dem höchsten Einsparpotenzial ausgewählt. Die verbleibenden Ideen wurden in den Projektideenspeicher übernommen und dienen als Kompensationspotenzial. Als Resultat der Ideenbewertung konnte ein Gesamtkonzept mit 24 % Einsparpotenzial erstellt werden, welches das Projektziel von 10 % nicht nur erreicht, sondern sogar übererfüllt hat.

6.4.5 Realisierung

Verstellkörper der Lenkachse. Das Bauteil besteht aus sechs Einzelteilen, die durch Schweißen zusammengefügt werden. Mittels Brainstorming und Morphologischem Kasten werden unterschiedliche Lösungsideen generiert. Eine Kostensimulation der unterschiedlichen Alternativen führt zu dem Ergebnis, dass eine Teilereduzierung und ein Wechsel des Fertigungsverfahrens Kosteneinsparungen generieren. Das Ergebnis der konstruktiven Bewertung ist eine einteilige Gussversion – damit wird die Anzahl der Teile von sechs auf ein Teil beschlossen. Das Bauteil wird konstruktiv dargestellt. Die notwendigen Voraussetzungen zur Durchführung (Zeitpläne, Aufgaben, Verantwortlichkeiten) werden zugeordnet bzw. verteilt. Nach der positiven Erprobung besteht das Bauteil nur noch aus einem Gussteil. Der zuständige Entwickler im Team ändert die Konstruktion und passt die Zeichnung an. Das Bauteil läuft in die Serie ein. Die Kosten sind um 30 %, die Komplexität um 85 % reduziert.

Farbgebung. Die Lenkachsen werden bei der CIT montiert und lackiert. Der ermittelte Nutzungsgrad für die Lackierung der Achsen liegt bei 30 %. Um die Kosten der Farbgebung positiv zu beeinflussen, werden mittels Brainstorming mehrere Alternativen zur Prozessoptimierung entwickelt; Handlungsoptionen sind u. a. a) bestehende Gehänge beibehalten und b) neue Gehänge-Typen einsetzen. Alle Optionen werden mit den Kriterien Kostenreduzierung, Invest, Nutzungsgrad etc. bewertet und in einer Entscheidungsmatrix festgehalten. Ein Ersetzen des bestehenden Gehänges wird als optimale Lösung identifiziert. Die Projektleitung beschließt die Umsetzung dieser Maßnahme. Der Einkauf holt alternative Angebote für die optimierten Gehänge-Typen ein und ersetzt das alte Gehänge zeitnah. Die Arbeitsvorbereitung verändert alle Arbeitspläne dahingehend, dass nur noch Teile mit den neuen Gehänge-Typen in die Farbgebung gelangen. Die Fertigungskosten sind um 67 % reduziert, der Nutzungsgrad um 67 % gesteigert.

Achsschenkel. Der Achsschenkel besteht aus drei Bauteilen von drei Lieferanten, die intern bearbeitet und verschweißt werden. Über ein Brainstorming werden Alternativen entwickelt, um das Bauteil, den Herstellungsprozess und den Beschaffungsprozess zu optimieren. Eine Variantenrechnung kommt zu dem Ergebnis, dass die Reduktion der Teileanzahl von drei auf zwei Teile und die Umstellung von Schweißen auf Schrumpfen die günstigste Lösung sind. Der Beschaffungsprozess kann von drei auf nur noch einen System-Lieferanten umgestellt werden, welcher das Bauteil einbaufertig anliefert. CLAAS und der System-Lieferant überarbeiten gemeinsam die Spezifikationen des Achsschenkels, um eine optimierte Geometrie für das veränderte Herstellungsverfahren zu finden. Der Achsschenkel geht als zweiteiliges Schmiedeteil in Serie. Die Kosten sind um 30 %, die Prozesskomplexität um 80 % reduziert.

Für das Gesamtkonzept und die darin enthaltenen Ideen wurden konkrete Realisierungsmaßnahmen definiert und in einem Projektplan unter Nennung von Verantwortlichkeiten und Terminen festgehalten. Zu den Maßnahmen zählten unter anderem Berechnungen/FEM-Berechnungen, konstruktive Bearbeitung, Prüfstandsversuche, Feldversuche.

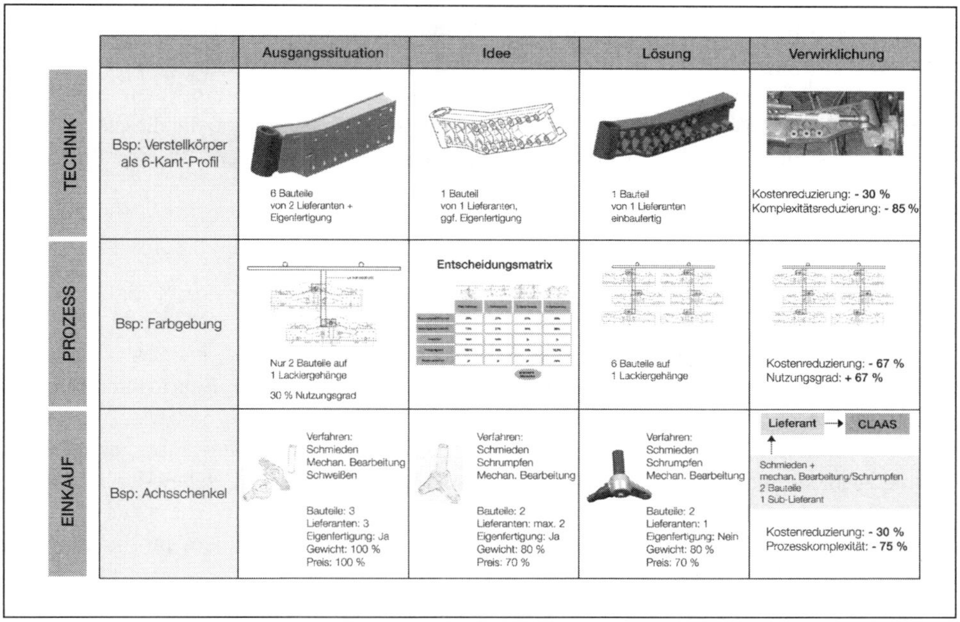

Quelle: Eigene Darstellung CLAAS, 2009
Abbildung 6: *Handlungsebenen*

Die Abarbeitung des Projektplanes wurde durch regelmäßige Projektsitzungen begleitet und nachgehalten. In sinnvollen Abständen, die sich aus dem Projektverlauf ergaben, wurde der Lenkungskreis über die Projektergebnisse informiert.

Aus dem Gesamtkonzept konnten bis Mitte 2008 bereits 15 % an Kostenreduzierungen validiert und realisiert werden. Damit wurde das Projektziel übererfüllt. Weitere 9 % an Potenzialen befinden sich noch in der Umsetzung und werden fortlaufend durch die Linienorganisation bearbeitet.

Als weiterer Erfolg des Projektes sind die Auswirkungen auf das gesamte Lenkachsspektrum der CIT zu erwähnen. Durch die Übertragung der Potenziale auf andere Achsen konnte eine Portfoliobereinigung realisiert und dadurch die Komplexität um 67 % reduziert werden. Hierdurch war die Umsetzung des Großteils der verbliebenen Potenziale aus dem Handlungsfeld TECHNIK (70 %) möglich.

7. Fazit

Als Fazit bleibt festzuhalten, dass sich das (Selbst-)Verständnis des Einkaufs in den letzten Jahren verändert hat. Die Autoren sehen diese Entwicklung nicht als abgeschlossen an. Vielmehr wird sich die Entwicklung in Zukunft fortsetzen – allerdings mit einer anderen Qualität: Der Einkauf wird zum Wertbeitragsmanagement. Während viele Unternehmen von dieser Position des Einkaufs noch weit entfernt sind, gibt es auch Unternehmen, die dieses Potenzial erkannt haben und ihren Einkauf neu positionieren und dimensionieren. Wie das Praxisbeispiel gezeigt hat, ist CLAAS KGaA mbH einer dieser Pioniere.

Literatur

ARNOLD, U. (2004), Qualifizierung von Führungskräften im Einkauf, in: Best Practice in Einkauf und LogistiK, Hrsg.: Bundesverband für Materialwirtschaft, Einkauf und Logistik e.V., Wiesbaden 2004, S. 131-133

BOGASCHEWSKY, R. (2003), Historische Entwicklung des Beschaffungsmanagements, in: Management und Controlling von Einkauf und Logistik, Hrsg.: Bogaschewsky, R., Götze, U., Gernsbach 2003, S. 13-42

FRÖHLICH-GLANTSCHNIG, E. (2004), Zur Modellierung von Berufsbildern im Funktionsbereich Beschaffung, Habil., Köln 2004

KAUFMANN, L. (2002), Purchasing and Supply Management – A Conceptual Framework, in: Handbuch Industrielles Beschaffungsmanagement: Internationale Konzepte – Innovative Instrumente – Aktuelle Praxisbeispiele, Hrsg.: Hahn, D., Kaufmann, L., Wiesbaden 2002, S. 3-33

KOPPELMANN, U. (1998), Einkauf im Wandel – von der Versorgungserfüllung zum Strategischen Beschaffungsmarketing, in: Unternehmen im Wandel – Change Management, Hrsg.: Berndt, R., Berlin 1998, S. 277-299

KOPPELMANN, U. (2004), Beschaffungsmarketing, 4. Aufl., Berlin, Heidelberg 2004

LARGE, R. (2006), Strategisches Beschaffungsmanagement: eine praxisorientierte Einführung; mit Fallstudien, Wiesbaden 2006

LYSONS, K., GILLINGHAM, M. (2003), Purchasing and Supply Chain Management, 6. Aufl., London 2003

RAMSAY, J. (2001), The Resource Based Perspective, Rents, and Purchasing`s Contribution to Sustainable Competitive Advantage, in: The Journal of Supply Chain Management – A Global Review of Purchasing and Supply, 37. Jahrgang, Ausgabe 3, 2001, S. 38-47

SIEVERS, K. F. U. (2009), Beschaffungscontrolling, in: Beiträge zum Beschaffungsmarketing, Köln 2009

Autoren

Eckart Barthle, geboren 1974 in Baden-Württemberg, absolvierte sein Studium des Wirtschaftsingenieurswesens an der TU-Ilmenau mit den Vertiefungen Elektrotechnik, Informatik, Marketing und Personalwesen. Im Jahre 2002 gründete und führte er das Unternehmen Barthle IT GmbH. Seit 2005 ist Herr Barthle als Teamleiter im Einkauf eines MDax-notierten Unternehmens tätig.

Professor Dr. Elisabeth Fröhlich studierte Betriebswirtschaftslehre an der Ludwig Maximilian Universität in München sowie an der Universität zu Köln. Nach ihrer Dissertation zum Thema „Lieferantenbewertung" setzte sie ihre wissenschaftliche Laufbahn am Seminar von Professor Koppelmann für Beschaffung und Produktpolitik der Universität zu Köln fort und beendete 2005 ihre Habilitation zum Thema „Zur Modellierung von Berufsbildern in der Beschaffung". Seit Ende 2007 ist Elisabeth Fröhlich Professorin an der Cologne Business School und zeichnet dort verantwortlich für den Bereich Beschaffungsmanagement und Marketing sowie den Aufbau eines Research Centers für Supply Management. Sie ist Mitglied in zahlreichen wissenschaftlichen Gesellschaften und Verbänden. Ihre aktuellen Forschungsschwerpunkte liegen im Bereich des Supplier Relationship Management, des Cash Managements in der Beschaffung, der Nachhaltigkeit in der Beschaffung sowie personalpolitischen Fragestellungen in diesem Funktionsbereich.

Alexandra Golling studierte an der Cologne Business School "International Business". Ihre Bachelorarbeit hat sie zum Thema "Global Economic Crisis and its Influences on Procurement Markets: Implications for a Key Supplier Management – a Case Study of Bayer HealthCare" verfasst. Nach ihrem erfolgreichen Abschluss zum Bachelor of Arts wird sie ihre Ausbildung zum Master of Supply Chain Management in London fortsetzen. Neben dem Studium sammelte sie erste Projekterfahrungen im Bereich Beschaffung bei der BERODE GmbH.

Andreas Hildebrandt, 43 Jahre alt, ist Leiter Einkauf und Verpackungsentwicklung des deutschen Traditionsdufthauses Mäurer & Wirtz, welches unter anderem die Marke 4711 herstellt. Nach seinem Studium an der Universität zu Köln arbeitete er im strategischen Einkauf von Henkel und war dort für den Einkauf von Rohstoffen sowie den Einkauf von Kosmetik-Verpackungen zuständig. Anschließend wechselte er in die Telekommunikationsindustrie zu T-Mobile und war dort zunächst Leiter Einkauf Systemtechnik. Nach seinem Wechsel in die Konzernzentrale der Telekom war er in diversen Managementfunktionen des strategischen Einkaufs tätig und leitete das konzernweite strategische Sourcingteam für Marketing & Media. Herr Hildebrandt ist ausgebildeter Mediator und beschäftigt sich auch intensiv mit Themen des systemischen Managements.

Miriam Hoestermann studierte an der Cologne Business School und schloss ihr Studium mit dem akademischen Grad eines Bachelor of Arts in International Business ab. Frau Hoestermann absolvierte zahlreiche Praktika im In- und Ausland im Funktionsbereich Beschaffung. Ihre Bachelorarbeit verfasste sie zusammen mit HOCHTIEF. Im Rahmen dieses Forschungsprojekts ist auch der hier abgedruckte Beitrag entstanden. Frau Hoestermann absolviert derzeit ein Praktikum bei der Mannesmann AG in China, um im Anschluss daran ihr Interesse für das strategische Beschaffungsmanagement im Rahmen eines Masterprogramms in Australien zu verfolgen.

Martin Kruschel, Diplom-Ingenieur, leitet als Mitarbeiter des Konzerneinkaufs den Bereich Supplier Integration/Value Management. Zu seinem Verantwortungsbereich gehören die Koordination und Durchführung von produktkostenoptimierenden Projekten für alle Standorte der CLAAS Gruppe weltweit sowie die Bewertung und Entwicklung von Lieferanten. Seit mehr als zehn Jahren beschäftigt er sich mit Fragen der Prozess-, Beschaffungs- und Produktkostenoptimierung zunächst im Maschinenbau, der Automobilindustrie, der Unternehmensberatung und seit 2005 in leitender Funktion bei CLAAS. Neben des Gewinnes des BME Innovationspreises im Jahre 2007, hat CLAAS im Mai dieses Jahres den VDI Innovationspreis für Wertanalyse/Value Management gewonnen.

Dr. Tanja Lingohr studierte Betriebswirtschaftslehre an der Universität zu Köln. Im Anschluss an das Studium verfasste sie ihre Dissertation zum Thema „Zur Gestaltung von Lieferantenverhandlungsprozessen" am Seminar von Professor Koppelmann für Beschaffung und Produktpolitik der Universität zu Köln. Seit dem Jahre 2004 ist Tanja Lingohr bei der BERODE GmbH als Managerin tätig. Dort leitet sie langjährige Beratungsprojekte im Bereich Value Procurement sowie Value Engineering und verantwortet forschungs- und veröffentlichungsrelevante Themen u. a. in Kooperation mit der Cologne Business School, dem BME und dem VDI. Ihre aktuellen Forschungsschwerpunkte liegen im Bereich cash-wirksamer Maßnahmen und Wertanalysen im Einkauf.

Johannes Ohl, Diplom-Kaufmann, geboren am 14. April 1967 in Limburg an der Lahn. Der Autor ist seit Januar 2005 für die Hubwoo-Gruppe tätig, heute als Director Sales für Zentral- und Nordeuropa. Davor war er bereits zehn Jahre in leitenden Positionen bei E-Procurement-Dienstleistern beschäftigt.

Dr.-Ing. Günther R. Reinelt leitet seit September 1990 den Zentralbereich Einkauf der Miele & Cie. KG in Gütersloh. Nach dem Maschinenbaustudium und der Promotion an der Technischen Universität München ist Dr. Reinelt seit 1978 in leitenden Funktionen bei führenden Unternehmen in der Industrie und in der Unternehmensberatung tätig. Seine im In- und Ausland gesammelten Erfahrungen beziehen sich u. a. auf die Gebiete der Lebensmitteltechnologie, Verpackungstechnik, Manufacturing Engineering, Qualitätsmanagement, Materialwirtschaft, Logistik und Einkauf. Neben seiner ehrenamtlichen Tätigkeit als Vorstand des Bundesverbands Materialwirtschaft, Einkauf und Logistik e.V. (BME) hält Dr. Reinelt einen Lehrauftrag für Supply Management an der Hochschule Mönchengladbach. Weiterhin ist er Mitglied in verschiedenen einkaufspezifischen Fachgremien. Das unter seiner Leitung entwickelte Managementkonzept „4M 4Me – vernetzte Beschaffung in der Miele-Gruppe" wurde im Jahr 2001 mit dem BME Innovationspreis ausgezeichnet.

Vera Schmitt studierte an der Universität Regensburg sowie an der Universidad del Bilbao Betriebswirtschaftslehre mit den Schwerpunkten Logistik, Marketing und Finanzierung. Während ihres Studiums absolvierte sie diverse Praktika im In- und Ausland im Bereich Materialwirtschaft. Seit 2007 ist sie bei der ZF Sachs AG im Einkauf Rohmaterial beschäftigt und für die Beschaffung von Stahl im speziellen Kaltband zuständig. Seit 2009 promoviert Vera Schmitt als externe Doktorandin im Bereich Materialwirtschaft an der Cologne Business School bei Frau Professor Dr. Fröhlich.

Ralf Schneider wurde 1964 in Leverkusen geboren und begann 1985 seine Laufbahn im Bayer-Konzern. Nach zwei kaufmännischen Ausbildungen arbeitete er in verschiedenen Sourcing-Areas als Einkäufer. Nach zwei Auslandsaufenthalten in Großbritannien (sechs Monate) und USA (vier Jahre) übernahm er Führungsaufgaben im technischen Einkauf, später dann im SAP-Projekt der Beschaffung. Von 2002 bis Ende 2007 zeichnete er als Geschäftsführer für die Dynevo GmbH, eine Tochtergesellschaft der Bayer Business Services, verantwortlich. Seit Oktober 2007 leitet er den operativen Einkauf der Bayer HealthCare AG in Deutschland.

Joachim Schöffer absolvierte sein Studium der Energie und Verfahrenstechnik an der FH Bremerhaven und der TU Berlin mit dem Abschluss zum Diplom-Ingenieur. Von 1996 bis 2000 war er als Vertriebsingenieur in den Unternehmen Parametric Technologiy und FileNET beschäftigt und war im Anschluss daran bis 2002 als Vertriebsleiter bei der UNIT GmbH tätig. Seit 2002 ist er selbstständiger Unternehmer. Als Mitbegründer und geschäftsführender Gesellschafter der 4cost GmbH liegt der Fokus seiner Tätigkeiten auf durchgängigen Kostenbewertungen (Parametrische Kostenschätzungen, Bottom-up-Kalkulationen, Kostenstrukturanalysen, Szenarien und Kostenvorhersagen) sowie deren Umsetzung als Value-Engineering-Leistung. Seit 2003 ist Herr Schöffer Mitglied der ispa (international society of parametric analysts) Germany und seit 2007 Mitglied der ispa International.

Professor Dr. Kerstin Seeger ist Professorin für Strategisches Management und Unternehmensführung an der Europäischen Fachhochschule (EUFH) Brühl. Seit 2008 ist sie zudem Dekanin des Fachbereichs Industriemanagement. Zuvor war sie leitende Beraterin bei der Horváth & Partner GmbH in Düsseldorf im Competence Center Strategisches Management und Innovation. Ihre Arbeitsschwerpunkte liegen auf den Gebieten Strategisches Management, Strategische Steuerung, Balanced Scorecard und Anreizsysteme.

Dr. Adrian Seeger ist Geschäftsführer der Mannesmannröhren Logistic GmbH, einem Einkaufs- und Beschaffungsprovider mit einem besonderen Schwerpunkt auf der durchgängigen Optimierung der C-Teile-Versorgung von Industrieunternehmen. Zuvor war er Partner der intra Unternehmensberatung und dort verantwortlich für das Kompetenzteam Einkauf & Logistik. Dr. Seeger ist als Richter für Handelssachen am Landgericht Düsseldorf berufen und Mitglied des Vorstandes der Regionalgruppe Düsseldorf/mittlerer Niederrhein des Bundesverbandes Materialwirtschaft, Einkauf und Logistik e.V. (BME).

Marcus Schuckel studierte Betriebswirtschaftslehre an der Universität Siegen. Im Anschluss daran setzte er seine wissenschaftliche Laufbahn mit einem Promotionsstudium am Seminar für Handel und Distribution an der Universität zu Köln fort und wurde stellvertretender Geschäftsführer des Instituts für Handelsforschung. Seit 2005 lehrt er als Professor für Handelsmanagement an der Europäischen Fachhochschule in Brühl. Seine Forschungsschwerpunkte umfassen die Bereiche Marktforschung, Konsumentenverhalten, Standortplanung, Preisforschung sowie Zufriedenheitsforschung.

Tossan Souchon (44) ist seit Juni 2004 Leiter des Global Procurements der HOCHTIEF Aktiengesellschaft, Essen. 1994 kam er nach dem Studium des Bauingenieurwesens an der RWTH Aachen zu HOCHTIEF. Dort war er sieben Jahre in der Niederlassung Berlin in verschiedenen Funktionen des operativen Geschäfts tätig, bevor er Anfang 2001 in die Zentrale nach Essen wechselte. Zunächst zuständig für das Marketing im Unternehmensbereich Civil, leitete er anschließend das Vertragsmanagement der HOCHTIEF Construction AG. Im Juni 2004 wechselte er in die Konzernzentrale und verantwortet seitdem die Beschaffung.

Dr. Kenneth Sievers studierte Betriebswirtschaft an der Universität zu Köln sowie an der Eastern Illinois University (USA). Nach den erfolgreichen Abschlüssen zum Diplom-Kaufmann und Master of Business Administration wurde er für das Beratungsunternehmen BERODE GmbH tätig. Neben seinem Beruf promovierte er zu dem Thema „Beschaffungscontrolling“ am Lehrstuhl für Beschaffungsmarketing in Köln. Schwerpunkte seiner Beratungstätigkeit liegen im Bereich der wertorientierten Einkaufssteuerung.